日中戦争期における汪精衛政権の政策展開と実態
―水利政策の展開を中心に―

小笠原 強［著］

Policy Deployment and Actual Conditions of the Wang-Jing-Wei Regime
in the Sino-Japanese War Centering on Flood Control and Irrigation Policy
Tsuyoshi Ogasawara

専修大学出版局

［目次］

序論 …………………………………………………………………………………… 1

第1章　汪精衛政権概史 ………………………………………………………… 10
　第1節　日中戦争の勃発と「汪兆銘工作」（1937年7月〜1940年3月）……… 10
　　1　盧溝橋事件から中華民国維新政府の成立まで
　　2　「汪兆銘工作」と汪精衛の重慶脱出
　　3　新中央政府の成立
　第2節　汪精衛政権の成立から対米英参戦まで（1940年3月〜1942年）…… 15
　　1　汪精衛政権の成立と統治機構
　　2　日華基本条約の締結
　　3　政権の体制構築
　　4　アジア・太平洋戦争の勃発と汪精衛政権の参戦
　第3節　汪精衛政権の対米英参戦から政権解体まで（1943年〜1945年）…… 21
　　1　対米英参戦と「対華新政策」による影響
　　2　日華同盟条約の締結と大東亜会議
　　3　汪精衛の死と政権解体、漢奸裁判

第2章　汪精衛政権の政権構想―周仏海の政権構想から― ………………… 30
　第1節　周仏海について ………………………………………………………… 32
　第2節　汪精衛政権成立前の対日和平論―1937〜1939年 ………………… 33
　　1　対日和平論の形成―1937年
　　2　対日和平論の展開―1939年「回憶与前瞻」より
　　3　汪精衛の対日和平論
　第3節　汪精衛政権成立後の対日和平論 ……………………………………… 43
　　1　重慶政権への和平工作
　　2　対日和平論の変化
　　3　内政の本格始動
　小結 ……………………………………………………………………………… 48

i

第3章　汪精衛政権の水利政策の概要 …………………………………… 56

第1節　水利政策の執行機関 ………………………………………… 56
1. 水利委員会（1940年3月30日～1943年1月31日）
2. 建設部水利署（1943年2月1日～1945年8月16日）

第2節　水利政策の概要 ……………………………………………… 59
1. 維新政府期（1939年9月～1940年3月）
2. 汪精衛政権前期―1940～42年
3. 汪精衛政権後期―1943～45年

小結 ……………………………………………………………………… 64

第4章　安徽省淮河堤防修復工事 ……………………………………… 68

はじめに ………………………………………………………………… 68

第1節　民国期の淮河と日中戦争による被害 ……………………… 69
1. 民国期の淮河
2. 黄河の決壊と淮河の増水被害

第2節　汪精衛政権による淮河堤防修復工事（1）―淮河北岸工事 ……… 74
1. 工事の準備と民工の管理
2. 工事の開始と現場の実態
   (1) 1940年10月26日の報告
   (2) 1940年11月25日の報告
   (3) 1941年2月14日の報告
   (4) 1941年5月9日の報告

第3節　汪精衛政権による淮河堤防修復工事（2）―淮河南岸工事 ……… 80
1. 南岸工事の準備
2. 南岸工事の関連組織と民工の徴集について
   (1) 監督組織
   (2) 民工の徴集
3. 南岸工事の状況

小結 ……………………………………………………………………… 86

第5章　江蘇省呉江県龐山湖灌漑実験場「接収」計画 …… 95

はじめに …… 95

第1節　汪精衛政権の食糧問題と龐山湖灌漑実験場 …… 96
　1　食糧不足の発生と汪精衛政権の対応
　2　龐山湖灌漑実験場の変遷

第2節　1940年～1941年の「接収交渉」 …… 102
　1　現地調査と「接収交渉」の開始
　2　蘇州特務機関との「交渉」
　3　興亜院華中連絡部との「交渉」過程

第3節　龐山湖灌漑実験場の「接収」と汪精衛政権による管理 …… 108
　1　大東亜省の成立と「対華新政策」
　2　龐山湖灌漑実験場の「接収」
　3　汪精衛政権下の龐山湖灌漑実験場
　4　汪精衛政権以降の龐山湖灌漑実験場
　（1）1945年9月～1949年までの龐山湖灌漑実験場
　（2）周辺住民たちが見た汪精衛政権下の龐山湖灌漑実験場

小結 …… 117

第6章　三ヶ年建設計画（1）―「蘇北新運河開闢計画」― …… 127

第1節　汪精衛政権の「戦時体制」と「三ヶ年建設計画」による水利政策の転換 …… 127
　1　汪精衛政権の参戦問題と「戦時体制」
　2　「三ヶ年計画」の決定と政策転換

第2節　「蘇北新運河開闢計画」 …… 134
　1　「蘇北新運河開闢計画」の提出
　2　実地調査報告
　（1）行程と調査範囲
　（2）調査内容

小結 …… 140

第7章　三ヶ年建設計画（2）―東太湖・尹山湖干拓事業 …… 146
はじめに …… 146
第1節　「東太湖浚墾」事業の開始 …… 148
　　1　汪精衛政権による東太湖調査と「東太湖浚墾計画大綱」
　　2　実地調査
　　(1)日本の調査団による調査
　　　　① 治水班
　　　　② 土地改良班
　　(2)「東太湖測量隊」と「尹山湖浚墾計画」
第2節　事業の展開 …… 163
　　1　東太湖尹山湖浚墾工程局の設置と請負業者の決定
　　2　事業の開始
　　(1)事業の開始と食糧問題の発生
　　(2)馬遠明の「視察報告書」
　　(3)請負業者との対立と作業の中断
　　(4)地域住民からの請願
第3節　事業の再開と1945年以降の尹山湖 …… 173
　　1　事業の再開
　　2　汪精衛政権解体後の尹山湖
小結 …… 178

結論 …… 188

巻末図版

参考文献

【図表】

図1：	1940年代前半の中国関内地図	15
図2：	汪精衛政権行政機構改組による機構変遷図	17
図3：	1938年淮河流域図	71
図4：	龐山湖灌漑実験場全体図	巻末
図5：	龐山湖灌漑実験場第一区全体図	巻末
図6：	龐山湖灌漑実験場第二区全体図	巻末
図7：	龐山湖灌漑実験場第三区全体図	巻末
図8：	蘇北新運河開闢計画図	巻末
図9：	蘇北新運河開闢計画大勢図	巻末
図10：	上海近郊地図（1930年代）	146
図11：	尹山湖周辺図	巻末
図12：	汪精衛政権作成 東太湖干拓事業平面図	巻末
図13：	大東亜省作成 東太湖干拓事業平面図	巻末
図14：	尹山湖事業平面図	巻末

表1：	汪精衛政権水利委員会委員長一覧	57
表2：	汪精衛政権建設部部長・次長・水利署署長一覧	58
表3：	龐山湖模範灌漑実験場小作料徴収状況	101
表4：	水利事業三年建設計画及概算表	133
表5：	「蘇北新運河開闢計画」現地視察行程一覧	137
表6：	東太湖浚墾計画	151
表7：	「友邦東太湖水利調査団行程表」	153
表8：	東太湖周辺の調査参加者	156

序論

　本書は日中戦争期、日本軍占領下の南京を中心に成立していた汪精衛政権（以下、汪政権と略称）の政策展開に注目し、政権の実態解明をめざすものである。
　1937年に勃発した日中戦争の進展に伴い、中国国民政府で対日和平を主張し、中国国民党副総裁でもあった汪精衛を首班として日本軍占領下の南京に成立した汪政権は、「唯一の合法的な中国国民政府」と[1]、中国の中央政府を自認していたものの、支配領域は日本軍占領下の江蘇省、安徽省、浙江省に限られ、1945年8月の日本の敗戦とともに解体された政権であった。
　一般的に汪政権は「傀儡政権」、中国では「偽政権」、汪政権などへの参加者は売国奴を意味する「漢奸」とする評価が定着している。これは主に祖国を裏切り、日本軍占領下に政権を組織し、さらに実権が日本に掌握されていたとする革命史観ともいえる政治的評価が反映されたものといえる。
　土屋光芳は、汪政権を「傀儡」、「偽政権」とみなす「この通説が長い間、同政権（汪政権—引用者注）の研究の発展を妨げてきた」と述べ[2]、「傀儡」、「偽政権」という性格規定ゆえに研究対象とされなかった傾向を批判している。
　土屋が述べるように、汪政権解体後、しばらくの間、汪精衛や汪政権に関する研究はほぼ停滞し[3]、中国、日本においてそれらを語ることは「タブーとされ」ていた[4]。1970年代に欧米の研究者によって研究が切り拓かれて以降[5]、1980年代になると、中国の社会状況の変化を背景にしながら、研究は活発化していくが、汪精衛をはじめとする政権関係者の行動や思想、日本との関係から、政権の傀儡性や売国行為といった政治的評価を強調する研究傾向にあったことは否めない[6]。
　近年の日中戦争史研究の1つの到達点ともいえる、2002年にハーバード大学で開催された国際シンポジウムの内容をまとめた『日中戦争の国際共同研究』の「総論」にて、姫田光義はシンポジウムで提示された「残された課題」

の1つとして、以下のことを紹介している。抗戦によって生まれたレジームを検討する一環として、「汪兆銘政権のような「新しい」政権を位置づけた場合、単に日本の傀儡、もしくは協力合作としてのみ位置づけられるのかどうか」、「その研究は日中両国双方のきわめて今日的政治状況の影響を受けやすい部分であり、それだからこそ一層客観的な実証研究が望まれるところである[7]」としている。この「残された課題」は、未だ日中戦争史研究において、汪政権研究は後発であることを説明したものであり、また、これまでの評価に規定されてよいのかという新たな視点を提示するものであった。

2000年以降の汪政権研究を見ると、「傀儡」、「偽政権」の評価から汪政権を論断するのではなく、多様な視点から客観的かつ実証的に、政権の実態に迫ろうとする研究傾向へと変化していった。まさに、上述の「残された課題」が反映された結果となっているが、この背景には政権関係資料（档案）の公開や刊行がいっそう進展したこと、汪精衛・汪政権研究の非タブー化の浸透があり[8]、新たな研究を可能にさせている。

その主な一例として中国・台湾では、汪精衛＝「漢奸」とのみ評価することへの疑問を提示し、汪精衛の人物性を踏まえて汪政権が置かれていた状況を考察した王克文[9]、食糧や治安政策面から汪政権と日本との関係を論じた張生[10]、汪政権の成立前後から解体までを人物や統治機構・政権下の社会状況などから、汪政権の全体像を実証的に描いた余子道・曹振威・石源華・張雲[11]などによる研究が挙げられる。汪政権への基本的な評価に変化はないが、これまでの研究とは異なり、汪政権を取り巻く社会状況や政策などから、客観的かつ実証的な考察が試みられている[12]。中国や台湾において、このような研究動向が見られるようになったことは、汪政権研究にとって大きな進展といえよう。

一方、近年の日本の研究状況としては、主に三好章、柴田哲雄、堀井弘一郎の研究が挙げられる[13]。

三好章は汪政権が治安維持政策として、江蘇省で実施した清郷(せいきょう)工作を考察している[14]。当時、清郷工作が実施された地域で発行されていた『清郷日報』を主な史料として、1941年9月の汪精衛の蘇州視察について考察し、視察の際に汪精衛が述べた演説内容から、清郷工作についてどのような演説がされたのかを検討している。

柴田哲雄は汪政権が展開した東亜聯盟運動、新国民運動などでとられた「イデオロギー状況」から、日本軍占領下にあった汪政権による「抵抗」と「協力」、さらに汪政権からの働きかけへの大衆の「沈黙」を説明している[15]。柴田はその「イデオロギー状況」をJ. H. BoyleやT. Brook[16]が提起した占領軍の下で巧みに権力を持続し、その権力を占領軍に「抵抗」や「協力」するために行使する「コラボレーター」の概念を用いて説明している[17]。そのなかで、「抵抗」と「協力」の二項対立だけではなく、「沈黙」というまさに「抵抗」と「協力」のあいだにあるグレーゾーンを提示している。

　次に堀井弘一郎は、「動員される民衆」という副題のもと、汪政権の政治力強化や総動員体制の構築をめざして展開された新国民運動を考察している[18]。1942年に開始された新国民運動は1941年末のアジア・太平洋戦争の勃発、1943年の「対華新政策」を契機として、民衆を動員して「対日協力」や「戦時体制」への協力を呼びかけることで汪政権への政治力強化を図り、民心獲得をめざした運動であったと説明する。しかし、指導組織の「重層化」や運動自体の「多元化」により、運動は衰退していき、民心は得られなかったとしている。

　以上挙げた日中台の研究は、汪政権が置かれていた状況や実施した政策、また政権の統治システムといった上部構造などから、政権の内実を検討しようとするもので、史料に基いた実証的な考察を展開している。なかでも堀井の研究は、汪政権下の「民衆動員」に注目したものであり、汪政権研究において、政権下の民衆の考察が可能となりつつあることを提示した意義は大きい[19]。研究の進展を見せる汪政権研究ではあるが、未だ史料上の制約はつきまとっており、政権下の民衆が確認できる史料は決して多いとはいえない。そのなかで、汪政権下の民衆への視座が打ち出されるようになった今、もはや、汪政権の実態に迫るためには、汪政権の上部構造だけではなく、政権下の民衆への言及も必要になってきているのである。

　しかし、政策を考察対象としても、一定の期間のみの考察に留まっており、汪政権全体を通した政策展開への考察は未だされていない。その点において堀井の研究は、新国民運動という一つの政策について、開始前後から衰退まで一貫して取り上げられ、系統的な考察が試みられているが、副題にある「動員さ

れる民衆」、言い換えると、汪政権が「民衆を動員しようとした」点には詳細に言及しているものの、動員「された」民衆の姿は追い切れていないといえる。

そこで、本書ではこれまでの研究動向を踏まえて、汪政権が実施した政策展開に注目し、政権の状況、さらに政権下の民衆の動向を可能な限り踏まえた政権の実態を明らかにしていきたい。政策の実施が迫られる政権の状況、その政策を実施する政権とその政策の影響を受ける民衆という構図から、汪政権、さらには日本軍占領地における新たな実態が提示できるのではないかと考える。

その政権の実態を見るべく、本書が取り上げる政策は、汪政権下で実施された水利政策である。詳細は第2章以降で検討するが、日中戦争の進展に伴い成立した汪政権は、当初重慶国民政府（以下、重慶政権と記す）を抗日路線から和平路線へ変更させることを企図していた。しかし、重慶政権に和平の意思がないことを知ると、政権基盤の強化をめざすようになり、内政に力を入れていくようになる。そこで本格始動していったのが水利政策であった。

そもそも、中国では古代より伝統的に「治水は治政の要諦」といわれるように、水利政策は重要とされてきた[20]。それはその政府の政治経済に関係するだけではなく、民衆の生活に直結する政策であったためである[21]。汪政権がその伝統をどこまで意識していたのか不明であるが、当時の汪政権では、増水被害や食糧不足など、内政面に問題を抱えており、その解消のために水利政策は動き出していったのである。そしてその問題解消の先に企図していたのは、民心の獲得による政権基盤の強化や一政権としての「正統性」への意識があったと筆者は考えている。

以上のことを踏まえて、本書では以下の課題を設定しておきたい。

第1に、汪政権による水利政策はどのような特徴を持っていたのか、確認することである。1940年から5年間に亘る汪政権の水利政策について概観しながら、その特徴を位置づけていきたい。

第2の課題は、水利政策として具体的にどのような事業が展開されたのか検討することである。本書では主な水利政策として実施された4つの事業を事例として、政策展開を検討する。各事業が開始される経緯から完了・終了までの確認を基本線とするが、考察期間は汪政権期（1940年3月〜1945年8月）のみと限定せずに、可能な範囲で汪政権以前と以後の状況も考察することとする。

第3の課題は研究動向で言及したように、政権下の民衆の動向を確認することである。水利政策は主に治水事業と灌漑事業に分けられるが、どちらの事業を展開するにしても作業する人員が必要とされる。特に堤防建設などには人力が必要とされ、汪政権下では主に地域の民衆が労働力として動員されていた。動員がどのように実施され、またその政策を地域住民はどのように見ていたのか、民衆の動向が確認できる3つの事業の政権関係者による作業報告書と民衆からの請願書をもとに検討していきたい。

　最後に本書の構成と用語について、説明しておこう。

　本書は全7章から構成されている。第1章は「汪精衛政権概史」として、1937年の日中戦争勃発、汪政権の成立過程から1945年の政権解体までの汪政権史を概観する。

　第2章「汪精衛政権の政権構想――周仏海の政権構想から――」では、汪政権の政権構想として、政権成立過程から政権解体まで、政権の中枢で政権運営に携わった周仏海の政権構想を検討し、構想の変化による内政面への影響、そして水利政策の本格始動について考察する。

　第3章「汪精衛政権の水利政策の概要」では、汪政権期の水利政策の全体像を概観すべく、水利政策の概要として、汪政権の水利執行機関と主な政策を列挙して、その特徴を検討する。

　第4章「安徽省淮河堤防修復工事」は、1940年9月から1943年6月まで、安徽省を流れる淮河流域で実施された堤防修復工事について考察する。1938年の黄河の堤防決壊により、淮河が増水し、安徽省の淮河流域に甚大な被害をもたらしていた。当時の汪政権にとって、この淮河の増水被害を解決することが重要な課題とされており、水利政策のなかでも力点が置かれて実施された事業であった。流域住民を動員しておこなわれたこの事業がどのように展開されていったのか考察する。

　第5章「江蘇省呉江県龐山湖灌漑実験場「接収」計画」では、汪政権成立まもなくして発生した食糧不足の解消を企図して、当時日本の管理下にあった江蘇省呉江県龐山湖灌漑実験場の「接収」計画が実施された。その「接収交渉」にあたったのが、水利委員会であった。本章では水利委員会の「接収交渉」も水利政策の一環として捉え、その交渉過程と「接収」後について考察した。

5

第6章「三ヶ年建設計画（1）―『蘇北新運河開闢(かいびゃく)計画』」では、1943年1月に「戦時体制」に移行した汪政権が、戦時物資の増産のために計画した「三ヶ年建設計画」を取り上げる。具体的にどのような計画でどのように水利政策と関連していたのか、江蘇省北部での棉花増産を企図して進められた「蘇北新運河開闢計画」も同時に考察を進める。

　第7章では「三ヶ年建設計画（2）―東太湖・尹山湖干拓事業」として、第6章で取り上げた「三ヶ年建設計画」の中心を担った事業の1つである東太湖・尹山湖干拓事業を考察する。江蘇省南部に位置する太湖の東部にあたる東太湖の一部分と江蘇省蘇州の南東に位置する尹山湖を干拓し、「農産物の増産」を計画した大事業がいかに展開されたのか検討する。本書は以上の構成で進めていく。

　次に本書で使用する用語について。南京国民政府（1928～1937年・1945～1949年）については「国民政府」、重慶国民政府については、「重慶政権」と記した。また、史料によっては汪政権も「国民政府」と記しているものがあるが、その場合は「国民政府（汪政権）」と記している。なお、一部に差別的な表現が使用されているが、原資料の記述を尊重したためであることを御理解いただきたい。

1）黄美真・張雲編『汪精衛国民政府成立』（上海人民出版社、1984年）821～822頁。
2）土屋光芳『「汪兆銘政権」論―比較コラボレーションによる考察』（人間の科学社、2011年）14頁。
3）小林英夫・林道生『日中戦争史論　汪精衛政権と中国占領地』（御茶の水書房、2005年）4～9頁。
4）劉傑「汪兆銘と「南京国民政府」」（劉傑・三谷博・楊大慶編『国境を越える歴史認識日中対話の試み』東京大学出版会、2006年）173頁。
5）1972年にアメリカのJ. H. Boyle、G. E. Bunkerによって、汪政権研究の嚆矢ともいえる研究著作が発表された。政権参加者の回想録やインタビューを通して、汪政権の成立過程や政権の動向について明らかにしている。なかでも日本軍部による「汪兆銘工作」から政権成立過程は、ほぼ両者によって明らかにされており、史料環境が整備されていない時期におけるこれらの業績の価値は大きい（J. H. Boyle, China and Japan at War

1937-1945, Stanford University Press, 1972.　G. E. Bunker, The Peace Conspiracy, Cambridge : Harvard University Press, 1972）。

6）1980年代から1990年代にかけての主な研究は以下の通り。蔡徳金・李恵賢『汪精衛偽国民政府紀事』（中国社会科学出版社、1982年）、黄美真・張雲編『汪精衛国民政府成立』（上海人民出版社、1984年）、同『汪精衛集団叛国投敵記』（河南人民出版社、1986年）、復旦大学歴史系中国現代史研究室編『汪精衛漢奸政権的興亡―汪偽政権史研究論集』（復旦大学出版社、1987年）、蔡徳金『歴史的怪胎―汪精衛国民政府』（広西師範大学出版社、1993年）、蔡徳金・王升編『汪精衛生平紀事』（中国文史出版社、1993年）、古厩忠夫「日本軍占領地域の「清郷」工作と抗戦」（池田誠編著『抗日戦争と中国民衆―中国ナショナリズムと民主主義―』法律文化社、1987年）、同「汪精衛政権はカイライではなかったのか」（『日本近代史の虚像と実像③満州事変～敗戦』大月書店、1989年）、同「「漢奸」の諸相―汪精衛政権をめぐって―」（『岩波講座　近代日本と植民地 6　抵抗と屈従』岩波書店、1993年）、同「日中戦争と占領地経済―華中における通貨と物資の支配―」（中央大学人文科学研究所編『日中戦争　日本・中国・アメリカ』中央大学出版部、1993年）、同「対華新政策と汪精衛政権―軍配組合から商統総会へ―」（中村政則・高村直助・小林英夫『戦時華中の物資動員と軍票』多賀出版、1994年）。なお2004年に出版された『日中戦争と上海、そして私　古厩忠夫中国近現代史論集』（研文出版）に以上の各論文が掲載されている。

7）姫田光義「総論　日中戦争期、中国の地域政権と日本の統治」（姫田光義・山田辰雄編『日中戦争の国際共同研究 1　中国の地域政権と日本の統治』慶應義塾大学出版会、2006年）12〜13頁。

8）前掲、劉傑「汪兆銘と「南京国民政府」」173頁。

9）王克文『汪精衛・国民党・南京政権』（国史館、2001年）。また王克文は1997年に台湾・国史館で「戰爭與和平：試論汪政權的歷史地位」というテーマで、戦争中にあって汪精衛らが主張した和平路線も一つの選択肢として有り得たと講演している（王克文「戰爭與和平：試論汪政權的歷史地位」『国史館館刊』復刊第22期、1997年、19〜32頁）。

10）張生『日偽関係研究―以華東地区為中心』（南京出版社、2003年）。

11）余子道・曹振威・石源華・張雲『汪偽政権全史　上下巻』（上海人民出版社、2006年）。

12）その他の主な研究は以下の通り。1990年代後半の研究ではあるが、1930年代の汪精衛の外交方針を評価する許育銘『汪兆銘與国民政府1931至1936年對日問題下的政治變動』（国史館、1999年）、汪政権の食糧政策を考察した林美莉「日汪政権的米糧統制與糧政機関的変遷」（『中央研究院近代史研究所集刊』第37期、2002年）、汪政権下の地方政府に関する考察をした潘敏『江蘇日偽基層政権研究（1937‐1945）』（上海人民出版社、2006年）、

日本軍占領下にあった1937年から1945年までの南京について論じた経盛鴻『南京淪陥八年史（上・下冊）』（社会科学文献出版社、2005年）などがある。

13) 日本での主な研究は、汪精衛個人から汪政権成立後の状況までを総体的に捉えた小林英夫・林道生『日中戦争史論　汪精衛政権と中国占領地』（御茶の水書房、2005年）、汪政権成立過程から漢奸裁判までを記した劉傑『漢奸裁判』（中央公論、2000年）、同「汪兆銘政権論」（『岩波講座　アジア・太平洋戦争7　支配と暴力』（岩波書店、2006年）、汪政権の内部に関する研究としては、政権の組織や構造に言及した曽志農「汪政権による『淪陥区』社会秩序の再建過程に関する研究─『汪偽政府行政院会議録』の分析を中心として─」（東京大学大学院人文社会系研究科博士論文、2000年、未刊行）、汪政権の食糧事情を考察した弁納才一「なぜ食べる物がないのか─汪精衛政権下中国における食糧事情─」（弁納才一・鶴園裕編『東アジア共生の歴史的基礎　日本・中国・南北コリアの対話』御茶の水書房、2008年）、同「日本軍占領下中国における食糧管理体制の構築とその崩壊」（『北陸史学』第57号、2010年）、興亜建国運動について考察した関智英「袁殊と興亜建国運動─汪精衛政権成立前後の対日和平陣営の動き」（『東洋学報』第94巻第1号、2012年）、同「興亜建国運動とその主張─日中戦争期中国における和平論」（『中国研究月報』第66巻第7号、2012年）が挙げられる

14) 三好章「清郷工作と『清郷日報』」（三好章編著『『清郷日報』記事目録』中国書店、2005年）、同「汪兆銘の〝清郷〟視察──九四一年九月─」（『中国21』Vol31、2009年）。

15) 柴田哲雄『協力・抵抗・沈黙─汪精衛南京政府のイデオロギーに対する比較史的アプローチ』（成文堂、2009年）。

16) T. Brook, Collaboration; Japanese Agents and Local Elites in Wartime China, Harvard University Press, 2005

17) 土屋光芳は前掲、『「汪兆銘政権」論─比較コラボレーションによる考察』のなかで、コラボレーションの視点から汪政権による和平運動などを考察している。その中で、占領地政権では、被占領者は占領者とコラボレーションする必要があり、コラボレーションの是非は副次的なものであると、T. Brookの理論を援用している。さらにコラボレーションが「傀儡」と評価されるのは、被占領者がネーション建設に失敗したためであるとしている。方法論上のこととはいえ、単純にコラボレーションの是非を「副次的」なものと判断できるのか、また、結果的にはネーション建設に失敗したために「傀儡」と評されたのかもしれないが、コラボレーションによる結果を強調し過ぎの感がある。

18) 堀井弘一郎『汪兆銘政権と新国民運動─動員される民衆─』（創土社、2011年）。

19) 日中戦争下の民衆について、例えば石島紀之や笹川裕史・奥村哲が言及しているが、共産党支配地域の状況や重慶政権下の考察が中心となっており、日本軍占領下の民衆につ

いては言及されていない（石島紀之『中国抗日戦争史』青木書店、1984年、笹川裕史・奥村哲『銃後の中国社会日中戦争下の総動員と農村』岩波書店、2007年）。
20）森田明『清代水利史研究』（亜紀書房、1974年）15頁。
21）武漢水利電力学院・水利水電科学研究院《中国水位史稿》編写組『中国水利史稿　上冊』（水利電力出版社、1979年）1頁。

第1章　汪精衛政権概史

　本章では、本稿で扱う汪精衛政権（以下、汪政権と略称）の歴史について、政権の成立から解体までを概観しておくこととする。

第1節　日中戦争の勃発と「汪兆銘工作」（1937年7月～1940年3月）

1　盧溝橋事件から中華民国維新政府の成立まで

　1937年7月7日、北平（現在の北京）郊外の盧溝橋で、日中両軍の軍事衝突が発生した。日中戦争のきっかけとなった、いわゆる盧溝橋事件である。事件発生後、現地では両者間で停戦協定が結ばれたものの、7月11日に近衛文麿内閣は「華北派兵に関する声明」を発表し[1]、華北への派兵が決定され、戦火は華北一帯へと拡大した（7月29日に北平、翌30日に天津が陥落）。同年8月13日になると、上海で戦端が開かれ（第二次上海事変）、15日には日本海軍機による南京への空襲も開始され、戦争は華中にも拡大し、ついに日中全面戦争へと至ったのであった。

　日本軍は上海攻略後、周辺の諸都市を攻略しながら、南京に向けて進攻を開始した。国民政府は迫りくる戦火を前に、11月20日に「国民政府遷都宣言」を発表し、首都を南京から重慶に移動させている（軍事委員会は武漢へと移動し、1938年に重慶へ移動）。「遷都宣言」が出された10日後の12月1日から日本軍は南京攻略戦を本格的に開始し、12月13日に南京は陥落している。

　日本軍は首都を陥落させれば、中国は屈服すると考えていたが、実際にはそうはいかず、国民政府は遷都先の武漢、重慶で抗戦を継続した[2]。それ故に戦争は長期持久戦化の様相を見せ始めていた。戦争勃発直後から、日本は戦争終結に向けていくつかの和平工作を進めていたが不調に終わり、また日本軍が優勢に戦線を進めていたため、日本政府は1938年1月16日の「爾後国民政府を対

手とせず」とする第一次近衛声明を発表し[3]、和平交渉の打ち切りを宣言した。この宣言により、日中戦争は泥沼化していく。

　日中戦争の進展により、日本軍占領下となった地域は拡大していき、占領地支配を浸透させるために、北支那方面軍は南京陥落の翌12月14日に、「(国民党の)滅党」、「反共」、中日の「親善提携」を施政方針とした王克敏を首班とする中華民国臨時政府（以下、臨時政府と略称）を北平に成立させている[4]。

　北支那方面軍は臨時政府を蔣介石政権に代わる中国の「新中央政府」とする計画を進めていたが、華中でも同様に新政権樹立の動きが出始めていた。

　華中の日本軍占領下では、上海市大道政府を始めとする自治政権が乱立していたため、新政権を樹立して一本化しようとする動きが出ていた。臨時政府の「新中央政府」化を練っていた北支那方面軍は華中の新政権樹立に反対し、一方で日本海軍が新政権樹立を主張するという「南北対立」の構図が生まれたが、対立は解決せずに、1938年3月28日、南京に梁鴻志を首班とする中華民国維新政府（以下、維新政府と略称）が成立するのである[5]。

2　「汪兆銘工作」と汪精衛の重慶脱出

　維新政府の成立直前の1938年2月、国民政府外交部亜洲司長高宗武の命を受けた部下の董道寧が極秘来日し、「中国通」で知られていた参謀本部第八課長影佐禎昭らと面会している。いわゆる「汪兆銘工作」の始まりである。高宗武は日中戦争勃発直後から事態打開を図るために日本とのチャンネルを探り続け、蔣介石を中心とする対日交渉を望んでいたが、日本の狙いは当初から、国民政府内の対日「和平派」を取り込み、国民政府の切り崩しを図ることにあった[6]。そこで取り込むべき存在として登場してきたのが、汪精衛を中心とする「和平派」と呼ばれる人たちである。主な人物としては、汪精衛、周仏海、陳公博、陳璧君、梅思平、陶希聖、高宗武などで、のちの汪精衛政権の中心メンバーとなる人たちであった。

　1938年2月に開始された交渉は、日本軍部を中心とするグループと高宗武や董道寧らによるものであったが、同年8月末になると、汪精衛に近い立場にあった梅思平も交渉に参加している。折衝が続けられた結果、「和平派」は10月30日に日本との具体的な協議の開始を決定する。

両者は11月19、20日に上海の重光堂で会談した。その下準備として、11月12日から14日まで予備会談が開かれ、汪精衛らの「挙事計画」が審議されている。中国側（「和平派」をさす。以下同）は、汪精衛が重慶を脱出後、昆明に行き、そこで日本側は新政権を相手とする和平条件を発表する。日本の和平条件を受けて、汪精衛は蔣介石との関係断絶を声明し、昆明からハノイ経由で香港に向かい、時局収拾と反蔣介石声明を発表して和平運動を展開し、反蔣介石の雲南や四川の軍閥とともに新政権を樹立する構想を提案しており、日本側も了承している。

　11月19、20日の会談では、日本側（影佐禎昭・今井武夫）、中国側（高宗武・梅思平）が今後の方針を定めた「日華協議記録」、「日華協議記録諒解事項」、「日華秘密協議記録」に調印している。その内容は中国の平和、治安回復後の日本軍の撤兵、防共協定の締結、「満州国」の承認、華北の資源開発・利用への優先的な便宜供与、と日本側から中国側へ一方的に要求するものであった[7]。また、汪精衛らの重慶脱出は12月5日以前に実行することも決定された。

　協議記録の調印により、残すは汪精衛の認可を待つのみとなった。会談後、調印内容を見た汪精衛は一旦ためらいを見せたものの、11月29日に同意し、汪精衛等の重慶脱出が決定された。折しも、翌11月30日に日本の御前会議は、新中央政府への日本人顧問の配置や日本軍の駐屯などを定めた「日支新関係調整方針」を決定している[8]。この決定が汪精衛らに伝えられるのは翌年になってからであった。

　汪精衛らは12月18日に重慶を脱出し、昆明経由でハノイへ向かった[9]。ハノイに到着した12月22日に、近衛内閣は「更正新支那トノ関係ヲ調整スヘキ根本方針」として、「善隣友好、共同防共、経済提携」を謳ったいわゆる第三次近衛声明を発表した[10]。しかし、その声明文には「日華協議記録」に記されていた日本軍の撤兵は盛り込まれていなかった。近衛声明から一週間後の12月29日、汪精衛は近衛声明に呼応して、国民政府や蔣介石に対日和平を呼び掛ける「艶電」を発表した[11]。この「艶電」発表は中国全土への対日和平の呼びかけであったが、呼応する勢力は現れなかった。新政権の基盤とするはずの雲南、四川の勢力も然りであった。

3　新中央政府の成立

　対日和平の呼びかけに応じる勢力がない中、汪精衛は1939年4月までハノイに滞在し、新中央政府の構想を計画していた。1939年1月に近衛文麿内閣が総辞職し、平沼騏一郎内閣が成立すると、汪精衛は日本の方針を確認するために、1939年2月に高宗武と周隆庠（しゅうりゅうしょう）を訪日させている。その際、高宗武は新政権成立に関する日本政府への要求を記した「時局収拾ノ具体弁法」を提出している[12]。一番の目的は、近衛声明で盛り込まれなかった「日本軍の撤兵」を再確認することであったが、対応に当たった影佐禎昭は撤兵には触れず、汪精衛を中心とした新中央政府の成立を決定するとして、国民党の改組と三民主義の修正などを求めたのであった。

　その矢先、1939年3月21日に汪精衛の腹心・曽仲鳴が国民党の特務機関藍衣社のメンバーに、ハノイで暗殺される。日本は汪精衛らの安全を確保するために影佐や犬養健（たける）、矢野征記（外務省書記官）をハノイに派遣し、汪精衛らは船で上海へ向かった（上海到着は5月8日）[13]。

　上海で活動を再開した汪精衛は、新中央政府樹立に向けた話し合いをするために、5月末から6月にかけて訪日している。東京で政府要人と面会した汪精衛らは、国民党を中心とする新政府の樹立と中央政治会議の開会、臨時・維新政府の取消しなどを求めて協議を進めた[14]。国旗問題[15]や臨時・維新政府の取消しについては紛糾したが、新政府樹立に向けて大方の意見の一致は見られた。

　汪精衛は大方の審議を終えた6月15日に「中国主権尊重原則実行に関し日本に対する希望」を提出している[16]。日本人の政治顧問や日本人職員は配置しないこと、軍事顧問団は日独伊三国で組織し、中央政府成立後、日本軍は局部撤退を進めること、中国の公営・私営の工場などを返還するよう希望したのである。しかし、この要望に日本からの回答があったのは同年10月末のことであり、汪精衛の意見は通らなかった。

　日本から帰国した汪精衛はすぐに新政府樹立に向けて動き出した。最初に取り掛かったのは、臨時・維新政府関係者との会談であった。5月27日に北平で臨時政府の王克敏と、29日には上海で維新政府の梁鴻志らと会談している。同年9月19、20日に汪・王・梁三者による会談が開かれ、この会議で汪精衛を中心とする新中央政府樹立が決定された[17]。

また、国民党を中心とする政府を構想していた汪精衛は、同年8月28日に「国民党第六次代表大会」を召集した。汪精衛を臨時主席としたいわゆる汪国民党の成立である[18]。国民党の「党統」を継承した政権を謳うためには、新政権下にも国民党組織を持つことが必要とされ、汪国民党は党務を整理して、国民党一党による専制を廃止し、党外人士も含めて国民党の新体制構築をめざすとした。また、反共を国策とすること、国民大会を召集して、憲政の実施もめざすことも規定された[19]。

　臨時・維新政府との協議、汪国民党の成立と新政権樹立は着々と進み、1939年11月1日から、日本側と新政権樹立に向けた具体的な交渉が開始された。その結果、12月30日に「日支新関係調整に関する協議書類」が締結されている。この協議書類の締結をめぐり、汪側と日本側は激論を繰り広げた。それは前年11月末に決定された日本人顧問の設置や日本軍の駐屯など、汪側からすると「漢奸」となりかねない内容を日本から強要されたためであった[20]。激論の末、汪側の意見も反映されたものの、ほぼ日本側の強硬な要求を呑まされる結果となった[21]。

　上述の協議書類締結により、新政権樹立構想から2人離脱している。その2人とは高宗武と陶希聖であった[22]。1940年1月22日、高宗武と陶希聖は香港『大公報』に声明を発表し、協議書類の内容を暴露した[23]。交渉内容の暴露と主要メンバーの離脱は汪側にショックを与えている[24]。

　『大公報』での暴露報道の翌日、青島に臨時・維新・蒙古自治政府・汪側が一堂を介して、青島会談が開催された。この会談にて、「中央政治会議組織綱要」、「中央政治委員会組織条例」、「国民政府機構予定一覧表」、臨時政府は華北政務委員会へ改組、維新政府は新政府に吸収されることなどが決議され[25]、新政権の骨格がほぼ完成した。

　青島会談で組織されることが決定した中央政治会議が同年3月20日より、南京で開催された。この会議にて正式に汪精衛を首班とする新政府の成立が決定され、成立日時も3月30日とされた。同時に国民政府を始めとする各種人事も決まり[6]、汪精衛政権の成立準備は整っていったのである。

第1章　汪精衛政権概史

第2節　汪精衛政権の成立から対米英参戦まで（1940年3月～1942年）

1　汪精衛政権の成立と統治機構

1940年3月30日、陪都の重慶から都を南京に戻す、いわゆる「還都（かんと）」という

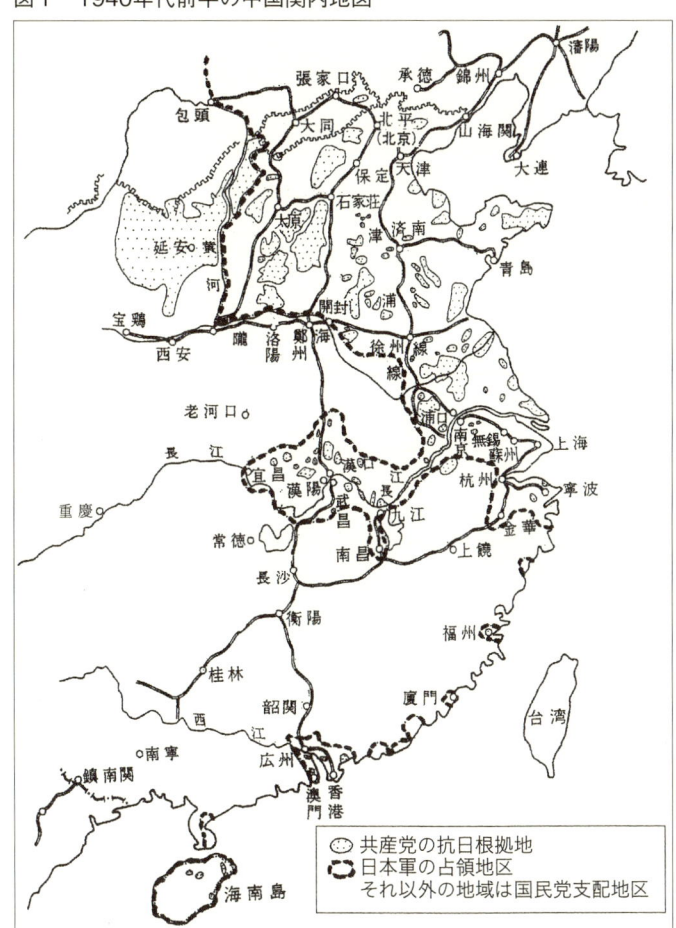

図1　1940年代前半の中国関内地図

凡例：
○ 共産党の抗日根拠地
◯ 日本軍の占領地区
それ以外の地域は国民党支配地区

典拠：堀井弘一郎『汪兆銘政権と新国民運動』（創土社、2011年、5頁）より転載。
注：原典にあった地図記号は省略した。

形式に則り、汪精衛政権(以下、汪政権と略称)は成立した[27]。

「還都式典」と称した政権成立式典で、汪精衛は「国民政府還都宣言」、政治目標を掲げた「国民政府政綱」を発表し、汪政権が中国で唯一の合法政府であると国内外に宣言した[28]。しかし、重慶政権をはじめ諸外国の反応は冷淡であり、「友邦」日本でさえ、汪政権を承認したのは1940年11月になってからのことであった。

汪政権の統治機構は、「全国政治の最高指導機関」の中央政治委員会を頂点として[29]、その下に行政院・立法院・司法院・考試院・監察院の五院と軍事委員会が設置された。なかでも政権の中枢的機能を担っていたのは行政院であった。参考までに行政機構について見ておくこととする[30]。

汪政権の行政院は政権成立当初、14部(内政・外交・財政・軍政・海軍・教育・司法行政・工商・農鉱・交通・鉄道・社会・宣伝・警政) 4委員会(振務・辺疆・僑務・水利)からなる組織として成立した。ちなみに同時期の重慶政権の行政院は、8部(内政・外交・財政・軍政・経済・農林・交通・教育) 3委員会(賑済・辺疆・僑務)であり、汪政権の組織数が圧倒的に多いことがわかる。

汪政権の組織数が多くなった背景には、第一に政権内の人員余剰問題があった。汪政権は政権成立まで組織されていた臨時・維新両政府の人員を吸収し、また中国青年党、中国国家社会党、無派閥などの人員により構成されていたため、人員が膨れ上がり、人事問題が深刻であった。決して施策上の機能性、必要性という面からの組織増設ではなかったのである。また、2つ目の背景としては、組織数を多くすることで、汪政権の独自性及び強固性をアピールする狙いがあったと思われる。

政権成立当初、14部4委員会という「大所帯」であった行政院は、1945年8月16日の政権解体までに、3回(1941年8月16日、1942年8月20日、1943年1月13日、以下それぞれを第一次改組、第二次改組、第三次改組と記す)に亘り、行政機構改組(図2)を実施している。

1941年8月16日に実施された第一次改組では、工商部・農鉱部の合併による実業部の新設、交通部・鉄道部の合併による交通部への統一、警政部の内政部への編入、社会部解消による社会運動指導委員会の新設などが行われた。この

第 1 章　汪精衛政権概史

改組により14部4委員会から10部5委員会（1940年11月2日に糧食管理委員会が新設）となった。

　第一次改組から約1年後に実施された第二次改組（1942年8月20日）は、行

図2　汪精衛政権行政機構改組による機構変遷図

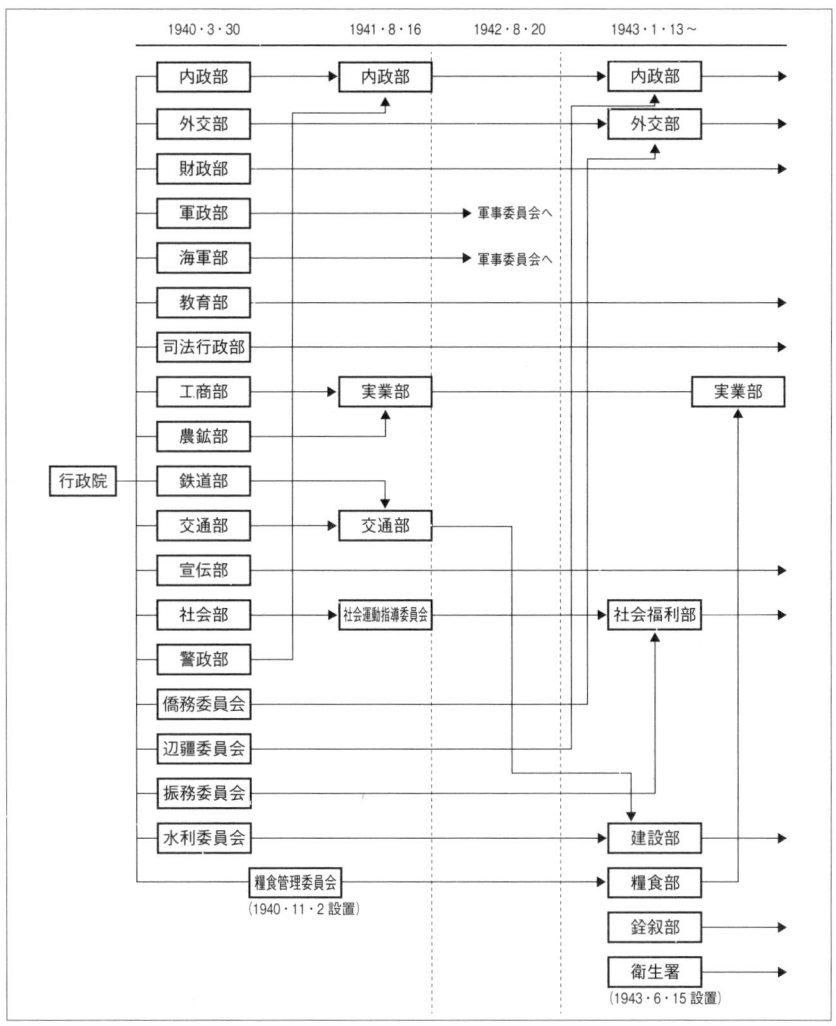

典拠：郭卿友編『中華民國時期　軍政職官誌・下』（甘粛人民出版社、1990年）より筆者が作成。

政院所属の軍事組織であった軍政部、海軍部が軍事委員会に所属変更された改組であった。この改組は、軍事委員会の改組と同時に実施されており、軍事委員会内の参謀本部、政治訓練部、軍事訓練部を廃止して参謀武官公署、陸軍編練総監公署を新設するなど、「軍政軍令の一元化」[31]という政権内の政治的理由から実施されている。

1943年1月13日に実施された第三次改組は、汪政権の対米英参戦に伴う「戦時体制」への移行に対応することを目的として実施された。改組の主な概要は、人事を扱う銓叙部の考試院から行政院への所属変更、社会福利部・糧食部・建設部の新設に伴う5委員会の解消など、内政面において大規模なものであった。第二次改組後、8部5委員会となっていた行政院の機構数は、第三次改組当時で11部（1943年6月に衛生署が追加）へと変化した。

3回の機構改組は、「行政機構の簡素化、合理化」を目的として実施されたが[32]、それぞれに実施された背景が存在していた。その背景にあったのは、日本の軍部・政府の関心を引くアピールのためであったと考える。しかし、日本へのアピールを企図した改組だったとはいえ、第一次改組と第二次、第三次改組には以下のような違いがあったと考える。

第一次改組は日本が希望する政権の強化、また当時、日本が汪政権に抱いていた誤解の払拭のための対応策として、受動的な姿勢から実施された改組であった[33]。一方、第二次、第三次改組は汪政権から日本へのアピール性を含みつつ、軍事機構の強化、戦時体制への移行という政権内で必然的に表れた政治上の理由から、能動的に実施された改組であった。

2　日華基本条約の締結

汪政権は政権成立時、どこの政府からも承認を得ていなく、汪精衛を担ぎ上げた日本でさえ、承認していなかったことは前述のとおりである。周仏海は政権成立前より、日本が新政府を承認しないのであれば、政府の組織計画をやめるとまで日本側に伝えていた[34]。当時、日本は新政府の成立に向けて動く一方で、「桐工作」という和平工作を進行中で、この工作は1939年末から1940年秋まで続けられ、そのために日本は汪政権の承認を積極的に進めようとしなかったのである。

しかし、汪政権からの要請があったため、汪政権と日本側は基本条約の締結に向けて「国交調整会議」を1940年7月5日から8月31日まで開催している。そこで決定されたのは、1939年末に締結された「日支新関係調整に関する協議書類」を条約化したものであり、日本軍の撤兵や駐屯、資源開発などについて審議されはしたものの、特に大きな変化はなかったのである。

8月末に審議を終えた国交調整案が条約として締結されるには、前述の「桐工作」の破綻を待たねばならなかった。結局、「桐工作」は重慶政権による謀略と判明し、中止となり、諸々の手続きを経て、11月30日に日華基本条約は締結されている。この基本条約締結により、汪政権はやっと日本からの承認を得たのであった[35]。また、同時に「中日満共同宣言」も締結され、「満州国」も汪政権を承認している[36]。

3　政権の体制構築

汪政権は1940年秋頃より、政権の体制構築を本格化させていった。それは汪政権が政権基盤構築をめざして、諸々の政策を本格始動させていったことと関係する（次章参照）。

同時期の体制構築としては、1、中央儲備銀行の設立、2、清郷工作の実施、3、新国民運動の実施が挙げられる。

一点目の汪政権の基幹銀行として設立された中央儲備銀行は、財政部部長の周仏海を総裁として、1941年1月に業務を開始した。中央儲備銀行の開業により、それまで華中で流通していた華興商業銀行券（以下、華興券と略称）に代わって、中央儲備銀行券（以下、儲備券と略称）の流通が開始された（当時華中では軍用手票（軍票）も流通していた）。日中戦争前に使用されていた法幣と価値を争うことになった儲備券は、1941年のアジア・太平洋戦争勃発後、一時等価の状態にまで価値が上がり、「幣制統一」をめざして法幣の回収にも着手したが、1942年に儲備券の増発がおこなわれるとインフレが急速に進み、政権解体までインフレ状態は続いていったのである[37]。

二点目としては、汪政権の支配浸透をめざして、支配地域で実施された清郷工作が挙げられる[38]。汪政権軍事顧問の晴気慶胤と汪政権警政部部長の李士群により立案され、日本軍と汪政権軍によって、1941年7月から江蘇省の蘇州を

拠点に、江蘇省の呉県、常熟、昆山、太倉で開始された（第一期清郷工作）。具体的には「清郷地区」として指定された農村の周囲に竹矢来や濠を設けて、農村を封鎖する。次に封鎖した農村にいる新四軍（中国共産党軍の部隊）やゲリラといった抗日勢力を囲み掃討し（「軍事清郷」）、その後、その農村で思想教育をおこない（「政治清郷」）、保甲制度の整備（「行政清郷」）、物資統制（「経済清郷」）を展開して、汪政権の支配力を拡大しようとした[39]。

　実施地域も次第に拡大を見せ、新四軍への打撃や実施区域での税の増収など、一定の成果を上げたものの、日本軍の力を頼みとせざるを得なく、また汪政権内部での権力闘争が工作に反映されるようになったため、清郷委員会は途中で廃止されている。その後も形式的には継続されたが、政権の支配力が拡大することはなかった。

　三点目としては、新国民運動の展開が挙げられる。1942年1月1日から開始された新国民運動は、1941年末のアジア・太平洋戦争などを契機として、汪精衛が提唱した民衆動員工作であった。その狙いは、対日協力を通して民衆を動員し、民心を獲得して政権基盤を強化することにあった。しかし、提唱者の汪精衛の死や新国民運動について研究している堀井弘一郎の言葉を借りると、指導組織の「重層化」と運動の「多元化」により、民意を得ることができずに、運動は衰退していったのであった[40]。

4　アジア・太平洋戦争の勃発と汪精衛政権の参戦

　1940年11月末に日本や「満州国」による承認を受けた汪政権は、1941年7月になると、ドイツ・イタリアなどの枢軸諸国からも承認を受け[41]、さらに同年11月には、国際防共協定に加盟するなど[42]、枢軸諸国内での「国際的地位」を獲得していくこととなる。

　枢軸諸国との連携を強めていた矢先の1941年12月8日、アジア・太平洋戦争が勃発する。「友邦」日本の戦争突入に対し、汪精衛は同日、「日本と同甘共苦で、この難局に臨む」と声明を発表し、日本に「協力」する姿勢を明らかにした[43]。

　汪政権の日本への「協力」姿勢とは、対米英参戦を意味していた（第6章参照）。しかし、日本政府は、アジア・太平洋戦争開戦直前の1941年12月6日に

大本営政府連絡会議で決定された「国際情勢急転ノ場合支那ヲシテ執ラシムルヘキ措置」に従い、汪政権を参戦させようとしなかった[44]。日本のアジア・太平洋戦争開戦以降、汪政権の対日政策は主に対米英参戦の要求に終始し、1942年7月に訪日した周仏海によって、参戦要請の打診を本格化させていくが[45]、日本政府が態度を変えることはなかった。

しかし、1942年秋になると状況が一変する。1942年10月29日、日本政府は汪政権の参戦を容認した[46]。その理由は日本軍の戦局悪化のためであった。日本の方針転換により、汪政権の参戦は容認されたが、日本政府は単に参戦を認めたわけではなかった。日本政府は12月21日、御前会議で汪政権の参戦をもって、ともに「戦争完遂ニ邁進」することを明記した「大東亜戦争完遂ノ為ノ対支処理根本方針」、いわゆる「対華新政策」を決定している[47]。その国民政府（汪政権）の政治力強化を謳った「要領」には、汪政権を強化することによって、「戦争協力ニ徹底遺憾ナカラシム」ためと汪政権の参戦を容認した理由が含まれていたのである。

第3節　汪精衛政権の対米英参戦から政権解体まで（1943年～1945年）

1　対米英参戦と「対華新政策」による影響

1943年1月9日、汪政権は中央政治委員会臨時会議を召集し、米英へ宣戦布告した[48]。それと同時に、日本と汪政権は協力して戦争遂行をめざすと明示した「日華共同宣言」も発表されている[49]。対米英参戦に伴い、最高決定機関の中央政治委員会閉会中の国防に関する最高決定機関として、最高国防会議の設置も承認され、汪政権は正式に「戦時体制」に突入したのであった。

「戦時体制」への移行と同時に、汪政権では租界の返還・治外法権の撤廃、全国商業統制会の設立などが行なわれた。いわゆる「対華新政策」による「アメとムチ」のアメを渡されたのであった。

汪政権が参戦した1943年1月9日、日本と汪政権の間では、「租界還付及治外法権撤廃等に関する日本國中華民國間協定」も締結されている[50]。この協定締結により、日本は専管租界の返還と治外法権の撤廃を宣言したのである。日本の宣言に次いで、1月14日にはイタリア、2月23日にはフランスのヴィシー

政権が租界の返還と治外法権の撤廃を宣言している[51]。

この動きに対し、汪政権は1943年2月9日に、外交部部長褚民誼を主任委員とする「租界接収委員会」、司法行政部部長羅君強を主任委員とした「治外法権撤廃委員会」を設立した。3月4日に上記の両委員会と日本側の代表委員が会議を開き、3月30日に杭州、蘇州、漢口、沙市、天津、福州、厦門などの日本専管租界などの返還が決定され、期日通り、返還されている[52]。その後、しばらくは日本、イタリア、ヴィシー政権などからの返還ラッシュとなり、主な事例としては、8月1日に日本から上海租界が返還されている[53]。周仏海は7月24日の日記で、各地の租界が返還され、治外法権の撤廃が進んでいることについて、「いわゆる不平等条約の大部分が我々の手によって取り消されたのである。和平運動もここにきてようやくなすべきことをしたのである」と記している[54]。

次に1943年3月11日の最高国防会議第8次会議にて、物資統制に関する専門機関として、全国商業統制会（以下、商統会と略称）が成立している[55]。商統会の成立により、それまで日本軍が担当していた華中の物流管理を、商統会が担当することとなったのである。この新たな動きに期待した上海の財界人である唐寿民、袁履登、聞蘭亭などが当会に参加し、汪政権は上海の財界を取り込んだかのように思われた。しかし、すべて商統会が組織する各委員会には日本人が参加し、汪政権が主導するとされたにも関わらず、主導権は日本側が握っており、変化を遂げたのはあくまでも表看板のみであった[56]。

また、商統会の下には米糧統制委員会、棉業統制委員会、粉麦統制委員会、油糧統制委員会、日用品統制委員会が組織され、各物資の統制管理が行われた[57]。例えば、米糧統制委員会は米の売買、配給、価格設定、移動、保管などを担当しており[58]、当委員会による統制が汪政権下で実施された政策に影響を及ぼすこともあった（第7章参照）。

2　日華同盟条約の締結と大東亜会議

「不平等条約」の「取消し」により、租界の返還や治外法権の撤廃が進められていた1943年5月31日、日本の御前会議は「大東亜政略指導大綱」を決定している。汪政権をはじめとする日本軍占領下のアジア諸地域を対象としたこの

大綱は、「帝国ヲ中核」とする「大東亜ノ諸国家民族結集ノ政略態勢」を強化し、更なる戦争協力を求めるために作成されたのであった。中国への方策としては、1942年末に御前会議で決定された「大東亜戦争完遂ノ為ノ対支処理根本方針」を具現化するために、1940年11月に締結された日華基本条約を改訂して、日華同盟条約を締結するとされ、また「機ヲ見テ国民政府ヲシテ対重慶政治工作ヲ実施セシムル」と規定された[59]。

「大東亜政略指導大綱」をもとに、1943年10月30日、「日華同盟条約」が締結されている[60]。その第5条には日華基本条約は「其ノ一切ノ附属文書ト共ニ本條約實施ノ日ヨリ効力ヲ失フモノトス」とある。

日本軍が駐兵権の「拠り所」としていた日華基本条約の「効力ヲ失フモノ」とする決定は、一見、日本の譲歩のようにも見える。しかし、同年9月18日に大本営政府連絡会議で決定された「日華基本条約改訂条約締結要綱」（以下、「締結要綱」と略称）[61]と照らし合わせてみると、巧妙なカラクリがあることがわかる。例えば、撤兵について「締結要綱」には、「支那ニ於ケル全面和平克復シ重慶政府トノ交戦状態終了シタル時ハ完全ナル撤兵ヲ断行スルコトヲ明示ス但シ全面和平後依然大東亜戦争継続スル場合ニ於テハ日華共同宣言ニ基キ戦争完遂ノ為ノ軍事協力ヲ確保ス」とある。つまり、駐兵権の「拠り所」が日華基本条約から1943年1月に発表された日華共同宣言（注48に全文掲載）へと、まさに「改訂」されただけであった。結局は「日華基本条約」から「日華同盟条約」という名称になっただけで、何も変わらなかったのである。

前述の5月31日決定の「大東亜政略指導大綱」の終わりには、「本年十月頃（比島獨立後）大東亜各國ノ指導者ヲ東京ニ参集セシメ牢固タル戦争完遂ノ決意ト大東亜共栄圏ノ確立ヲ中外ニ宣明ス」とある。日華同盟条約締結から6日後の11月5日、東京で大東亜会議が開催されている。参加者は日本の東条英機、汪精衛、タイのワンワイタイヤコーン、「満州国」の張景恵、フィリピンのラウレル、ビルマのバー・モウであった。「大東亜政略指導大綱」の一文にあったように、アジア諸地域の代表者による「戦争完遂ノ決意」を表明した「大東亜宣言」が発表され[62]、11月6日に終了している。

3　汪精衛の死と政権解体、漢奸裁判

　大東亜会議後、汪精衛は病に倒れ、11月13、18、21日と内科医の診察を受けている[63]。持病の糖尿病と1935年に受けた銃弾が体内に残っていたため、その影響により骨腫症を発症し、体調を悪化させていた。同年12月に南京で銃弾の摘出手術を受けたものの、体調は回復せず、1944年3月3日に名古屋帝国大学病院へ転院し手術を受けている[64]。

　汪精衛は日本で療養しているため、公務の遂行は厳しいとの判断で、1944年3月22日、中央政治委員会臨時会議にて、陳公博が国民政府主席代理に就任している。陳公博は他に中央政治委員会、最高国防会議、軍事委員会常務会議の主宰も担当し、行政院の事務などは周仏海が代行することとなった[65]。

　日本で闘病を続けた汪精衛は同年11月10日、名古屋帝国大学病院で死去する。汪精衛の死により、国民政府主席のポストが空席となったが、陳公博は主席代理のまま留任し、主席不在のまま、政権解体を迎えている。

　1945年8月15日、日本は無条件降伏し、翌16日、中央政治委員会臨時会議で「国民政府解散宣言」が発表された。これにより、汪政権は約5年5か月の運命を終えたのであった[66]。

　汪政権解体後、汪政権関係者は売国奴を意味する「漢奸」として逮捕対象となり[67]、政権関係者の逮捕は9月9日から開始された。陳公博、周仏海、梅思平、褚民誼、汪精衛の妻陳璧君なども続々と逮捕され、1946年から始まった漢奸裁判にかけられていった。『漢奸裁判史』を記した益井康一によると、漢奸として逮捕されたのは政権関係者だけではなく、地方政府関係者、財界人、文化人、映画・演劇界関係者までと幅広かったという[68]。主な政権関係者に下された判決は、陳公博・梅思平・褚民誼・林柏生・梁鴻志・傳式説らに死刑判決、周仏海・陳璧君は無期懲役の判決が下されている（周仏海も当初は死刑判決を受けていたが、蒋介石の特赦により無期懲役となった）。主に政権で部長などの要職を務めた人物は処刑されたのであった。

1）外務省編『日本外交年表竝主要文書 1840-1945 下』1966年、366頁。
2）上海攻略戦から南京攻略戦までの過程、南京占領後に周辺で発生した虐殺事件について

第 1 章　汪精衛政権概史

　　は、笠原十九司『南京事件』（岩波新書、1997年）を参照。
3）前掲、『日本外交年表竝主要文書 1840－1945 下』386 〜 387頁。
4）中華民国臨時政府の成立過程や政府機構などについては、劉傑『日中戦争下の外交』（吉川弘文館、1995年、249 〜 264頁）、郭貴儒・張同楽・封漢章『華北偽政権史稿 従 "臨時政府" 到 "華北政務委員会"』（社会科学文献出版社、2007年、138 〜 231頁）参照。
5）前掲、劉傑『日中戦争下の外交』264 〜 273頁。維新政府の成立過程と治政については、堀井弘一郎「中華民国維新政府の成立過程（上）」（『中国研究月報』49巻4号、1995年）、「同（下）」（『中国研究月報』49巻5号、1995年）、「日本軍占領下、中華民国維新政府の治政」（『中国研究月報』54巻3号、2000年）で詳細に考察している。
6）「汪兆銘工作」については、前掲、劉傑『日中戦争下の外交』313 〜 380頁、同『漢奸裁判 対日協力者を襲った運命』（中公新書、2000年）、土屋光芳『「汪兆銘政権」論—比較コラボレーションによる考察』（人間の科学新社、2011年、45 〜 81頁）参照。
7）「日華協議記録」、「日華協議記録諒解事項」には、その他汪精衛ら「和平派」による新政府樹立なども明記された（前掲、『日本外交年表竝主要文書 1840－1945下』401 〜 404頁）。
8）同上、405 〜 407頁。
9）周仏海等の他の「和平派」メンバーも順次、重慶を脱出している。汪精衛は妻の陳璧君、曽仲鳴、汪文嬰、汪文惺、何文杰らと重慶を離れている（蔡徳金・王升編『汪精衛生平紀事』（中国文史出版社、1993年、253頁）。
10）前掲、『日本外交年表竝主要文書 1840－1945 下』407頁。
11）これに対して、1939年1月1日、中国国民党は汪精衛の公職罷免、党籍の剥奪を決定している（前掲、劉傑『漢奸裁判 対日協力者を襲った運命』58 〜 61頁）。
12）「24　時局収拾ノ具体弁法」JACAR（アジア歴史資料センター）Ref. B02031755500、支那事変ニ際シ新支那中央政府成立一件／梅機関ト汪精衛側トノ折衝中ノ各段階ニ於ケル条文関係（A,6,1,076）（外務省外交史料館）
13）蔡徳金・李恵賢『汪精衛偽国民政府紀事』（中国社会科学出版社、1982年）19 〜 20頁。
14）同上、20頁。
15）汪精衛は新政権の国旗は青天白日旗とすると主張したものの、日本は国民政府軍との区別がつかずに混乱することを理由に使用を反対した。結局、汪精衛の主張により、「反共和平」などと書かれた黄色三角布巾を旗竿の頭部につけることとして、青天白日旗が用いられることになった（小林英夫・林道生『日中戦争史論 汪精衛政権と中国占領地』（御茶の水書房、2005年、125 〜 127頁）。
16）前掲、『日本外交年表竝主要文書1840－1945下』413 〜 415頁。前掲、『汪精衛偽国民政

府紀事』22頁。
17）前掲、『汪精衛偽国民政府紀事』29～30頁。
18）汪政権の国民党については、堀井弘一郎『汪兆銘政権と新国民運動―動員される民衆―』（創土社、2011年、80～124頁）を参照。
19）前掲、『汪精衛偽国民政府紀事』26～27頁。
20）「日支新関係調整に関する協議書類」をめぐる交渉過程については、前掲、『漢奸裁判 対日協力者を襲った運命』（93～107頁）、前掲、『「汪兆銘政権」論―比較コラボレーションによる考察』（83～124頁）参照。
21）「日支新関係調整に関する協議書類」による主な決定事項は、以下の通り。①中国の「満州国」承認、②臨時・維新政府を中央政府が継承すること、③日本は中央政府の外交・教育・宣伝・文化及び軍事など各方面の権力や合作機関を確保する。④日本の内蒙古、華北、長江下流域、厦門、海南島及び付近の島嶼の政治、経済及び地下資源の開発、利用する権力を承認すること。以上の地区の防共と治安に関する駐兵権、及び駐兵地区に関係する鉄道、航空、通信、港湾、水路での軍事上の要求を承認すること。⑤中央政府及び各級機構中に日本の軍事、財政、経済、技術顧問を招聘できる（前掲、『汪精衛偽国民政府紀事』36頁）。
22）高宗武と陶希聖は1940年1月3日に密かに上海から離脱し、香港へ向かった（蔡徳金編注『周仏海日記 全編 上編』中国文聯出版社、2003年、223頁）。
23）黄美真・張雲編『汪精衛国民政府成立』（上海人民出版社、1984年、602～603頁）、前掲、『漢奸裁判 対日協力者を襲った運命』（93～107頁）。
24）高宗武と陶希聖による暴露にショックを受けた様子が周仏海の日記中に表れている（前掲、『周仏海日記 全編 上編』1940年1月22日条、234頁）。周仏海は協議書類締結の2日後に高宗武と会っており、努力すべき旨の話をしている（同上、1940年1月1日、220～221頁）。
25）前掲、『汪精衛偽国民政府紀事』43頁。前掲、『日中戦争史論 汪精衛政権と中国占領地』143頁。
26）同上、『汪精衛偽国民政府紀事』51～53頁。
27）汪政権の主な顔ぶれについては、前掲、『日中戦争史論 汪精衛政権と中国占領地』（152～155頁）、拙稿「汪精衛政権行政院からみた政権の実態について―機構・人事面から―」（『専修史学』第38号、2005年）参照。
28）前掲、『汪精衛国民政府成立』821～823頁。
29）「国民政府公報」（第1号、1940年4月、中国第二歴史档案館編『汪偽国民政府公報』江蘇古籍出版社、1991年）

30) 近年、汪政権の立法院に関する分析もおこなわれるようになってきている（陳紅民・陳書梅「汪偽政権立法院の初歩的分析」『中国21』Vol. 31、2009年、217～230頁）。
31) 郭卿友主編『中華民國時期 軍政職官誌・下』（甘粛人民出版社、1990年）1948～1949頁。
32) 第一次改組は1941年8月17日付の『南京新報』、第二次改組は「國民政府強化の諸條件とその施策」（『東亜』昭和17年9月號、34頁）、第三次改組は1943年1月14日付の『民国新報』を参照。
33) 詳細は前掲、「汪精衛政権行政院からみた政権の実態について―機構・人事面から―」参照。
34) 前掲、『周仏海日記 全編 上編』1940年2月27日条、253頁。
35) 前掲、『日本外交年表竝主要文書 1840-1945 下』466～474頁。
36) 前掲、『汪精衛偽国民政府紀事』89～90頁。
37) 前掲、『日中戦争史論 汪精衛政権と中国占領地』188～212頁。
38) 清郷工作に関する研究としては、古厩忠夫「日本軍占領地域の「清郷」工作と抗戦」（池田誠編『抗日戦争と中国民衆』法律文化社、1987年）、蔡徳金『歴史的怪胎 汪精衛国民政府』（広西師範大学出版社、1993年）、前掲、『日中戦争史論 汪精衛政権と中国占領地』、三好章「清郷工作と『清郷日報』」（三好章編著『『清郷日報』記事目録』中国書店、2005年）、同「汪兆銘の〝清郷〟視察――九四一年九月―」（『中国21』Vol31、2009年）、土屋光芳「汪政権のコラボレーションの特徴と「清郷工作」（土屋光芳『「汪兆銘政権」論―比較コラボレーションによる考察』人間の科学社、2011年）、史料集としては、中央档案館・中国第二歴史档案館・吉林省社会科学院合編『日偽的清郷』（中華書局、1995年）が挙げられる。
39) 前掲、『日中戦争史論 汪精衛政権と中国占領地』167頁。
40) 新国民運動については、前掲、堀井弘一郎『汪兆銘政権と新国民運動―動員される民衆―』参照。
41) 1941年7月1日には、ドイツ・イタリア以外に、ルーマニア、スロバキア、クロアチアが、翌2日にはスペイン、ハンガリー、ブルガリア、8月18日にはデンマークから承認を得ている（前掲、『汪精衛偽国民政府紀事』119～120、127頁）。
42) 同上、137頁。
43) 同上、140頁。前掲、『汪精衛生平紀事』329～330頁。
44) 参謀本部編『杉山メモ・上』（原書房、1967年）567頁。
45) 周仏海来日後、1942年7月17日に東郷重徳外相、20日に阿部信行元大使、24日に東条英機首相、29日に再度、東郷重徳外相に参戦要請をしている（前掲、『周仏海日記全編 下編』1942年7月17日・20日・24日・29日、627～631頁）。

46)「国民政府ノ参戦竝ニ之ニ伴フ対支措置ニ関スル件」（昭和17（1942）年10月29日大本営連絡会議決定、参謀本部編『杉山メモ 下』原書房、1967年）157～158頁。
47) 前掲、『日本外交年表竝主要文書 1840-1945 下』580～581頁。
48) 前掲、『汪精衛偽国民政府紀事』186～187頁。
49) 参考までに「日華共同宣言」の全文を掲載しておく。「大日本帝国政府及中華民国国民政府ハ両国政府緊密ニ協力シテ米英両国ニ対スル共同ノ戦争ヲ完遂シ大東亜ニ於テ道義ニ基ク新秩序ヲ建設シ惹テ世界全般ノ公正ナル新秩序ノ招来ニ貢献センコトヲ期シ左ノ通宣言ス大日本帝国及中華民国ハ米国及英国ニ対スル共同ノ戦争ヲ完遂スル為不動ノ決意ト信念トヲ以テ軍事上、政治上及経済上完全ナル協力ヲ為ス」（前掲、『日本外交年表竝主要文書 1840-1945 下』581頁。
50) 当初、汪政権の参戦は1943年1月15日を予定していたが、ちょうど米英も国民政府と不平等条約撤廃に関する新条約締結を模索しており、その動きを察知したため1月9日に早めた（前掲、『日本外交年表竝主要文書 1840-1945下』581頁。余子道・曹振威・石源華・張雲『汪偽政権全史 下巻』（上海人民出版社、2006年、1158～1159頁）。
51) 前掲、『汪精衛偽国民政府紀事』188、196頁。ちなみに、ヴィシー政権は汪政権の国家承認をしていない（前掲、『汪偽政権全史 下巻』1164頁）。
52) 前掲、『歴史的怪胎 汪精衛国民政府』244～245頁。同上、『汪偽政権全史 下巻』1159～1161頁。
53) 同上、『歴史的怪胎 汪精衛国民政府』245～246頁。
54) 原文は以下の通り。「所謂不平等条約大部已由吾輩手中取消矣，和平運動至此始有一交代。」前掲、『周仏海日記全編 下編』（1943年7月24日条、774頁。)
55) 前掲、『汪精衛偽国民政府紀事』198頁。
56) 前掲、『歴史的怪胎 汪精衛国民政府』249～261頁。
57) 前掲、『汪偽政権全史 下巻』1282～1297頁。
58) 同上、1287～1290頁。
59) 前掲、『日本外交年表竝主要文書 1840-1945下』583～584頁。
60) 同上、591～593頁。
61) 前掲、『杉山メモ 下』458～459頁。
62) 前掲、『日本外交年表竝主要文書 1840-1945下』593～594頁。大東亜会議については、波多野澄雄『太平洋戦争とアジア外交』（東京大学出版会、1996年）参照。
63) 前掲、『汪精衛生平紀事』365～367頁。
64) 前掲、『汪精衛偽国民政府紀事』240頁。
65) 中国第二歴史档案館編『汪偽中央政治委員会暨最高国防会議会議録（十七）』（広西師範

大学出版社、2002年）381〜383頁。
66) 中国第二歴史档案館編『汪偽中央政治委員会暨最高国防会議会議録（二十五）』522〜532頁。
67) 内政部部長などを務めた陳群は1945年8月17日に自殺している（益井康一『漢奸裁判史 1946-1948』みすず書房、1977年、16頁）。
68) 同上、141〜171頁。

第2章　汪精衛政権の政権構想―周仏海の政権構想から―

　本章では、汪精衛政権（以下、汪政権と略称）がどのような構想をもって、政権を動かしていこうとしていたのか探るべく、汪政権幹部の政権構想について、周仏海に焦点をあてて考察する。

　昨今の研究において、汪精衛、立法院院長などを歴任した陳公博の政権構想に関する研究が進みつつある。汪精衛については土屋光芳、汪精衛と陳公博については柴田哲雄による研究が挙げられる。

　辛亥革命期前後からの汪精衛の政治思想を研究している土屋は、汪精衛の和平工作は当初、重慶政権への「和平」の呼びかけによる「抗日」路線の変更を説く「言論による運動」を採用していたが失敗したため、占領地での「政権樹立の運動」へと変化した。そこで汪精衛は政権構想として、①和平政権を樹立して、中国民衆に抗戦の無意味さを説く。②政府として、軍隊を編成すること。③中華民国の「法統」を継いだ「国民政府」を樹立し、「人心の収攬」を目的として、「政体」及び「法統」の変更はしない。④国民党による「党治」と三民主義を継続し、政権樹立は南京への「還都」の形式をとる、とする中華民国の法統を継いだ「国民政府」、党統を継いだ「国民党」により、「和平」の実現をめざす政権を構想したとしている[1]。

　一方、柴田は、汪精衛が政権樹立以前より抱いていた民主政治構想案が、汪政権期に実施された東亜聯盟運動として具現化されたこと、陳公博が1930年代に構想した長江下流域での経済構想が汪政権でも採用されたとして、両者の思想的連続性を指摘している[2]。

　汪精衛の政権構想については、土屋の研究により網羅されているが、陳公博については、汪政権樹立以前の政治思想を検討した研究が大半で、汪政権期の研究は現在も少ない状況にある。

　その研究が少ない状況は、陳公博に次ぐ地位に就き、政権樹立から深く汪政

第2章　汪精衛政権の政権構想―周仏海の政権構想から―

権に携わった周仏海についても同様である。もともと蒋介石に近い立場にありながら汪政権に参加し、政権運営の大半を担った周仏海がどのような政権構想を持っていたのか、これまで検討されていない。汪精衛に占領地での政権樹立を提言したとされる人物なだけに[3]、周仏海の政権構想を検討する必要があると、筆者は考える。

そこで本章では、周仏海に焦点を当て、汪政権研究では必読書である『周仏海日記』を用いて、周の言動から政権構想を検討していくこととする。

本稿が用いる『周仏海日記』は（以下、『日記』。必要に応じて正式名称を用いる）、周仏海が1937年1月1日から1945年6月9日まで記していたもので[4]、日中戦争勃発前後の南京国民政府や汪政権の内部事情を克明に記し、汪政権研究のみならず日中戦争研究においても貴重かつ必要不可欠な史資料といえる。史料的制約を伴う汪政権研究においてはかなめの史資料として多用されている。

しかし、この『日記』について、引用はされるものの、『日記』そのものを検討する研究は少なく、管見の限りで張生、劉熙明・林美莉の研究があるのみである[5]。張生は1937年の『日記』を検討して、同年に決断した対日和平への道という判断が晩年の運命を決定づけ、それは周の悲観的な性格に起因していたと評価する[6]。

台湾で発表された劉熙明・林美莉による研究は、『日記』中の和平、経済、軍事に関する記述を挙げて、周への漢奸評価が歴史的真実を明らかにしていないと指摘している[7]。この指摘の背景には、周の歴史的役割としての学問的な評価よりも、漢奸評価を下した中国共産党への批判が強く反映されており、政治色を伴った評価となっている。

これらの研究では、『日記』を検討することにより、周の性格の分析や漢奸評価への疑問という周個人に関わる問題は提起されるものの、そこから汪政権を評価する方向へは至っていない。

『日記』の分量は多く、記述も多岐に亘っているが、『日記』全体を通して確認できることとして、対日和平論が挙げられる。周や汪政権は日中戦争勃発後から1945年8月の日本の敗戦、政権の解体まで対日和平を主張し続けており、基本的な姿勢が変化することはなかった。

本章では、『日記』中に見られる周の和平に関する記述から、対日和平論の

形成・展開の変遷、そしてその対日和平論が汪政権の政権構想に与えた影響について、汪政権成立前と成立後の対日和平論についてそれぞれ検討する。また、周仏海の和平論を検討するに当たり、適宜、汪精衛の主張と比較しておきたい。

以下、本章は第1節で周仏海の生涯を簡単に見た上で、第2節では汪政権成立前の1937年から1939年までの対日和平論として、日中戦争勃発後、周仏海の対日和平論がどのように形成され、展開されていったのか、同時期の汪精衛の対日和平論と比較しながら、考察を進める。第3節では汪政権成立後の対日和平論の変化について、1940年の動向を検討する。

第1節　周仏海について

周仏海（1897～1948年）は湖南省沅陵県で生まれた。湖南省沅陵県高等小学に入学するが、二年次に退学し、1915年に第八連合中学に入学している。中学の校長の推薦により、1917年より日本に留学を果たし、第七高等学校で学んだ。周は中国国民党の政治家と評価されるが、1921年7月に上海で開催された中国共産党創立大会に、日本への留学生代表として参加し、約3年間共産党に籍をおいている[8]。1922年には京都帝国大学経済学科に入学して、河上肇に師事し、1924年に京都帝大卒業後、帰国している。帰国した年の9月に共産党を離党し、国民党に入党している[9]。国民党入党後は多くの要職を歴任し、1932年から1938年まで江蘇省政府教育庁長を務め[10]、日中戦争勃発直後の1937年8月に軍事委員会委員長侍従室副主任、1938年には国民党中央党部宣伝部代理部長に就任し、蒋介石の側近として要職を担っていた。

日中戦争勃発後、戦争が次第に本格化すると、周は対日抗戦を主張する蒋介石と近い立場にありながら、戦争の進展を憂い、汪精衛らとともに対日和平を主張するようになっていった。

当時、日本側にも戦争の泥沼化を打開するために、国民政府の切り崩しを狙った工作が始動しており[11]、その工作と周らの主張が一致して、1938年12月に汪精衛を中心とする対日和平論者が重慶政権を離脱し、1940年に日本軍占領下の南京に汪精衛を首班とする「南京国民政府」、いわゆる汪政権が誕生することとなる。重慶政権離脱から汪政権成立までの段取りは、周が中心となって計画

第 2 章　汪精衛政権の政権構想―周仏海の政権構想から―

されたものであり[12]、政権成立後の『日記』に「この政府は事実上、余の一手で作り上げたものであり、密かに誇りに思っている。」と記していることからも、彼が深く関与していたことが裏付けられる[13]。

周は汪政権成立後も行政院副院長、軍事委員会副委員長、財政部部長や中央儲備銀行総裁などを歴任し、日本の敗戦とともに政権が解体されるまで、政権運営に関わる事をほぼ一人で取り仕切っていた。同時に汪政権成立後も重慶政権とのつながりを持ち続けて和平工作や相互の情報伝達をおこなうなど、重慶政権とのパイプ役も担っていた。

1945年8月の日本の敗戦により、汪政権は解体され、多くの政権参加者（汪精衛は1944年11月に病死）は蔣介石率いる国民党に「漢奸」として逮捕される。当初死刑判決が下されたものの、蔣介石の特赦により1947年に無期懲役に減刑されたが、その翌年、心臓病を患い、獄中で51歳の生涯を閉じている。

第 2 節　汪精衛政権成立前の対日和平論―1937～1939年

本節では汪政権成立前の対日和平論の形成と展開について、『日記』の記述より考察する。注5で述べたように、本稿が用いる『日記』には、1937年1月1日分より掲載されている。同年1月から7月までは、対日関係への言及が少ないため、本稿では日中戦争の発端となった盧溝橋事件（1937年7月7日）以降から考察を進める。

また、1939年の『日記』は欠落しているため、1939年については同年に周が発表した論文の「回憶与前瞻」を引用することとする。

1　対日和平論の形成―1937年

1937年7月7日に北平（現在の北京）郊外で発生した盧溝橋事件以降、『日記』が日中間の戦闘に言及するのは7月13日になってからであった。同日の日記には、緊迫する情勢を「苟立たしいこと甚だし」と記している[14]。その後、数日間は国民政府と日本の協議について、記されているだけであったが、7月29日に北平、30日には天津が陥落すると、周を含めて国民政府内に動揺が表れ始める。

その動揺の表れが、対日和平を模索する動きであり、この頃より『日記』で初めて対日和平に関する記述が登場している[15]。天津が陥落した7月30日には楊公達と和戦の議論をし、翌31日には和平論者であった胡適、陶希聖に蒋介石に和平の進言をおこなうよう要請して、両人が進言したと記されている[16]。この進言に対して、蒋がどのような反応を示したかは定かではないが、蒋は8月7日の国防会議にて対日抗戦を宣言するに至り、抗日の主張は1945年8月の日本の敗戦まで貫徹される。

　蒋の抗戦宣言により、和平論者の主張は受け入れられなかったように見えるが、7月31日から8月半ばまで『日記』にはこの宣言についての批判や和平を主張する記述は見られない。土田哲夫によると、実際には蒋は対日抗戦を宣言したものの、その宣言は和平への望みも残していたとしており、当時の国民政府内には、まだ和戦両様の空気が強くあったのである[17]。

　しかし、8月13日に上海で戦端が開かれ（第二次上海事変）、15日には日本海軍機による南京空襲が開始され、戦争が本格化すると周はいっそう対日和平観を強めていくことになる。その理由は言うまでもなく、日本軍の進撃による戦争の進展にあった。

　『日記』には日本軍の空襲や主要都市陥落について多く記述されているが、特に自身が経験した空襲については詳細に綴られている。その記述は南京空襲開始の1937年8月15日から「国民政府遷都宣言」に伴い、周が南京を離脱する11月20日までの38日分に亘っている[18]。

　周にとって初の空襲体験となった1937年8月15日の日記には、空襲の様子が以下のように記されている。

　　昼寝をしていたら空襲警報が鳴り慌てて目を覚まし、地下室に避難する。敵機18機が激しい爆撃を加え、5時に退散していく。針を打つためにちょうど鼓楼に着いた時に、また警報が鳴ったため、すぐに引き返す。（中略）各所に問い合わせたところ、南昌、杭州も同時に爆撃され、南京襲来の敵機は6機撃墜され、我が方も1機損傷を受けたという。晩、羅君強、郭心崧、梅思平が引っ越してくる。地下室があるので避難できるためであるが、果たして完全に安全かどうかは実に疑問で、心理的保障を得るに過

第2章　汪精衛政権の政権構想―周仏海の政権構想から―

　ぎない。淑慧（周仏海の妻。当時、政府関係者の家族には疎開命令が出されており、周の家族は湖南省へ疎開していた。―引用者注。以下同じ）が空襲の情報を聞いたらどれほど焦るか、また友人が帰郷したかどうか心配でならない。心が乱れ、12時に就寝（翻訳は引用者、以下同じ）[19]。

　初空襲への特別な記述はされていないが、自宅の地下室が安全ではないという懸念や妻や友人の身を案じている点より、当時の周の心理が垣間見える。
　この8月15日の『日記』以降、9月半ばまでしばらくは空襲警報の発令により避難した旨が記されているだけであったが、9月19日以降になると、具体的な被害状況が日記内に登場するようになる。またそれと同時に、日本軍機の空襲が激化していったことも記されている。その点を9月19日、10月19日の日記から見るとしよう。9月19日の空襲については、以下の通り。

　梅思平、陶希聖と閑談していたところ、警報が鳴る。敵機50余機が南京に来襲し、放送局その他施設を爆撃し、11時半にようやく警報が解除になる。（中略）3時にまた警報が鳴り、敵機20余機が郊外及び警備司令部左側付近を爆撃し、5時に解除になる。（中略）本日は中秋節なので、仲間同士で宴会を開くが、みな興醒めしている。（中略）希聖、思平と庭で月見をするが、みな敵機がまた来るに違いないと思い、早めに寝て夜中に起こされるのに備えることにした[20]。

10月19日の空襲については以下の通り。

　昨晩は敵機の夜襲があり、夜中に2度起こされたので睡眠不足である。9時に起床し、すぐに会議に行く。12時に帰宅。ちょうど車を降りると警報が鳴り、急いで昼食を済ませる。敵機が市内に侵入し、1時半に（警報が）解除になる。少し仮眠をして地下室の事務所で陳布雷と前途について話す。とても暗澹たる気持ちになり、互いにため息をつく[21]。

　この2日分の日記より、日本軍機により繰り返し空襲がおこなわれ、それが

周の日常生活に影響を及ぼしており、特に10月19日の日記は、前途への不安を強く滲ませた記述となっている。周のこのような不安を示す記述は他にも見られるが[22]、それらは日本軍機による空襲の記述と連関し、日本軍の攻撃が精神的苦痛を与えていたことがわかる。同様の記述は11月になると、より顕著になっていく。それは上海や周辺都市の陥落に伴い、日本軍の進撃の矛先が南京に向けられ、また国民政府も遷都を検討し始めた時期と一致している。11月13日の日記には以下のように記されている。

　　陳布雷と話をしたところ、和解は絶望的で軍事も壊滅状態のため、遷都を準備していると聞き、心が乱れる。晩、各種情報を総合すると、ますます前途に対し悲観的になってしまう[23]。

　この日記より、戦況悪化に伴う遷都計画に周が悲観していることがわかる。翌14日にも「前途はすでに暗澹の極みなり」と記されており[24]、前途への悲観が絶頂にあった時期といえる。国民政府は1937年11月20日に「国民政府遷都宣言」を発表し、首都を南京から重慶に移動し、当時周が所属していた軍事委員会は武漢への移動を決定し、周は同日に南京から武漢に向けて移動している[25]。南京離脱後、戦況に関する記述は大幅に減少し、再び詳細な戦況が記述されるのは、翌年の1938年になってからであった[26]。
　1938年にも重慶への遷都と空襲を経験することになるが、周にとって南京で実体験した出来事が鮮明に焼き付いていたようで、南京でのことを回顧しながら綴られている箇所が見られる（1938年5月14日）。この年の1938年12月に周は重慶を脱出し、ハノイ、上海へと移動し、汪政権成立に向けて行動を開始するのである。

2　対日和平論の展開—1939年「回憶与前瞻」より

　次に対日和平論の展開をどのように試みようとしたのか、1939年の周の発言より見ていくこととする。前述のように、1939年1年分の『日記』は欠落しているため、本節は1939年に周が発表した論文の「回憶与前瞻」より見ることとする。

第2章　汪精衛政権の政権構想―周仏海の政権構想から―

　1939年の周は、前年の重慶脱出後、ハノイ、上海に渡り、和平運動を実施し、日本と関係を密にしながら、日本軍占領下の南京に新政権を樹立することを構想していた。

　周の「回憶与前瞻」は、1939年7月22日から24日まで、汪政権の機関紙となった『中華日報』に掲載された論文である[27]。内容は対日抗戦論の批判と和平の展開について言及したもので、1939年当時の周の対日和平観を知ることができる。

　論文冒頭で周は重慶脱出について、親日的な感情や日本による手引き、そして蔣介石への抵抗により脱出したわけではないと説明している[28]。そのことを周は論文中で次のように強調している。

> 私が（重慶を脱出し和平運動を実施すること）決心するまでに、一カ月以上かかってしまった。（中略）最も決心を遅らせたのは蔣先生への「情誼」の二文字であった。第一に、十数年来、蔣先生にお世話になったおかげで今日がある。（中略）たとえ重慶を離れても、私の考えは蔣先生の意思に全く反対するものではないが、異なる主張により対立するのは私情的に受け入れ難かったのである。第二に、党や政府、軍隊の中に多く親友がおり、重慶を離れると親友らと音信不通になるだけではなく、いつ再会できるかわからないことも決心できなかった原因の一つである[29]。

　上述のように、意見の相違から蔣介石と袂を分かつことになったものの、いわゆる「反蔣」などの個人的な問題によるものではないと強調している。では、なぜ蔣介石や重慶の友人らと意見が相違し、袂を分かつことになってしまったのか。その理由が対日抗戦論の形成過程を述べている箇所で説明されている。

　対日抗戦論の形成過程について周は、当初、日中両国は戦争不拡大の方針を執っていたが、華北の日本軍人の挑発だけではなく、蔣介石打倒を目論む中国共産党や反蔣勢力が蔣打倒の手段として抗戦を主張し、その主張を政府が採用したため、戦争は拡大したのだと述べている[30]。つまり、共産党や反蔣勢力が主張する対日抗戦は、蔣介石打倒を企図したものであったのに、蔣介石を始めとする国民政府関係者の多くがその主張に同意し、対日抗戦論を掲げるように

なったとしている。

　一方、周の対日和平論は「戦必大敗、和未必大乱」、戦争（＝抗戦）をすれば必ず大敗し、和平（＝外交交渉）をしても大乱にはならないとする主張より構成されていた[31]。ここでいう「大乱」とは抗戦を主張した共産党や反蒋勢力による和平への反対や動乱を指すもので、蒋介石が毅然と和平を主張し、政府の力で抗戦を主張する共産党や反蒋勢力を抑え込めば、大乱は起こらないと周は述べている[32]。

　以上のような対日和平論から展開している批判は、主に抗戦論者が説く欧米の介入による事態収拾という見通しへのものであった。周は、英米は日本の侵略を受ける中国に同情は示すものの、何も中国に有利になることをしていないと述べた上で[33]、以下のように抗戦論者を批判する。

　　対日抗戦論者は国際情勢の変化によって、日本は崩壊するだろうといっている。（中略）彼らは半年間抗戦を継続すれば、ソ連が参戦し、英米が日本に制裁を加え、日本の財政は崩壊すると強調した。（中略）日中間に戦争が勃発して半年、一年、一年半、そして二年が経った。国際情勢は我々が最後に勝利を収める程に変化したであろうか。ソ連は参戦したであろうか。英米は対日制裁をしたであろうか。日本は崩壊したであろうか[34]。

　事実、日中戦争勃発後、国民政府はブリュッセル会議などで日本の侵略の不当性を国際世論に訴え、国際情勢の変化を促そうとしていた[35]。しかし、戦争勃発から２年を経ても、日本を崩壊させられず、抗戦論者の主張の誤りを強調する論拠となっていた。

　それでは、対日抗戦論への対抗軸としての対日和平論を周はどのように展開しようとしたのか。その点について論文の後半部分で説明されている。

　対日和平論の前提は日本との外交交渉によって進められると規定し[36]、それは1938年12月に発表された（第三次）近衛声明によって保障されているとしている。その上で、和平の展開に重要なこととして二点挙げている。

　一点目としては、亡国的ではない和平条件を締結することとしている。その点について以下のように述べている。

38

第2章　汪精衛政権の政権構想—周仏海の政権構想から—

　和平の条件は、中国の独立を失わせるのではないのか、中国は生存できないのではないのかという疑問は愛国的な中国人ならば必ず持っているものである。もし日本が外交方式及び和平条約で中国の独立・生存を妨害するようであれば、いずれ汪先生と我々は当然徹底抗戦を主張するようになるであろう。（中略）しかし、もし日本が領事裁判権を放棄し、内地雑居のような租界を返還すれば、中国を滅ぼすことはできない。それゆえに日本が領事裁判権を放棄する以上、あらゆる在華の日本人はみな中国の法律を遵守し、我々は中国の法律で日本人を管理することができる。どうして我々が亡国的なことをしているといえようか[37]。

　中国の独立と生存を脅かす和平条件が締結される可能性について、近衛声明をもとに否定している内容といえる。和平条件として、近衛声明に期待していたのである。
　次に二点目として、その和平条件を日本が実行するという保障の獲得について挙げている。和平条件が締結され、その内容が実行されるとする保障について、以下のように述べている。

　（和平条件が実行・成立される）保障は当然ある。近衛声明の各点は日本の五相会議、内閣会議、さらに御前会議を経て世界に発表されたものである。彼らが御前会議で決定した政策を変更することは容易ではない。保障があると考える理由その一、彼らは全世界が注目する中で中国に和平条件を要求したのだから、日本は決して信義がなく、過酷な条件を提出してくることはないと信じている。その二、この二重の保障があれば、正式に交渉が開始された際に日本は近衛声明以外の要求をしてくることはないであろう[38]。

　和平条件が実行される保障としているのは、やはり近衛声明の存在であった。その近衛声明を根拠とした和平条件を実行するためには、日本人の誠意が必要不可欠であると周は述べている。その点を以下の文章より確認できる。

私は各方面で和平に関する意見を探ってみたが、およそ9割が和平に賛成し、同じく9割が日本の誠意に懐疑的であるということがわかった。彼らの懐疑は好意的なもので、共産党員は和平に反対するために、日本には信義がないと悪意をもって宣伝している。（中略）我々は日本内部の意見が分裂しており、複雑であると聞いている。東京の決定が常に現地の軍人の反対に遭うことや上級当局が同意したことを下級機関が実行しないという。
　（中略）私個人は日本や有識者には、確実な誠意があると深く信じている。中国人を信じさせるためにも、事実をもってそれを証明して欲しい[39]。

　和平の展開についてまとめながら述べると、和平条件やその条件に対する日本の態度は、全世界に向けて発表された近衛声明により保障されているが、日本の誠意に対して懐疑的な見方もあるので、誠意を尽くして欲しいと主張する一文である。
　基本的に「回憶与前瞻」での日本への評価は高く、強い期待が見られる。この評価により、「漢奸」としての周仏海というイメージを生みだすことは容易といえる。しかし、見方を変えると、日本の最高位にある御前会議で決定され、全世界に発信されたものとして「近衛声明」を逆手にとって、誠意ある対応を日本に求める牽制を込めた一文とも読めるのではないのか。このことから周が論文の冒頭で述べているように、単純に「親日」という思考から主張された和平ではないことがわかる。
　この「回憶与前瞻」は、亡国的な和平条件を締結し、その条件を履行してもらえる日本人の誠意があれば和平の実現は可能であり、「一致団結して和平運動に参加し、和平の実現を促成」していこうとする文章で締められている[40]。
　1939年の周の対日和平論は、共産党や反蔣勢力による対日抗戦論を批判する形で展開され、最終的には日本の誠意に期待する日本頼みの主張であった。1937年、1938年当時は戦争の進展を実体験したことにより、現状打破としての早期の和平実現を構想していたが、1938年12月の重慶脱出以降、日本と関係を密接にしていくなかで、日本の対応を目の当たりにし、和平運動の形態に周自

第2章　汪精衛政権の政権構想―周仏海の政権構想から―

身疑問や不安を抱き始めていたのではないのか。その点から考えると、「回憶与前瞻」での和平論の主張は売国的な主張というよりも、自身の主張への疑問や不安を打ち消すための自問自答であり、日本への誠意の要求はその表れといえよう。

3　汪精衛の対日和平論

ここで周の論文が発表された当時の汪精衛の対日和平論も見ておこう。汪は周の論文が発表された約2週間後の1939年8月9日に「怎様実現和平？」（「どのように和平を実現するのか？」）を発表している。

まず、和平の実現への動きとして、汪は次のように述べている。

> 蔣介石は個人よりも国家や民族を重視し、孫文先生の大アジア主義の遺訓を遵守し、日本の和平の声明を受け入れ停戦すれば、すぐに和平は実現する。続けて和平交渉を開始することができる。（中略）明らかに和平を希望することは、国家の独立自由に無害であるのに、蔣介石はどうしても反対したがる。このことが和平の実現の大きな障害になっているのである[41]。

蔣介石に向けて、孫文の「遺訓」を建前として日本との和平を説いていることがわかる。次に、和平の実現にあたり和平条件の保障については、質問への回答文という形で主張している。その一文は以下の通り。

> ある人が、「もし私たちが和平を表示したのに、日本軍が依然として進攻してきたら、和平が水の泡となってしまうだけでなく、兵の士気が下がり、人心が乱れ、被害が大きくなるのではないのか？」と疑問を提示してきた。私は鄭重に回答する。もし前線、後方の行政当局及び軍隊関係者が、和平、反共に賛成すれば、日本軍は進攻してこないであろう。日本政府はすでに以前の声明（近衛声明）の中で、中国に同じ意思を持っている者がいれば、時局を収集して中国を復興し、進んで東アジアを復興する責任を分担しようと希望している。これにより、日本軍は決して我々の和平反共を表示し

41

た地方や軍隊に向けて進攻することはできないのである[42]。

　前述した周の議論と同様にこの一文でも、和平条件を保障する説明が当時の課題になっていたことがわかる。また、その保障が近衛声明に依拠する論理により説明されているのも同様である。

　汪の論文と先述の周の論文を比較してみると、日本との和平の実現、反共、近衛声明を基調とする点で両者の意見は一致していたといえる。周は「回憶与前瞻」内で汪精衛の主張は「完全に我々と一致するもの」であり、「汪先生を中心」として和平運動を開始したと記しており[43]、また1937年の『日記』中からも汪の対日和平論に賛同していることがわかる[44]。両者の意見は両論考が発表された1939年、そして政権成立後の1940年以降（後述）になっても同様であり、周の対日和平論と汪政権（汪精衛）の対日和平論はイコールであったと考えてよいであろう。

　汪と周の対日和平論には、一点のみ相違点が見られる。それは蒋介石への対応である。上述したが、周は蒋介石個人への批判はせず、蒋らを抗戦へと唆した共産党や反蒋勢力を批判対象としている。一方、汪精衛は反共の立場を執りながら、蒋介石が和平の「障害」になっているとして蒋個人を批判している。

　この相違点には、蒋介石に近い立場にいた周と蒋と権力闘争を繰り広げてきた汪との立場の違いが大きく影響していたと思われ[45]、一見、これは大きな隔たりにも見える。しかし、次節で汪政権成立後について言及するが、この相違があったからこそ、周は政権成立後に重慶へのパイプ役として和平の働きかけ（和平工作）や情報を獲得することができたと思われる。汪のように蒋批判を展開する人物だけではなく、立場的に蒋に近く、相手の状況も読める周のような人物も必要であったのである。

　結果的に政権成立後、周の重慶政権とのパイプ役としての役割は、大きな影響をもたらすことになる。次節では汪政権成立後の対日和平論について見ていく。

第２章　汪精衛政権の政権構想—周仏海の政権構想から—

第３節　汪精衛政権成立後の対日和平論

1　重慶政権への和平工作

　本節では『日記』より、重慶政権への和平工作が確認できる箇所を考察する。まず、周仏海はどのように和平工作を進めたのであろうか。その点を汪政権成立から約３週間後の1940年４月20日の『日記』より見ることができる。上海での出来事が記されている４月20日の『日記』は以下の通り。

　　晩、陳肖賜（重慶政権の諜報員）が来る。（中略）私たちは全てを犠牲にしてでも、全面和平を求めている。また欧州戦の拡大は日本に有利になるので、我が国は今が和平の時と告げた。このことを陳果夫、陳立夫に伝達し、蒋先生に進言するよう要請した。和平に有益であるならば、蒋先生の命に従うとも伝えた[46]。

　周の重慶への連絡は４月20日の『日記』のように、直接の外交ルートがないため、重慶と往来できる財界関係者や重慶政権の諜報機関関係者、時には汪政権の諜報員を通して、主に上海や香港で実施された。
　また、人を介しての伝達のみではなく、以下のような形でも工作は進められた。

　　（上海にて）最近、重慶側諜報員の無線機を確保したが、重慶側はまだ気づいていない。二週間ほどいつものように連絡して来た。この頃、疑い始めたようなので、当初の暗号で蒋先生に和平を勧告する電文を打つことにし、すぐに電文を発出した[47]。

　これは1940年９月11日の日記であるが、確保した重慶側諜報員の無線機を使用して、蒋介石に向けて和平勧告をしている。無線を用いての記述は他には見られないが、人の派遣や電文を通しての間接的な手段で和平工作は実施されていたのである。
　間接的に和平工作は進められていたものの、周は政権成立当初より、すぐに

43

和平は実現しないとする認識を持っていたようである。例えば4月8日に臼井茂樹陸軍大佐と面会した際に和平の実現は時期尚早であると意見を表示している[48]。4月19日には汪政権関係者にも同様のことを述べており、その理由として、すぐに蔣介石の考えが改まることはないと述べている[49]。

5月になるとその認識が一層強まったことが5月4日の日記からわかる。

> 晩、陳公博が周作民（上海の金城銀行総経理）との面会から戻ってきた。公博が言うには、蔣介石には和平の意思がないとのこと。帰宅後、英米大使と蔣の談話記録を読む。蔣は日本が撤兵しなければ和平はしないと言い、英米が中国を援助しなくても、独りでも戦うと言っている。この情報の内容は極めて正確である。日本側でこの状況を自覚している者は少なく、軍人には特に少ない。蔣が長期抗戦を主張するのも不思議なことではない[50]。

周は陳公博によりもたらされた情報と蔣の談話記録により、汪政権が成立して一カ月前後で重慶政権に和平の意思はないと認識するようになっていた。その理由は重慶政権の動向だけではなく、5月4日の『日記』後半部分にあるように、重慶と和平を希望することへの日本の認識の薄さがそうさせていたのであろう[51]。1939年の対日和平論を検討した際に推測ながら言及したが、懸念していた和平への疑問が現実味を帯び始めていたといえよう。

1940年5月4日以降、『日記』が途切れる1945年6月9日まで重慶政権に和平の意思が無いとする見解が変わることはなかった。これらの結果を踏まえ、1940年秋になると、それまでの対日和平論に変化が生じ始めるようになっていく。

2　対日和平論の変化

周は1937年の日中戦争勃発以降、一貫して対日和平を主張していたが、1940年9月、10月くらいに、それまでの対日和平論の方向性に変化が生じ始める。

先述の通り、周は1940年5月の段階で重慶の意向を認識していたが、9月11日には和平問題について「悲観的」、9月20日には重慶からの情報に接して、「重慶には現在、和平の意向はないものと思われる」と『日記』に記すようになり[52]、

第2章　汪精衛政権の政権構想―周仏海の政権構想から―

完全に重慶の意向を断定していたのである。
　重慶の意向を断定したと思われるこの時期より、周は『日記』中で国民政府（汪政権）の「強化」という言葉を用いるようになる。初出の10月2日の日記は以下の通り。

　　影佐（禎昭、最高軍事顧問）、日高（信六郎、駐中華民国大使館参事）が明日東京に発つというので、犬養（健、財政部顧問）も参加して話をする。余は国民政府が還都して半年になるが何一つやりとげておらず、このままでは中日の国民も冷淡になっていく。還都の本来の目的は中日合作の模範を示し、重慶に抗戦の不必要を了解させることにあったのだが、現在の状況では余も南京にいつまでも居たいと思わない。重慶もなおさらであろう。和平を促進させるには、日本は利権などを厳しく掌握せずに国民政府を自由にさせ、これを援助する必要がある。さらに余は蔣介石を和平に導くよう努力しているが、現在、蔣介石は和平を望んでいない。日本は現在、国民政府を強化する以外に方法はないのであり、東京にこの意見を伝えて欲しいと述べた[53]。

続けて、10月8日の『日記』も引用しておく。

　　日本の『朝日新聞』記者の太田宇之助と接見し、事変解決には軍事的方法を用いずに、外交的及び政治的方法を用いるべきである。ここでいう外交とはソ連と連合すべきということ。政治とはぜひとも国民政府を強化させ、国民政府管轄区域内（江蘇、浙江、安徽省の諸地域）では独立、自主の地位に到らせなければならぬ。さもなければ国民政府は意義のないものになってしまうと述べた[54]。

両日の日記は、周から日本の関係者や記者に向けて、「国民政府を強化」すべきことを述べた内容である。蔣介石は和平を望んでいないので、国民政府（汪政権）に独立自主を与え、強化するしかなく、もし強化しなければ国民政府の意義がなくなるとして、自らの政権の「意義」を意識し出している。つまり、

45

単純に重慶政権との和平のみを望む状況ではなくなり、汪政権に自主権を与えて「国民政府強化」することにより、汪政権下の民衆の支持を獲得して、和平に繋げていこうとする新たな方向性を見出す必要があると提示したのである[55]。

周はその方向性を見出す手段として、「国民政府強化」を示したが、和平の考えを放棄したわけではなかった。時間が進んで1942年6月23日の『日記』には、当時の駐華日本大使重光葵との会談内容が記述されており、和平の促進方法について以下のように記されている。

> 重光大使を訪れ、国民政府の強化と和平促進の関係について話す。国民政府の強化が全面和平を促進する唯一の条件ではないが、先決条件である。国民政府を強化すれば全面和平がすぐに実現するというわけではないが、国民政府を強化しなければ、全面和平は実現しがたいと告げる[56]。

上に見られる認識は概ね、汪精衛による1941年7月1日のラジオ演説にも示されている。

> 国民政府をなぜ強化しなければならないのか？その意義は国民政府を強化することにより、和平の基礎を樹立することができる。それを広めることにより、全面和平に達することができるからである[57]。

上述のように、汪・周両者とも同様の見解を示し、和平実現のためには、国民政府強化が先決条件ではあるが、最終的な目標は全面的な和平にあることに変化はないとしている。

日中戦争勃発後から主張された対日和平論は、本稿がこれまで考察してきたように、近衛声明をもとに展開すると企図されたものの、和平へのロードマップは敷かれておらず、単に和平をめざすものであった。しかし、1940年秋以降になると、和平のみをめざすことがさまざまな要因により難しくなり、汪政権下の「（国民政府）強化」を経て和平の実現をめざす、いわゆる段階的な性格へと変化を遂げたと筆者は考える[58]。

ちょうど周が「国民政府強化」を示し、対日和平論に変化が見られ始めた頃、

第2章　汪精衛政権の政権構想─周仏海の政権構想から─

汪政権の内政面にも変化が起こっていた。その内政面への変化に周が主張した「国民政府強化」の一つの形が見てとれる。

3　内政の本格始動

周が日記中で「国民政府強化」を示した頃、汪政権下では内政に関わる政策がいくつか本格的に始動している。その代表例が水利政策である。

この時期には、主に２つの水利事業が本格的に始まっている。その１つは安徽省を流れる淮河流域の堤防工事（1940年９月６日始動、第４章参照）である。

1938年６月に国民政府軍が日本軍の進撃を阻止するために、河南省中牟県花園口の黄河堤防を決壊させ、その黄河の水が淮河に流れ込んだことにより、安徽省の淮河流域では増水被害が発生していた。この被害により被災地周辺の農地が冠水し、被災民が増加している状況を汪政権関係者は伝えており、その対処策として実施されたのが淮河堤防工事であった。1940年当時の水利政策で最も予算が費やされたこの事業は、戦災により破壊されたインフラ整備としての役割を持った事業であった。

同時期に本格始動したもう１つの事業として、日中戦争勃発後、日本の管理下に置かれていた江蘇省呉江県龐山湖模範灌漑実験場の返還交渉が挙げられる（第５章参照）。

龐山湖模範灌漑実験場（以下、龐山湖実験場と略称）は1931年に南京国民政府により設置・運営されていたが、日中戦争勃発後は日本軍の管理下に置かれていた。この龐山湖実験場を汪政権はもともと国民政府側が設置した施設として日本に返還を求め、水利政策の一環として、1940年９月16日より汪政権と興亜院との間で交渉が開始されている。この返還交渉の背景には、1940年５月頃より政権内で発生していた食糧不足があった。当時、汪政権下では米不足が発生し、深刻な米価高騰をもたらす事態となっていた[59]。時間とともに食糧不足は汪政権の支配地域全域に拡大していくが、その対策の一環でもあったといえる[60]。

これらの二つの事業は、単に水利政策の一環として実施されただけではなく、河川の増水被害からの農地の回復や食糧事情という面より、政権の経済建設を担う事業であったともいえる。また、被害への対策や食糧不足という政権下の

民衆の生活に関わる面として、政権運営における不安定要素の解消も同時にめざされたのであろう[61]。

以上の内政面が始動する時期と、『日記』中で「国民政府強化」が示された時期が一致している点は興味深い。今回挙げた水利政策、特に淮河堤防工事についてはもともと汪政権成立以前より必要性が説かれていたものの、実施するまでには至っていなかった[62]。そのことから、「国民政府強化」の主張と水利政策に見られる内政面の始動が偶然同時期に重なった可能性は低いと考える。

以上のことから、周が主張した「国民政府強化」とは、具体的に経済建設に関わっての政権基盤構築を企図したものであったことが、内政面の動向より読み取れる[63]。すなわち、対日和平論は単に理念や論理として主張されただけではなく、現実の内政面にも影響を及ぼし、政権下の民衆生活へと反映されるものであったのである。汪政権の水利政策はそれを証明する政策といえる。

小結

周仏海は、当初、単純に日中間の戦争終結を企図した対日和平論からなる政権構想を持っていた。しかし、政権成立前より対日和平の実現には暗雲が立ち込めていたことを周自身も感じていたと思われる。政権が成立すると、様々な状況の変化により「国民政府強化」を経て和平の実現をめざす、いわゆる段階的な性格へと変化を遂げていく。その方向性の変化を、管見の限り、どの史料よりも早く『周仏海日記』は提示している。

本稿が特に注目したいのは、繰り返しになるが、対日和平論の方向性が「国民政府強化」を踏まえた性格へと変化を遂げていくなかで、それとほぼ同時期に、政権本体のみならず政権下の民衆の生活に直結する内政、とりわけ水利政策が本格的に始動を迎えた点である。戦争終結に見通しが立たず、戦災によるインフラ被害や食糧不足といった不安定要素が発生していた汪政権にとって、まずは経済建設を通した政権の安定化が緊要と考えたのではないか。つまり、汪政権にとって「和平」は戦争終結のみを意味するのではなく、政権内の「安定」も含意する用語であったのである。この「安定」は支配を浸透させ、政権基盤を構築するためにも重要であった。そのためにも汪政権の地域支配は「意

第 2 章　汪精衛政権の政権構想―周仏海の政権構想から―

義」そして「実態」あるものとして成立しなければならなかったのである。
　では、汪政権による支配はどこまで浸透したのであろうか。その浸透を見るべく、「国民政府強化」と同時期に本格始動した汪政権の水利政策を通して、次章以降、考察を進めていくこととする。

1）土屋光芳『「汪兆銘政権」論―比較コラボレーションによる考察』(人間の科学新社、2011年) 86～87頁。
2）柴田哲雄『協力・抵抗・沈黙―汪精衛南京政府のイデオロギーに対する比較史的アプローチ』(成文堂、2009年)
3）土屋光芳は西義顕の回想録を用いて、日本軍占領地での政権樹立を提言したのは周仏海であったと説明している（前掲、『「汪兆銘政権」論―比較コラボレーションによる考察』89頁）。
4）『日記』は1937年1月1日から1945年6月9日までで構成されているものの、1938年1月1日から3月25日、1939年、他数日分の日記が欠落し、どの版本にも掲載されていない。汪政権成立の根幹に関わると推測される1939年1年分の欠落は大きな損失である。『日記』はこれまで6回（1953年、1955年、1984年、1986年、1992年、2003年）に出版されている。本稿は2003年に中国文聯出版社より刊行された、蔡徳金編注『周仏海日記 全編　上・下編』を用いる。日記の版本について、1992年に刊行された日本語版『周仏海日記』の「日本語版まえがき」の中で村田忠禧が説明している（蔡徳金編・村田忠禧・楊晶・廖隆幹・劉傑共訳『周仏海日記』みすず書房、1992年、7～12頁）。
5）『周仏海日記』を分析対象とする研究だけではなく、『日記』に関する史料批判も進んでいないといえる。日本側の史料や汪政権の史料との擦り合わせをおこなう必要があり、今後の課題としたい点である。
6）張生「一九三七年の選択―性格と運命［周仏海日記］解読―」（『中国21』31号、2009年）
7）劉熙明・林美莉「《周仏海日記》的利用経験」（『近代中国』161期、2005年）
8）山田辰雄編『近代中国人名事典』(霞山会、1995年) 1199頁。1921年の中国共産党創立大会には周仏海のほか、湖南省長沙代表として毛沢東、広東省代表として陳公博も参加していた（蔡徳金『朝秦暮楚周佛海』団結出版社、2009年、23頁）。
9）周仏海が共産党を離党した理由として、蔡徳金は一、共産党弾圧から身を守るため、二、国民党関係者からの勧誘、三、共産主義思想への懐疑の三点を挙げている（同上、28～31頁）。
10）1937年11月に周仏海は湖北省漢口へ移動しており、1938年に正式に江蘇省の職務を解除

されている（同上、68頁）。
11) 日本の国民政府切り崩し工作としての「汪兆銘工作」については、劉傑『日中戦争下の外交』（吉川弘文館、1995年）参照。
12) 前掲、土屋光芳『「汪兆銘政権」論―比較コラボレーションによる考察』86～87頁。
13) 『日記』1940年4月26日条、286頁。
14) 『日記』1937年7月13日条、50頁。
15) 土田哲夫は『王世杰日記』を用いて、盧溝橋事件発生後の国民政府の対応について考察しており、周仏海が日記上で和平に関する記述を始めた時期と同時期に、密かに和平を模索する動きが多くあったことを提示している。周の和戦への言及も当時の困惑する動きのなかにあったと推測される（土田哲夫「盧溝橋事件と国民政府の対応―『王世杰日記』を中心に」『中央大学経済学部創立一〇〇周年記念論文集』中央大学経済学部、2005年、569～584頁）。
16) 『日記』1937年7月30、31日条、55頁。
17) 前掲、土田哲夫「盧溝橋事件と国民政府の対応―『王世杰日記』を中心に」580～582頁。
18) 笠原十九司は日本軍による南京空襲は、空襲開始日の8月15日から南京陥落の12月13日まで50数回実施され、日数計算すると2日半に一度の割合で空襲がおこなわれていたことを明らかにしている（笠原十九司『体験者二七人が語る南京事件　虐殺の「その時」とその後の人生』高文研、2006年、23～25頁）。
19) 『日記』1937年8月15日条、60頁。原文は以下の通り。「飯後正午睡間，為防空警報驚醒，因入地下室。敵機十八架轟炸甚裂，五時退去。因出外擬打針，甫至鼓楼，警報又至，遂折回。晩未出外。四処探听，知南昌、杭州同時被炸：襲京敵機被撃落六架，我機亦傷一架。晩，君強、心崧、思平均遷来，因有地下室可避，惟究竟是否完全安全，実為疑問，不過心理上得一保障耳。念淑慧得訊未知如何着急，又念友人刻未知返郷否也。心緒紛紜，十二時始寝。」
20) 『日記』1937年9月19日条、72～73頁。原文は以下の通り。「与思平、希聖等閑談，警（報）忽至。敵機五十余架入京，轟炸広播電台及其他各処，十一時半始解除警（報）。（中略）三時警報又至，敵機二十余架轟炸郊外及警備司令部左近，五時解除。（中略）本日為中秋，同人集資宴会，但均無興趣。（中略）与希聖、思平歩園庭賞月，均以敵機晩必再来，因提早先睡，以備午夜再起。」
21) 『日記』1937年10月19日条、84頁。原文は以下の通り。「昨晩敵機夜襲，中夜起身両次，致睡眠不佳。九時始起，即到第二部会談。十二時返家。甫下車，警報突至，匆匆午飯。敵機入市，一時半解除。小睡片刻，赴地下室辦公処，与布雷談前途，頗覚黒暗，相与歔欷。」
22) 例えば一日に何度も攻撃を受けた1937年9月25日の日記には、疎開先の家族への心配、

第２章　汪精衛政権の政権構想―周仏海の政権構想から―

10月６日には共産党勢力への憂いが記されており、空襲だけに起因することではないが、記述から精神的苦痛がうかがえる(『日記』1937年９月25日条、75頁。同年10月６日条、79頁)。

23)　『日記』1937年11月13日条、92頁。原文は以下の通り。「偕希聖赴富貴山与布雷談，知調解絶望，軍事潰敗，擬行遷都，心乱如麻。晩，綜合各方消息，前途益覚悲観。」

24)　『日記』1937年11月14日条、92頁。

25)　『日記』1937年11月20日条、95頁。

26)　周が南京を離れた約三週間後の12月13日に南京は陥落する。南京離脱後も12月13日分まで『日記』は長文で綴られていたものの、14日以降になると、一行程度の内容となり、また南京のことについては一切言及されていない。『蔣介石日記』について分析した家近亮子は、蔣介石も南京陥落後、しばらく南京について書いておらず、その理由は当時の蔣の不安定な精神状況にあったのではないかと推測している。周も同じように不安定な精神状況にあったのかもしれない(家近亮子「一九三七年一二月の蔣介石―「蔣介石日記」から読み解く南京情勢―」『近代中国研究彙報』30号、2008年、12頁)。

27)　本稿では蔡徳金編注『周仏海日記　下』(中国社会科学出版社、1986年)所収の「回憶与前瞻」(1206〜1226頁)を引用する。また、注で中国社会科学出版社版を用いる際は、発行年の「1986年版『日記下』」と記す。

28)　「回憶与前瞻」(1986年版『日記下』)1206〜1207頁。

29)　前掲、「回憶与前瞻」1220〜1221頁。原文は以下の通り。「但是我的決心，是経過了一個月以上的考慮，有時甚至澈夜不能睡眠，然後才行決定的。(中略)最使我遅疑不決的，乃是情誼両個字。第一、十幾年来，承蔣先生提携栽成，才得有今日。過去蔣先生決没有対我不起的地方。如果一旦脱離重慶，在我的居心，固然没有絲毫反対他的意思，但是因為主張不同，事実上不能不処于対立的地位，在私情上，是万分難受的。第二、在党部、政府和軍隊之中，我的很好的朋友不少，此去不単音信難通，而且後会無期。這也是足以使我留恋的一大原因。」

30)　前掲、「回憶与前瞻」1208頁。

31)　同上、1212頁。

32)　同上。

33)　同上、1211頁。

34)　同上、1210頁。原文は以下の通り。「但是他們総覚得国際形勢是会変化的，日本内部是会崩潰的。(中略)他們強調只要継続抗戦半年，俄国一定実際参戦，英美一定対日制裁，日本財政一定崩潰。(中略)半年，一年，一年半，到現在両年了。国際的形勢，変化到足以使我們得到最後勝利的程度没有？俄国参戦了没有？英美対日制裁了没有？日本内部

崩潰了没有？」

35) 笠原十九司『日中全面戦争と海軍 パナイ号事件の真相』（青木書店、1997年）149～155頁。

36) 前掲、「回憶与前瞻」1214頁。

37) 同上、1221～1222頁。原文は以下の通り。「和平的条件，是否会使中国失去独立，是否会使中国不能生存？這個疑問，是毎個愛国的中国人所必有而応有的。如果日本真想以外交方式及和平条約来妨碍中国的独立与生存，那末，汪先生和我們当然也要主張抗戦到底的。(中略)但是日本如果放棄了領事裁判権，并且交還租界，那麼内地雑居，也不会使中国滅亡。因為日本既然放棄了領事裁判権，所有在華的日本人民，都要服從、遵守中国的法律，我們可以国内法来管理他們，怎樣会使我們亡国？」

38) 同上、1223～1224頁。原文は以下の通り。「然則一点保障都没有嗎？当然是有的。近衛声明中的各点，是経過他們五相会議、内閣会議通過，再経御前会議，而公開発表于世界的。他們御前会議所決定的政策，是不容易変更的，此其一。他們既然昭告世界，向中国所要求的条件，在全世界的注視之下，我相信日本決不致〔至〕這樣不講信義，将来再提出苛刻的条件，此其二。有了這両重保障，我相信将来開始正式談判的時候，日本決不致〔至〕于近衛声明各点之外，再提出其他的要求。如果日本真正這樣不顧信義，哪里還能立国于世界。」

39) 同上、1224～1226頁。原文は以下の通り。「我從各方探聽関于和平的意見，大約十分之九是贊成和平，而十分之九是懷疑日本的誠意的。他們的懷疑，是好意的。共産党徒，因為要反対和平，所以悪意的宣伝日本没有信義。(中略)我又常常聽見説日本内部的意見紛岐，派別複雑。東京所約定的事情，常遭当地軍人的反対；上級当局同意的事，下級機関可以不奉行。(中略)我個人深信日本当局和有識之士，現在確実是有誠意的。不過要使中国一般人相信起見，我很希望日本方面進一歩以事実来証明。」

40) 同上、1226頁。

41) 汪精衛「怎樣実現和平？」(黄美真・張雲編『汪精衛国民政府成立』上海人民出版社、1984年、191～195頁) 原文は以下の通り。「只要蒋介石看得国家民族比他個人重些，遵守孫先生大亜洲主義的遺教，接受日本関于和平的声明，那麼全国停戦，立即可以実現，跟着和平談判，就可開始。(中略)明明白白和平有了希望，而且這和平明明白白無害于国家之独立自由，他偏要悍然不顧的加以反対。這樣一来，和平的実現，便遇着極大的阻碍了。」

42) 同上。原文は以下の通り。「或者有人会提出疑問道：假使我們有這樣的表示，而日本軍隊仍然進攻，那麼，不但和平会成泡影，而且徒然懈怠了軍心，散乱了人心，豈不為害甚大呢？我如今鄭重的明白答復道：如果在前方後方的行政当局，以及帯着軍隊的人，能有

第 2 章　汪精衛政権の政権構想―周仏海の政権構想から―

賛成和平的表示，反共的表示，則日本軍隊必不会進攻。因為日本政府，已有声明在前，盼望中国有同憂具眼之士出而収拾時局，以復興中国，以進而分担復興東亜的責任。因此，日本軍隊，決不会向着我們和平反共的地方及軍隊進攻的。」

43) 前掲、「回憶与前瞻」1213頁。
44) 『日記』1937年10月13日条、81〜82頁。
45) 汪精衛と蒋介石の権力闘争については、土屋光芳『汪精衛と蒋汪合作政権』（人間の科学新社、2004年）を参照。
46) 『日記』1940年4月20日条、283頁。原文は以下の通り。「晩，約陳肖賜来談。（中略）当告以此間可犠牲一切，以求全面和平；並告以欧戦拡大延長愈于日本有利，我国宜于此時和平，請其轉達果夫、立夫，向蒋先生進言，只要有益和平，当惟蒋先生之命是听。」
47) 『日記』1940年9月11日条、348頁。原文は以下の通り。「日前破獲渝方無線電台，渝方尚未発覚，両周以来，仍旧通報，所獲情報，日前似已懐疑，因擬用原電台原密嗎，致蒋先生一電勧和，匆匆擬草発出。」
48) 『日記』1940年4月8日条、277頁。
49) 『日記』1940年4月19日条、282頁。
50) 『日記』1940年5月4日条、289頁。原文は以下の通り。「晩，公博訪周作民回，据云：蒋無和意。返寓後，閲英、美大使与蒋談話記録。蒋主張日不撤兵，決不言和，謂英、美即不援助中国，亦可独立作戦。核閲該項情報，内容極確，日方覚悟者不多，而軍人尤甚，又何怪蒋之主張長期抗戦？」
51) 『日記』1940年4月11日条、278〜279頁を参照。
52) 『日記』1940年9月11日条、348頁。1940年9月20日条、353頁。
53) 『日記』1940年10月2日条、359頁。原文は以下の通り。「影佐、日高明日赴東京，因約其来談，犬養亦参加。余告以国民政府還都半載，一事無成，中日国民均将冷淡。還都本意原在作一中日合作模範，使重慶悔悟抗戦之不必要，今以目前現象論之，余将不愿長住南京，重慶当然更不愿来。為促進和平計，日本不宜拿得太緊，須任国民政府自由発展，且援助之。并告以余努力使蒋和平，但以目前形勢論之，蒋決不愿和，故日本目前除強化国府外，無他法，盼返東京後，将此意告各当局。」
54) 『日記』1940年10月8日条、362頁。原文は以下の通り。「十時返寓，接見日本《朝日新聞》名記者大田，告以解決事変不能用軍事方法，須用外交及政治方法。所謂外交，必須聯俄；所謂政治，必須使国民政府強化，在国民政府管轄区域内做到独立、自主地位，否則国民政府為無意義。」
55) 対日和平論の変化には当時の国際情勢も大きく反映していたと考える。周は日記中で日本人記者に、「日中戦争は世界戦争の一部であり、世界情勢の中で具体的な解決が見ら

れなければ、日中戦争は解決しない」と告げている（『日記』1940年10月15日条、365頁）。原文は以下の通り。「下午返寓，接見《朝日新聞》名記者神尾茂，老友也，談一小時。余告以中日戦争為世界戦争之一部,非世界局勢有顕明之具体解決趨勢,中日戦争不易結束。」

56) 蔡徳金編注『周佛海日記 全編 下編』（中国文聯出版社、2003年）1942年6月23日条、618頁。原文は以下の通り。「下午，訪重光大使，談強化国府与促成和平之関係。告以強化国府，雖非促成全面和平之惟一条件，但為先決条件；非謂国府強化，全面和平即立刻実現，但国府不強化，全面和平決難実現。」

57) 汪精衛によるラジオ演説「怎様強化国民政府怎様実現全面和平」の引用部分の原文は以下の通り。「国民政府為什麼要強化呢？其意義要使之強有力，能将和平基礎樹立起来，逐歩拓展，以達到全面和平。」（陳鵬仁著『汪精衛降日秘档』聯経出版事業公司、1999年、330頁）。

58) 推測に過ぎないが、周の立案とされる日本軍占領地での政権樹立構想は短期政権を企図したもので、短期政権を構想していたからこそ、占領地での樹立を構想した可能性が高い。もしそうであれば、1940年秋の対日和平論の変化はこの短期政権構想の転換ともいえる。この点については今後の課題としたい。周の政権樹立立案については、西義顕『悲劇の証人―日華和平工作秘史―』（文献社、1962年）、前掲の土屋光芳『「汪兆銘政権」論―比較コラボレーションによる考察』参照。

59) 汪政権の食糧政策については、林美莉「日汪政権的米糧統制與糧政機関的變遷」（『中央研究院近代史研究所集刊』第37期、2002年）を参照。

60) 龐山湖模範灌漑実験場周辺では、米を中心とする食糧が収穫可能であり、汪政権の返還交渉はこの食糧の獲得を目指したものであったと筆者は考えている（「東太湖周邊の農業事情」『調査月報』一九四四年一月 第二巻 第一号、一五〇頁。／『復刻版 興亜院大東亜省調査月報 第35巻 昭和一九年一～二月』龍渓書舎、1988年）。

61) 水利政策以外にも、経済建設を主眼とする全国経済委員会の成立（1940年12月）、財政面では中央銀行設立への動きが本格化し、地方行政面では同年九月に安徽省政府、10月には浙江省政府で維新政府期以来の大規模改組が実施されている。

62) 『中華民国維新政府概史』（維新政府概史編纂委員会、1940年）363頁。

63) この点について柴田哲雄も1940年後半より、汪政権は政権基盤構築に向けて動き出したと考察し、そのために実施された政策として清郷工作を挙げている。清郷工作は政権基盤構築を念頭として、支配浸透のために治安維持などを一定地域で執行された政策として考察しており、筆者自身その意見に賛同する。しかし、政権基盤構築への政策を清郷工作のみに収斂させるのではなく、他の側面からの考察も可能ではないのだろうか（柴田哲雄『協力・抵抗・沈黙―汪精衛南京政府のイデオロギーに対する比較史的アプロー

第 2 章　汪精衛政権の政権構想―周仏海の政権構想から―

チ―』成文堂、2009年、27頁)。また、「国民政府強化」に対して、劉傑は1941年の日本の対汪政権政策の展開により、「国民政府強化策」が採られたと言及しているが、筆者はそれ以前の1940年秋の段階で、汪政権側から「国民政府強化」が示されていたと考える(劉傑「汪兆銘政権論」『岩波講座　アジア・太平洋戦争7　支配と暴力』岩波書店、2006年)。

第3章　汪精衛政権の水利政策の概要

　本章では、汪精衛政権（以下、汪政権と略称）による水利政策の全体像を把握するためにも、汪政権の水利執行機関と実施された主な水利政策について、概観しておきたい。

　汪政権の水利政策に関する先行研究は、『汪偽政府行政院会議録』の分析を通して社会秩序の再建過程について考察した曽志農と筆者の研究があるのみである[1]。曽志農の研究は行政院会議録に記載されてある水利政策を列挙し説明している程度で、政策の展開などには言及していない。

　以下、第1節では水利政策の執行機関、第2節では水利政策の概要を考察し、汪政権の水利政策の特徴などを見ておき、本章以降の詳細な政策検討への助走としたい。

第1節　水利政策の執行機関

　汪政権の水利執行機関は、行政院所属の水利委員会と建設部水利署が担当した。両組織について、それぞれの『組織法』を参考に比較しておく。また、委員長・署長についても挙げておく。

1　水利委員会（1940年3月30日〜1943年1月31日）

　水利委員会は、行政院所属の一機関として設置され、1940年3月30日の汪政権成立時より、業務を開始している。水利委員会の設置が決定されたのは、政権成立直前の1940年3月20日から3日間に亘り南京で開催された中央政治会議においてであった[2]。その際に同委員会委員長に維新政府内政部水利総局督辦であった楊寿楣の就任も決定されている。

　政権成立直前に設置が決定されたこともあり、水利委員会の職掌などを定め

た「水利委員会組織法」はすぐに決定されず、正式に公布されたのは、政権成立から約3か月後の6月24日になってからであった[3]。しかし、同委員会の政策は1940年4月から動き出しており、組織法の公布などとは関係なく動き出している。

同委員会の「組織法」によると、水利委員会は「全国の水利行政を担当する」（第1条）機関として組織されている。同委員会には、委員長1人の他に常務委員6人の設置が規定されている（第4条）。文書・人員の管理や庶務を扱う総務処と水利事業の設計・調査・監督などを担当する工務処の2処が設けられ（第5条）、それぞれに処長1名を置くこととされた（第10条）。2処長以外には、秘書4人（第9条）、技正4～6人、技士8～12人、技佐10～16人、絵図員6～12人（第11条）、科長・科員若干名（第12条）、会計主任1人、統計主任1人を設ける（第17条）と規定されている[4]。

次に水利委員会の委員長人事（表1）について、見ていくこととする。水利委員会は1940年3月から1943年1月まで組織されていたが、約3年間で委員長は3人交替している。初代委員長には、維新政府の水利執行機関であった水利総局督辦を務めていた楊壽楣（ようじゅび）が就任し、その後、1941年8月に諸青来、1942年8月に陳君慧が就任している。楊壽楣は維新政府水利総局で水利行政の経験があったものの、他の2人については、水利行政未経験者であった。

表1　汪精衛政権水利委員会委員長一覧

氏　名	任　免　期　間	経　　歴
楊壽楣	1940・3・30 ～1941・8・16	中華民国維新政府内政部水利総局督辦
諸青来	1941・8・16 ～1942・8・22	中国国家社会党政務委員会委員、 汪精衛政権交通部部長
陳君慧	1942・8・22 ～1943・1・13	汪精衛政権行政院参事長

典拠：劉壽林・萬仁元・王玉文・孔慶泰編『民国職官年表』（中華書局、1995年）
　　　小笠原強「汪精衛政権行政院からみた政権の実態について―機構・人事面から―」（『専修史学』第38号、2005年）より筆者が作成。

2 建設部水利署（1943年2月1日～1945年8月16日）

　1943年1月13日の行政機構改組により、水利委員会は交通部と合併して、建設部となり、水利執行機関は同部所属の水利署となった。「建設部水利署組織法」には[5)]、「水利署は建設部部長の命令を受け、全国の水利事業を職掌とする」（第1条）とあり、水利委員会の職掌と変化はない。また、同じく総務処と工務処が設けられており（第2条）、各処ともに、水利委員会と同じ職掌を担い、各処に処長1名の設置（第8条）、秘書4名の設置（第7条）も変化していない。

　水利委員会と異なるのは、署長1名（第5条）の他に署長を補助する副署長1名の設置（第6条）と、科長7人、科員35人の設置（第9条）、技正8人、技士14人、技佐20人の設置（第10条）であった。主に水利委員会の時と比べて、設置人数が増えている程度であり、以上の相違点から見ても、水利委員会の組織がほぼそのまま、建設部水利署へとスライドしたとみて間違いないであろう。

　人事については、参考までに建設部部長・次長も記載しておいた。水利委員会委員長であった陳君慧が建設部部長へと就任しており、部長はみな1年以内に交代し、次長クラスになると、王家俊以外は着任から2～4ヶ月以内に交代している。

表2　汪精衛政権建設部部長・次長・水利署署長一覧

職　名	氏　名	任　免　期　間
部　長	陳君慧	1943・1・13～9・10
	陳春圃	1943・9・10～44・4・14
	陳君慧	1944・4・14兼署～9・14
	傅式説	1944・9・14～45・8・16
次　長	廖家楠	1943・2・1～6・10
	姜佐宣	1943・6・10～10・14
	王家俊	1943・10・14～45・8・16？
水利署署長	姜佐宣	1943・2～9？
	陳春圃	1943・9・10～44・4？
	何延楨	1944・4・14～12？
	傅式説	1945・1・2兼～45・8・16

典拠：劉壽林・萬仁元・王玉文・孔慶泰編『民国職官年表』（中華書局、1995年）より筆者が作成。

水利署署長（表2）については、部長・次長クラスの人員が兼任で務めている例が多く任免期間については、不明な点が多い。適材適所の人選ができなく、部長・次長が兼任していた可能性が高い。

第2節　水利政策の概要

本節では維新政府期から汪政権の政策概要について考察する。本節では主に実施された政策が端的にわかる担当機関による「工作報告」（以下、報告書と略称）を用いる。以下、水利政策の概要を維新政府期から年別に見ていくこととする。

1　維新政府期（1939年9月～1940年3月）

維新政府に内政部水利総局が成立したのは、政府が成立して約一年半後の1939年8月末であった。よって、史料から確認できる概要は1939年9月から1940年2月までの6か月間となっている。

6か月分の報告書をみると、治水事業が中心となっており、主に安徽省淮河北岸の堤防修復工事、江蘇省（常熟・太倉県）・浙江省（海寧県）・上海特別市（浦東北区・宝山区）の防波堤工事、江蘇省江都県周辺の運河堤防工事に関する予算の見積案が報告されている。なかでも、江蘇省太倉県や江都県周辺では、予算を確定させるために水利総局局員による実地踏査がおこなわれ、江都県では同県知事や同地域の郷長・保長から、同地の状況について聴取している[6]。

1940年1月の報告書には、黄河の決壊に対処する中華民国臨時政府建設総署との連合委員会会議について記されている[7]。1938年6月9日、国民政府軍が日本軍の進撃を阻止する目的で、河南省中牟県を東西に流れる黄河の堤防を爆破、決壊させた。この決壊により、黄河の水は方々に流れ込み、農地を冠水させる被害をもたらしていた。黄河北岸と比べて土地が低かった南岸では、大量に水が流れ込み、黄河と長江の真ん中を東西に流れる淮河に到達して、淮河流域の安徽省北部では増水被害が発生し（次章参照）、江蘇省北部にも被害が及び始めていた。以上の被害のもととなった中牟県の堤防修復工事を目的としたのが、臨時政府と維新政府からなる連合委員会であった。

1940年1月の会議には、維新政府から水利総局技正兼工務科長の張士俊、技士の許和之、江蘇省北部の地方代表董増儒が参加して、臨時政府の代表と具体的な対処法について話し合われている。しかし、現場付近は軍事上の理由から施工できず、「現地の治安の回復を待って」から開始するとの決定に留まっている[8]。

　黄河への対処だけではなく、維新政府期の水利政策は全体的に予算の見積案など、事業の方針を提示するまでであって、同政府期には対処しきれずに、その後の汪政権へと課題は継承されていくことになる。

2　汪精衛政権前期—1940〜42年

　1940年3月末に成立した汪政権による政権運営が開始されたのは、4月になってからであった。維新政府水利総局督辦から汪政権水利委員会委員長となった楊寿楣は同年4月に以下のような方針を発表している。

> 　（一部省略）事変後各省の海岸、江岸、河岸の堤防及び灌漑交通に関係ある水道が、多く破壊又は閉塞され、危険を避け阻碍を免れるためにも、何れも急速に着手すべきであるが、目下最も切要なるものは河南南部の黄河の決潰（第4章参照—引用者注）が、未だ始末がついてゐないことである。黄河の水が淮河に入れば淮河は収容出来ないから、必ず洪澤湖から氾濫して出るか逆流する。民国二十年の水害には、黄河が這入つてゐないのに淮河は大氾濫をなした。（中略）一旦黄河と淮河とが氾濫すれば、その奔流は東を指し、江蘇と安徽とはすなわち災害を蒙ることは豫想に難くない。故に先づ豫防の計を定めねばならぬ。黄河を舊河道に復歸させるのが第一策であり、次は淮河に導いて其流れを疎通させることであり、ただ僅かに淮河や運河の堤防を修理するのは下策である。黄河の決潰箇所を塞ぐことは、南北共に主張が一致しているが、現在の情勢では實行不可能である。淮河に導くのは、揚子江と海とに流れを分けんとするもので、工事が大で短日月にはできない。故に中策も容易ではない。萬止むを得ざれば先づ下策を採り、淮河と運河の兩堤防を修理し、洪澤湖に流してそれから徐々に各方面に流す外ない。（中略）各省の海堤江堤及び水路にして農田の灌漑

第3章　汪精衛政権の水利政策の概要

又は舟運に関係あるもので、戦時のため毀され、或は久しく塞がれてゐるものも、緩急を分ち、各省を督促して修復せしむべきである[9]。

　当時の課題として、維新政府期から続く黄河決壊に伴う淮河の増水への対応を中心とする、治水事業の実施を強調している一文である。楊寿楣の方針にあるように、1940年から1942年にかけての水利政策は、治水事業を中心として展開されることとなる。それは楊寿楣が維新政府督辦から汪政権水利委員会委員長へとスライドしたように、維新政府期の方針の基本線がそのまま、汪政権にも継承されたことを意味している。
　初年の1940年には、大型事業として黄河からの流水による増水被害への対処としての安徽省淮河堤防工事（第4章参照）と江蘇省江北運河堤防工事（江蘇省江都県から宝応県までの江北運河で実施された堤防工事）が開始されている。両工事ともに1943年まで継続され、江北運河堤防工事は1943年から1945年までの間は、春季限定で工事がおこなわれた。
　1940年はその他にも浙江省海寧県の防波堤工事、上海特別市浦東北区の海水浴場防波堤工事が開始されている。また、日本軍の占領地域の拡大に伴い、支配地域の江蘇・安徽・浙江各省以外でも事業を展開しようとする動きが見られ、1940年7月には、湖北省の漢口、江西省の九江一帯の水利状況調査も報告されている[10]。政策の基本方針は維新政府から受け継いだものの、政権成立の初年は多くの新規事業は展開せずに、支配地域の現状確認に終始した年であった。
　1941年になると、事業内容・事業地域に広がりを見せるようになり、多くの新規事業が開始されている。前年からの継続事業でいえば、江北運河はこれまでの江都から宝応までの作業区域を「高郵県の民衆からの請求を受け」[11]、江蘇省高郵県まで拡大させ、淮河工事では護岸工事から沫河口の水門設置工事へと進展を見せている[12]。
　新規事業としては以下の江蘇省太倉県通堂廟海塘工事（同年竣工）、安徽省宿松県堤防工事（同）、浙江省海塩県防波堤工事、南京特別市下関石棵柱電力抽水站修復工事、上海特別市宝山区防波堤工事などが開始されている。
　1941年の『工作報告』には、事業の進展とともに、汪政権下で実施されている他の政策による影響や政権が置かれている立場というものが端々から垣間見

61

える。例えば、水利政策とは別に、汪政権下で治安維持政策として実施された清郷工作が同年7月から、江蘇省太倉・常熟・呉県・昆山県の一部で開始されている[13]。防波堤工事が進められた太倉・常熟地区は清郷工作の実施区域にあたっており、太倉県の工事に関する史料には、工事資材の運輸について、「清郷工作がおこなわれているため、運輸がうまく進んでいない」ので、「切実に清郷機関と交渉する」とある[14]。清郷工作と他の事業との連携がうまく進んでいないことを表している一例であり、同工作が他の事業に影響を及ぼしていたことがわかる。また、上海市宝山区の防波堤工事は、「損壊状況もひどいが、友軍（日本軍—訳者注）の飛行場」と関係する防波堤でもあり、「中国々民党宝山県執行委員会」からの要請もあって、工事に向けた実地調査が開始されている[15]。

　1941年は事業の進展を見せた年であったが、1942年は史料が乏しく、新規事業の展開はあまり確認できない。1943年の史料を見ると、1941年の事業が1943年にも継続されていることから、1942年は継続事業の展開が中心の年であったと考える[16]。史料の制約上、未確認部分が多くなってしまうが、新規事業としては、江蘇省常熟県白茆河閘門工事[17]、安徽省貴池県での水害復旧事業[18]がおこなわれている。

　同時期の水利政策は治水事業がメインではあったが、灌漑事業を企図した動きもみられた。日中戦争勃発後、日本軍の管理下に置かれていた江蘇省呉江県龐山湖灌漑実験場（以下、龐山湖実験場と略称）の「接収」をめぐる「交渉」である（第5章参照）。政権成立当初より食糧事情が悪化していた汪政権にとって、龐山湖実験場は大きな存在であり、日本から回収して、当地で灌漑事業を行なうことを構想していた。「接収」という用語を用いて、日本からの実験場回収をめざした「交渉」は1940年から1944年まで展開された[19]。

　また、立案段階であったが、江蘇省北部での「蘇北新運河開闢計画」案（第6章参照）が提出されている。この「新運河開闢計画」案は江蘇省北部での綿花の増産を企図して、同地域に200km以上にも亘る新運河を建設しようとするものであった。

　灌漑を企図した動きも見られたものの、1940年から1942年の水利政策は、治水事業に特化して展開された。この点は汪政権の水利政策の特徴の一つである。

しかし、1943年になると、汪政権をとりまく環境の変化により、汪政権を始め、水利政策も変化していく。

3　汪精衛政権後期──1943～45年

汪政権にとって、1943年は節目の年であった。1942年末に動き出した日本の「対華新政策」による対中国政策の「転換」にともない、汪政権は同年1月9日、アメリカ・イギリスに宣戦布告し、同時に日本と「緊密ニ協力シテ米英両国ニ対スル共同ノ戦争ヲ完遂」することを明記した「日華共同宣言」に調印している[20]。当初より汪政権は日本の戦時体制下に組み込まれていたものの、対米英参戦と「日華共同宣言」により、正式に「戦時体制」に突入したのである。

汪政権は対米英参戦から4日後の同年1月13日に、行政機構改組を実施している。政権の「戦時体制」への移行に伴う改組であり、この改組によって、水利委員会は新設された建設部所属の水利署へと変わり、1945年の政権解体まで続くこととなる。

「戦時体制」への移行が変化させたのは、水利執行機関だけではなく、水利政策の傾向も変化させた。維新政府期から1942年まで、治水事業中心の傾向にあった政策が1943年以降になると、これまでの治水事業に加えて、灌漑事業も実施されるようになり、むしろ後者に重きが置かれるようになっていったのである[21]。それは建設部による方針が強く反映されていたためであった（第6章参照）。

1943年以降に開始された灌漑事業を挙げると、江蘇省武進県・無錫県境の芙蓉圩排水設備工事[22]、江蘇省東太湖整理事業、江蘇省尹山湖干拓事業などの事業が挙げられる[23]。また、1943年10月には「交渉」が継続されていた瓏山湖実験場の「接収」が決定し、1944年から灌漑事業が開始され、江蘇省を中心とした灌漑事業がほぼ一斉に本格始動したのであった。

一方、治水事業もこれまでの江北運河工事（史料上の用語が蘇北運河春修工事へと変更）や淮河工事（1943年6月終了）、江蘇省常熟県海塘工事（1943年8月竣工）・浙江省海塘工事、常熟県白茆閘門工事、貴池水害復旧工事（1943年7月竣工）などが継続されているが、大方の事業が1943年で終了、竣工を迎えている。新規事業としては、安徽省宿松県・望江県・懐寧県の長江堤防工事

(1943年2～5月)、安徽省と湖北省の省境（同仁堤）で長江堤防工事（1943年5月）が開始されているが、1944年以降になると、目立った新規事業はなくなり、継続事業を中心に展開し、1945年8月の政権解体を迎えている。

1943年以降、始動していった灌漑事業であるが、なかでも1943年後半から1945年の政権解体まで実施された東太湖整理事業と尹山湖干拓事業（以下、東太湖・尹山湖事業と略称）へと力点が置かれるようになっていった。東太湖・尹山湖事業は食糧の増産を企図しており、その背景に「戦時体制」があったことはいうまでもない。しかし、この政策に力点が置かれた理由は、単に「戦時体制」のための食糧増産ではなく、汪政権の「正統性」への意識が強く絡んでいると筆者は考える。

その理由は、それまでの事業と異なり、東太湖・尹山湖事業は汪政権「独自」で構想された事業であったためである。これまでの淮河工事や「蘇北新運河開鑿計画」、「接収」を求めた龐山湖実験場を始めとする事業からも、「正統性」への意識は垣間見られるが、これらの事業のほとんどは汪政権「発」ではなく、国民政府期からの事業を継承したものであった。民心獲得による政権の「正統性」やそれをもとにした政権基盤構築を企図していた汪政権にとって、既存事業の継続だけではなく、「独自」の事業が必要であったのではないのか。自分たちの政権によって新たに建設されるものへの意識の高揚に、その点がうかがえる（第7章参照）[24]。

小結

本章では汪政権の水利政策について、水利執行機関と1939年から1945年までの政策概要を簡単に見てきた。本章でみてきた内容を簡単に説明すると以下のようになる。

汪政権の水利執行機関は、1940年から43年1月までは水利委員会、1943年以降は建設部所属の水利署が担当した。機構的には水利委員会の職掌が水利署へスライドしていったといえる。人事面を見ると、水利委員会委員長はほぼ一年ごとに交代しており、建設部水利署署長は建設部部長・次長クラスの人員が兼任している事例が多くなっている。詳細な任免期間は不明であり、人材難であっ

第3章　汪精衛政権の水利政策の概要

た可能性がある。

次に汪政権の水利政策を①1939年から40年までの維新政府期、汪政権期の②1940年から1942年まで、③1943年から1945年までに分けて、政策傾向の特徴について考察した。

維新政府期は治水事業を中心に検討されたものの、予算の見積案の提示がなされた程度で、具体的な事業展開はおこなわれていない。また、1938年に発生した黄河堤防の決壊への対応を中華民国臨時政府と検討する連合委員会が結成されたものの、「治安の回復」を待ってから対応に当たるとされただけで、こちらも事業展開はできないまま、維新政府は汪政権に吸収合併されている。

汪政権期の1940年から1942年にかけての水利政策は、維新政府期からの継続で治水事業の展開が中心であった。主な工事としては、安徽省での淮河工事や江蘇省の江北運河堤防工事などが挙げられるが、浙江省や上海特別市での防波堤工事も継続的に実施されている。1941年になると、事業が拡大し、事業地域も支配地域の各省各地に広がりを見せた。また、灌漑を企図した龐山湖灌漑実験場の「接収交渉」も水利政策の一つとして実施され、同じく灌漑を企図して、1942年には「蘇北新運河開闢計画」も提案されている。

維新政府期から治水事業が中心であった水利政策が、1943年以降になると、治水だけではなく灌漑事業も本格始動し始める。その背景には、汪政権の対米英参戦に伴う「戦時体制」への移行があった。1943年以降始動した灌漑事業のなかでも、1943年後半から政権解体まで、東太湖・尹山湖事業に力点が置かれるようになる。「戦時体制」を支えるための事業というだけではなく、他の事業が国民政府期から継承したものであったのに対し、東太湖・尹山湖事業は政権の「正統性」を強く意識した、汪政権「独自」の事業であったためでもあった。

では、本章で挙げた各事業は具体的にどのような展開を見せたのであろうか。本論文では、治水事業として安徽省淮河堤防修復工事（第4章）、「接収」と灌漑が試みられた江蘇省呉江県龐山湖実験場（第5章）、灌漑事業については、1943年以降、水利政策が灌漑中心となっていった背景にある「三ヶ年建設計画」について言及しながら、「蘇北新運河開闢計画」（第6章）と「東太湖・尹山湖干拓事業」（第7章）について考察していくこととする。

1）曽志農「汪政権による「淪陥区」社会秩序の再建過程に関する研究―『汪偽政府行政院会議録』の分析を中心として―」(東京大学大学院人文社会系研究科アジア文化研究専攻博士論文、2000年、未刊行) 114 ～ 116頁。小笠原強「汪精衛政権の水利政策―安徽省淮河堤修復工事を事例として」(『中国研究月報』第61巻第10号、2007年)。
2）蔡徳金・李恵賢『汪精衛偽国民政府紀事』(中国社会科学出版社、1982年) 52 ～ 53頁。
3）「国民政府公報」(中華民国二十九年七月一日) 1 ～ 4 頁 (中国第二歴史档案館編『汪偽国民政府公報』第 1 巻、江蘇古籍出版社、1991年)。
4）同上。
5）「建設部水利署組織法」(中央研究院近代史研究所档案館蔵／経済部門／水利署／総務『水利署各機関組織法』28-05-01-002-04)。
6）「為編送二十九年一月份工作報告由」(水利総局→行政院・内政部、1940年2月21日、『工作報告』28-05-04-020-01)。
7）同上。
8）関係個所の原文は以下の通り。「現在河決已久、水流冲刷、地勢益窪、是以□在決口南方水流経過区域、另想易地堵塞辦法、或在北岸開闢引水河道等方法、均不可能、祇有就原決口、處堵塞為是。惟現時該處埗近一帯、軍事上時有接觸、未能即日施工、似應先行着手測量（水陸地不能測量先用航空測量）及籌欵購料運至埗近地段、以作堵塞、工程施工前之準備、一俟治安恢復、隨即着手堵塞。」(同上)。
9）興亜院政務部『情報』第18号、1940年、18頁 (三好章解説『情報 第 2 冊』興亜院政務部刊、第14号～第25号、不二出版、2010年、116頁)。
10）「呈送七月份工作報告祈鑒核由」(水利委員会→行政院、『工作報告』28-05-04-020-02)。
11）原文は以下の通り。「経此事変、損壊殆尽、亟待修復、並撥高郵縣民衆請求即経派技士孫元爵等前往實地測量、繪具平面圖、縦横断面図到会。」(「呈送本年十一月份工作報告祈鑒核由」水利委員会→行政院、1941年12月16日『工作報告』28-05-04-020-03)。
12）上海特別市浦東北区の海水浴場防波堤工事は、1941年12月15日に完成している (「呈送三十一年一月份工作報告祈鑒核由」水利委員会→行政院、1942年3月19日、『工作報告』28-05-04-021-01)。
13）前掲、『汪精衛偽国民政府紀事』119 ～ 120頁。
14）関係個所の原文は以下の通り。「是項工程、因挙辦清郷、運輸未能順利進行、等情。後経指令迅向清郷機関、切實洽商設法趕緊進行。」(「呈送本年七月分工作報告祈鑒核由」水利委員会→行政院、1941年8月12日、同上)。
15）原文は以下の通り。「査上海市宝山区王濱（陳華濱）海塘、損壊不堪、且与友軍王濱飛機場有関、急待興修、又迭拠中国々民党宝山縣執行委員会等法團分呈院會請□派員勘估

興修。本会認為関係重要、並奉院令已派技士沈養田率同技術人員前往測勘矣。」(前掲、「呈送本年十一月份工作報告祈鑒核由」前掲、『工作報告』)。汪政権の国民党組織については、堀井弘一郎『汪兆銘政権と新国民運動―動員される民衆―』(創土社、2011年) 80 〜 124頁を参照。

16) 浙江省海寧県の防波堤工事の一部が1942年11月に竣工している (『工作報告』1943年2月28-05-04-021-02)。

17) 江蘇省常熟県白茆河閘門工事は太湖から長江につながる白茆河河口付近の閘門工事であった。閘門は日中戦争前の1936年に完成していた。また、同地域は日中戦争勃発後、日本軍が上陸した地域でもあった (『革命文献 第81輯 水利建設 (一)』12頁。『戦史叢書 中国方面海軍作戦〈1〉―昭和十三年三月まで―』朝雲新聞社、1974年、451 〜 453頁。『戦史叢書 支那事変陸軍作戦〈1〉昭和十三年一月まで』朝雲新聞社、1975年、402 〜 403頁)。

18) 1942年6月に安徽省南部の長江沿岸の貴池県・蕪湖県周辺で水害が発生し、水利委員会は振務委員会と合同で水害復旧にあたった。この復旧事業は翌年にかけて継続され、事業が本格したのは1943年になってからであった。

19) 龐山湖灌漑実験場の他に、南京郊外にある清涼山水工試験所の「接収」もめざしたものの、日本からの反対にあい、計画は頓挫している (『擬収回清涼山水工試験所』28-05-01-018-05)。

20) 外務省編『日本外交年表竝主要文書 (下)』(原書房、1965年) 581頁。

21) 建設部は1943年4月に「建設部水利署水利事業三年建設計画」(第6章参照) を発表し、1943年下半期から3年間の水利事業計画を提示した。内訳をみると、蘇北新運河開闢計画と東太湖整理事業に全体の約9割の予算が計上されており、当時の水利政策は灌漑を企図した両事業に傾注していた。

22) 江蘇省武進県・無錫県境の芙蓉圩で「生産増加の見地より」進められた灌漑事業であった (前掲、『工作報告』1943年1月分)。

23) 「三十二年度水利署水利増産設計委員会工作概況」(前掲『工作報告』1943年)。

24) 詳細は第7章で言及するが、1944年2月18日の『朝日新聞 中支版』の建設部次長王家俊のインタビュー記事から確認できる。

第4章　安徽省淮河堤防修復工事

はじめに

　本章では、水利政策の治水事業として、1940年から1943年にかけて、安徽省淮河流域で実施された淮河堤防修復工事について考察する。

　本章が取り上げる淮河に言及した研究は多々あるが（注5参照）、なかでも民国期の淮河流域に関する先行研究としては、黄麗生[1]、水利部治淮委員会《淮河水利簡史》編写組[2]、汪漢忠[3]、David Allen Pietz[4] の研究が挙げられる。黄麗生、汪漢忠、David Allen Pietzの研究は、民国期に淮河で実施された工事や民衆動員などから、国民政府の統治や日中戦争以前の国家建設を考察しようとするもので、それぞれ詳細な考察がなされている。あくまでも、日中戦争前までを考察対象としているため、日中戦争期に関する考察はおこなわれていない。

　一方、水利部治淮委員会《淮河水利簡史》編写組による研究は、古代から1949年までの淮河を対象としており、日中戦争期に言及しているものの、国民政府軍の黄河堤防の爆破による増水被害（後述）を強調し、国民政府の失策を批判することに終始した内容となっている。そのため、日中戦争期の日本軍占領下にあった当地域で増水被害が発生していたことは明らかにされてはいるが、どのような事業が展開されていたのかは、明らかにされていない。

　研究の空白となっている日本軍占領下の安徽省淮河流域では、汪政権が深刻化していた増水被害への対応策として、堤防修復工事を実施していた。この工事は当時の汪政権の水利政策のなかで、力点が置かれて実施されていた事業であり、第2章で考察したように、政権基盤構築を担うための事業の一つであったと筆者は考えている。

　では、汪政権による淮河工事はどのように展開されていたのだろうか。本章

第4章　安徽省淮河堤防修復工事

では以下の3節から考察を試みる。第1節では汪政権下で淮河工事が必要とされた前提をみるために、日中戦争勃発前の民国期、日中戦争勃発後から汪政権成立までの淮河の状況について考察する。第2節では淮河工事の大枠と北岸工事について、第3節では北岸工事後に実施された南岸工事について考察する。主に第2、3節では工事の進捗状況や工事に動員された民衆の動向に注目し、それらの点から汪政権による淮河工事を考察して、本章のまとめとしたい。

第1節　民国期の淮河と日中戦争による被害

1　民国期の淮河

　本章で扱う淮河は黄河と長江の間を流れる全長約1000km、流域面積27万平方kmに及ぶ大河である[5]。河南省桐柏県の桐柏山を起点として、河南・安徽・江蘇省の洪澤湖を経て、黄海や長江へ注ぐ河川で、淮河を境に華北と華南が分けられ、気候などの境界でもある。

　淮河流域の気候は比較的温暖であるが、歴史的に水・干害が絶えず発生する地域であった。中華人民共和国国務院の水利部淮河水利委員会編『淮河水利簡史』によると、12世紀以降、災害が顕著となりはじめ、中でも中華人民共和国成立前の50年間、つまり清末から民国期にかけての20世紀前半に発生した災害は甚大な被害をもたらしたとしている[6]。

　では、20世紀前半の災害はどれくらいの被害をもたらしたのだろうか。『淮河水利簡史』によると、清末から民国期にかけて淮河流域を襲った水害は42回、干害は23回発生しており、被害が甚大だったのは1916年、1921年、1931年、1938年の水害、1913年、1914年、1928年、1942年の干害であったという[7]。なかでも1931年の水害は深刻で、被災者は数千万人に達したとされている[8]。

　1931年の水害後、国民政府は淮河管理を専門とする導淮委員会を中心として、淮河工事に着手している[9]。工事は1931年に導淮委員会が作成した「導淮工程計画」をもとに、1932年から5か年を第一期として進められた。内容は堤防修復工事や淮河と接する裏運河（淮陰〜邵伯）閘門設置工事、淮河を海へ流すための水路開闢工事、河川・運河の浚渫などで[10]、予算や動員された人員は大規模なものであった[11]。

5か年計画の第一期事業の大半が竣工を迎えようとしていた矢先、日中戦争が勃発する。戦争の拡大により淮河流域の諸都市は日本軍の占領下に置かれ、導淮委員会の事業は1937年末までに停止に追い込まれていった[12]。
　南京国民政府の導淮事業について、前掲の『淮河水利簡史』には、清末から民国期には、政治腐敗により具体的な政策は実施されず、中華人民共和国以後になって、「真の政策」が実施されるようになったと民国期の政策を消極的に評価する[13]。その一方で、汪漢忠も民国期の政治腐敗を指摘し、中華人民共和国による事業を高く評価しながらも、南京国民政府にとって、「導淮」は政権の基盤構築に重要な政策であり、淮河流域の整備により減災の作用をもたらしたと評価する[14]。事業の展開をめぐる様々な問題はあったにせよ、民国期の導淮事業を大きく阻害したのは日中戦争であったことは紛れもない事実であった。日中戦争は導淮事業を停止させただけではなく、淮河流域に多大な被害をもたらすことになる。

2　黄河の決壊と淮河の増水被害

　日中戦争の勃発により、淮河の整備事業が停頓していた1938年6月上旬、華北西部への日本軍の進撃を阻止するために、国民政府軍が河南省中牟県の黄河の堤防を爆破、決壊させる出来事が発生した[15]。現地周辺にいた日本軍の甲集団参謀長は「黄河に関する件」として、決壊状況について、同年6月17日に以下のような電報を陸軍省に送っている（項目の「二」は省略）。

　　一、目下ニ於ケル黄河ノ切レ口ハ三柳寨附近約四百米金水鎮附近約百米ニシテ切レ口下流ノ水ノ逆流ハ止ミタルモ河水ノ大部ハ切レ口ヨリ流出シ前河道ヘハ一部ノ水ノミ流レアリ即チ現地ニ於テハ黄河ノ本流ハ新河道ニシテ前河道ハ一支流ト看做スヲ至当トスル状況ナリ
　　三、決潰口ノ修理ノ能否ハ目下専門技術者ヲ派遣シテ調査中ナルモ相当困難ナルモノアルヘシ（昭和十年秋ノ黄河ノ切レ口ハ合計約八百二及ヒシカ之カ修理ハ各期減水結氷ノ時期ニ至リ実施セラレタリ）[16]

　決壊状況を伝えた電報から、黄河の水が決壊部分から流出し、その流れが黄

第4章　安徽省淮河堤防修復工事

図3　1938年淮河流域図

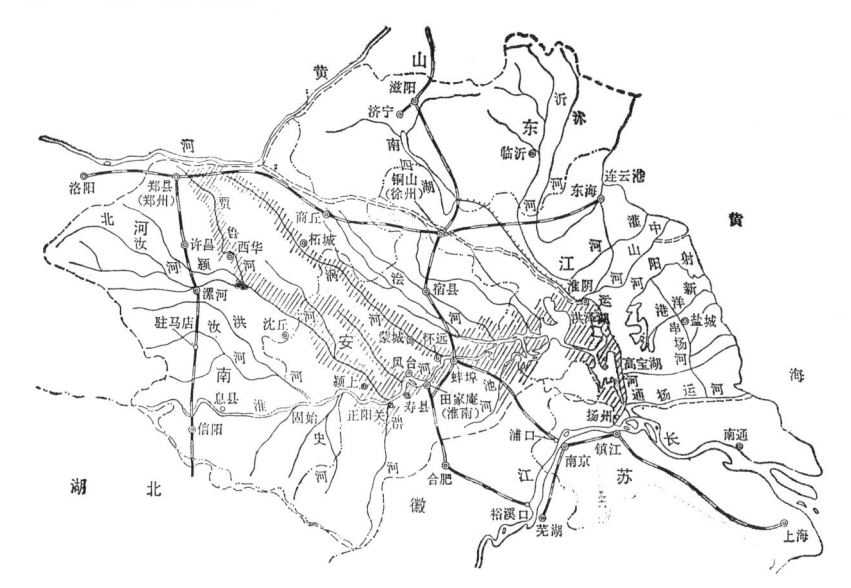

典拠：水利部治淮委員会《淮河水利簡史》編写組『淮河水利簡史』（水利電力出版社、1990年、310頁）より転載。
注：斜線部分が氾濫地域を示す。

河の「本流」となっており、容易に修理できる状態ではなかった様子がわかる。黄河の「本流」となったところは、もともと集落や田畑があった場所であり、それらの土地を冠水させながら[17]、東南方向へと流れ込み、同月下旬にはその先を流れる淮河に到達している。流れ込んだ黄河の水は、次第に淮河を増水させ、同流域では浸水被害が発生していった。

淮河が増水を始めた翌年の1939年10月に、南満州鉄道上海事務所調査室は淮河流域の安徽省鳳陽県蚌埠区楊家崗村で農村調査をおこなっている。調査員の井田三郎による調査資料に1938、1939年に発生した同村の水害について、以下のような被害状況が記されている。

　先づ本村に於ける既往の水害に関して略述し逐次問題の要点にふれていかう。

即ち、既往の水害とは民国十年（1921年—引用者注。以下同じ。）、同二十年（1931年）の両度の水害で、ともに全村悉く水中に没し、人畜の被害も相当あつたと保長も語つてゐたが、昨年及び本年の両水害は、既往の二大水害に較べれば、遥かに軽度のものであつたらしい。但し軽度とはいへ、今度の水害も耕地面積の約九〇％は水中に没し去り、その惨澹たる状態は、我々の想像以上であつた。

先づ昨年即ち二十七年（1938年）の水害の原因は、五月中旬支那軍の退却に際して隴海沿線、黄河沿岸の堤防決潰といふ未曾有の暴挙により、十数万の無靠民衆を溺死せしめた世紀的大事件に起因して、淮河の氾濫を来し、同河沿岸堤防決潰により、濁水が本村全般に浸入したもので、その浸水面積は本村全面積たる一、二〇〇畝に垂なんとし五月下旬の浸水より退水に至る十一月下旬の約六箇月の間、農民は徒らに拱手傍観を余儀なくされた。その間夏作たる黄豆を始め、高粱・稲・芝麻・緑豆等々の各種の作柄は或は腐敗し、或は流失してとどまるところなく、全村悉く収穫不能に陥つたのである。

（一部省略）

民国二十八年（1939年）即ち本年度の水害の状況について見れば、隴海沿線の破壊堤防未修理と雨期到来とによつて、淮河が刻々増水し、五月下旬には又もや浸水を蒙り、九月上旬漸く退水したのであつたが、本年は昨年に較べれば浸水期間も短く且つ軽度であつて、全村中比較的高位置の地域は浸水を免かれたが、それも僅かに一〇〇畝を算するに過ぎなかつたのである。

（一部省略）

本年度の縣下水害に依る損失は淮河沿岸の農田悉く水澤と化し去つたゝめ、全般的にみて収穫量概ね二五％減収となつて現はれ、そのため現在の災区地域に於ける農民一般の経済的破綻は相当深刻なものがあろうと思はれる[18]。

現地住民は1921年、1931年の水害よりも軽度と語っているが、井田の目には想像以上の被害状況と映っていた。2年連続で半年近くも村の大半が冠水し、堤防の修理もおこなわれず、農作業ができない状況下に、淮河流域の住民は置

第４章　安徽省淮河堤防修復工事

かれていたことを表している。

　また、時間が前後するが、汪政権が成立してまもない1940年５月中旬に、汪政権の振務委員会が安徽省蚌埠市一帯で被災状況に関する調査をおこない、調査報告書がまとめられている[19]。蚌埠を担当した同委員会の籃筠如は、蚌埠周辺の救済施設や安徽省政府の人員と面会して調査している。その調査に際し、振務委員会は「調査大綱」（以下、「大綱」と記す）という調査基準を設けており[20]、籃の調査も「大綱」に沿って進められている。必要箇所のみであるが、「大綱」に基いた報告は以下の通りである。

蚌埠一帯災賑報告書（項目二、四、五、七、八、九、十については省略—引用者注）
一、救済済みの被災者概数及び状況
合計すると蚌埠一万余人、鳳陽県一万余人、臨淮関八千余人、長淮衛一万二千余人。上述の各処は前後して粥廠を置き、被災者を救済した。毎日一回、毎口二大杓の粥を配る。その中の蚌埠の一処では４ヶ月半（粥廠を）設置し、その他の各処はみな２ケ月半設置された。旧暦４月15日（５月21日）に一律停止される見込みである。
三、当地の慈善機関、主催者、経費の出所、救済の性質及び処理状況
官側の救済機関には賑済会があり、秦松亭知事及び地方人士の張霊玉によって主宰され、前後して救済事業を処理した。出費は約３万5000元で、現在は終了している。この他の蚌埠方面では、紅卍字会により恤養院が一か所設置されている。
六、当地の農民概況及び農産品の収穫、販売、価格などの状況
……年来また黄水奪淮（黄河の水が淮河に流入することを指す—引用者注）の氾濫に遭い、農地は尽く水浸しとなり、濱淮一帯では苗が水に浸かっている。収穫は少しもなく、その他の各処では２回目の麦は成熟せず、約８割程度の生育状況である[21]。

　前述の鳳陽県楊家崗村の事例のように、蚌埠一帯でも農地が淮河の氾濫に遭い、農作物の収穫に影響が出ていることがわかる。現地有力者や慈善団体が救

73

済に当たっていたようだが、多数の被災者をどこまで保護しきれていたのか、この史料からはわからない。

　1938年、1939年当時、淮河流域は中華民国維新政府の支配下にあった。1939年末から1940年にかけて、流域住民は維新政府へ3回、請願書を提出している。

　1回目は安徽省懐遠県の被災者代表賈翰城（か　かんじょう）他2名から[22]、2回目は懐遠、鳳陽、宿州、霊璧、五河、泗県、盱眙、天長各県の被災者代表[23]、3回目は鳳陽県黄家湾の代表呉幼三他6名からの請願であった[24]。いずれも淮河の氾濫により生活が脅かされているため、堤防の修復を願う内容であったが、それに加えて、1回目の請願は、安徽省政府はおこなうべき淮河の堤防修復を事業計画に入れていないと中央政府に訴えている[25]。また、3回目では、1937年に「変乱」に遭い、住民全員がよそに逃げてしまったため、翌年の淮河氾濫の際に堤防を守れなく、すべての堤防が破壊されてしまった[26]。そのため、政府に対して、住民に仕事を与えて救済とする、「以工代賑」で堤防修理にあたるべきと提言している[27]。

　これらの請願と先に引用した満鉄調査資料を併せてみると、同地域の疲弊だけではなく、1939年に限らず日中戦争勃発以降、淮河の氾濫に対して、ほぼ手つかずの状態であったことがわかる。維新政府水利総局の「工作報告」を見ると、会議記録に淮河について記されているものの、維新政府期には具体的な施策は採られていない[28]。それゆえに、安徽省政府の無策や維新政府に具体的な救済方法を提言する、積極的な請願書が流域住民から提出されたのであろう。

第2節　汪精衛政権による淮河堤防修復工事(1)―淮河北岸工事

　先述の流域住民からの請願書が提出された約3か月後、南京に汪政権が成立し、淮河流域も維新政府から汪政権の支配地域へと変わった。前述の通り維新政府期の水利執行機関は内政部所属の水利総局であったが、汪政権では行政院所属の水利委員会が設置され、維新政府水利総局のトップを務めた楊寿楣がスライドして同委員会委員長に就任している。第3章で引用した楊寿楣による施政方針（1940年4月）にあるように、当時の汪政権の水利政策で最大の課題は淮河の堤防修復であった。

また、政権内で発生している大きな課題を解決することは、汪政権が欲していた民衆の支持を獲得し、政権基盤の強化を図ることにもつながるため、汪政権としてはぜひとも成功させたい政策であった。

1　工事の準備と民工の管理

淮河堤防工事は1940年4月末から5月の測量調査より開始された。この調査は安徽省政府建設庁（以下、安徽建設庁と略称）主導でおこなわれ、同省北部の懐遠県から鳳陽県を経て五河県までの約100kmの淮河南北岸で実施された[29]。その結果、北岸で96km、南岸で91kmに亘る地域で工事が必要とされ、同年7月3日に安徽建設庁長の呉稚久が決壊部分の修復と堤防の嵩上げを盛り込んだ「淮河堤修復計画概要」を水利委員会に提出している[30]。前述したように、淮河の南北両岸で工事が必要とされたものの、工事計画では堤防の損壊状況が悪化している北岸から開始し、北岸完了後に南岸へと移行するとされた。また、その北岸は工事範囲が広大で工事にかかる時間、人力、財力に限界があるため、工期を2期に分けるとされた[31]。

作成された計画を実施するためには、工事を担う労働力が必要不可欠であるのは言うまでもない。少なくとも労働力として、約15000人が必要と、安徽建設庁は考えていたようだが[32]、では、この労働力をいかに確保し、いかなる待遇で管理しようとしていたのだろうか。

「淮河堤修復計画概要」の発表から一週間後の同年7月11日、安徽建設庁長呉稚久は水利委員会へ意見書を提出している。意見書には労働力の確保・管理について書かれてあり、この内容が本工事の労働力に関する基本線とされた。労働力の確保について、呉稚久は「徴工」という用語で以下のように記している（本稿では便宜上、「徴工」を労働者の徴集の意味で用いる。また、労働者について史料では「民工」と記していることから、本稿も史料に準ずることとする）。

　　今回実施する淮河修復工事は、資金の節減及び早急なる工事の成果が求められるため、（民工の—引用者注。以下同。）徴集を原則とする。本工事による受益者である五河、鳳陽、懐遠、霊壁4県から民工を徴集すべきと

考えており、直ちに（民工に関する）規約を制定し、各県に責任を負わせたい[33]。

　次に労働力の管理について、現地の建築業者の給与を引き合いに出しながら論じている。安徽建設庁の調査によると、現地の建築業者は1人の民工に対して、日給1元6〜8角を給与していたという。本工事の民工には、1㎡の作業ごとに3角支払うようにしたいとしている。この3角の給与は「民工の生活のため」に支給するとしているが、実際は民工の行動を懸念してのことであった。当初、安徽建設庁は「徴集した労働者」という性格から無給を検討していた。しかし、無給であることが作業に影響することを懸念して、無給案は撤回されている。また、民工の確保についても、民工の失踪を懸念しており、政府側は管理面にある程度慎重になっていた[34]。以上の呉稚久の意見書は水利委員会に提出後、承認され[35]、次に民工に関する規約が作成されている。
　呉稚久の意見書から2週間後の7月23日、安徽建設庁は民工の確保と管理を定めた「安徽建設庁堵修淮堤工程処徴用民工及管理辦法」（以下、民工管理法と略称）と「安徽建設庁堵修淮堤工程処徴用民工奨懲辦法」を行政院に提出し、承認されている[36]。本稿では次項へのつながりから、民工が徴集される過程が重要と考えるため、民工管理法のみに言及する。
　民工管理法は全14条からなり、民工の徴集方法、給与、作業チーム、宿舎、工具などについて挙げられている。本稿では徴集、宿舎、工具について見ておく。徴集の仕方は、安徽建設庁から各県に民工の徴集命令が出された後、県政府が同県内の各郷鎮へ人員を派遣し、その郷鎮の保甲長を指導する。次に保甲長が人員を集めて、名簿を作成して工程処（後述）へ送り、後日工程処から各人に集合場所や日時を通知するとされた。また、指定の集合場所は徴集された民工が居住している県内とは限らないとされている。
　宿舎については、各県に設置された工程処の出先機関が手配することとされ、小屋を建てるか付近の民家を租借して対処し、工具は各人で用意することを原則として、不足分は各県政府が補充するとした。これらの点から労働力の管理はかなりアバウトで、民工にとっては厳しい規約であったと言えよう。
　民工は上述の法律で管理されることとなったが、淮河工事を管理する機関も

必要であった。淮河工事の全統括は水利委員会、現場は安徽建設庁によって統括されたが、淮河工事を専門とする機関として、水利委員会に「安徽省淮河修復工程督察処」(以下、工程督察処と略称。1940年8月29日設置。)、安徽建設庁に「淮河修復工程処」(以下、工程処と略称。1940年5月25日に蚌埠に設置。)が設置されている。督察処は淮河工事を実施する安徽建設庁や他の機関を指導、監査し、工事に関する一切の決定権を持った[37]。人的構成は正・副主任が各1名、現場監督や視察業務を行なう督察員が5～9名、事務員、測量員、連絡員数名から構成され、水利委員会の温文緯が主任、同委員会の汪克正が副主任に就任している。工程処は工程督察処の下部組織であり、主に安徽建設庁の人員で構成され、先述の民工の管理を担当した[38]。

以上の工事計画、民工・労働力の管理、専門機関の設置をみて、淮河北岸の堤防工事は開始される。

2 工事の開始と現場の実態

1940年9月6日、淮河流域の懐遠、鳳陽、五河で工事は一斉に開始された[39]。工事の過程について述べておくと、工事開始から8か月後の1941年4月には、大方の工程が終了したと報告されている。同年5月20日には安徽建設庁で「水利工程臨時会議」が開かれ、継続的に淮河整備に努めることが審議され[40]、同年10月20日には堤防の護岸のために、3か年に亘る植樹計画案が安徽建設庁から水利委員会に提出、承認されている[41]。植樹計画案の承認から3か月後の1942年1月31日、工程督察処は廃止され、北岸第一期工事は終了している[42]。このような過程からすると、工事開始から完了まで順調に進展したように見えるが、果たして順調であったのだろうか。以下、工事現場に関する状況報告書や工程督察処からの要請書などを用いて検討していこう。

(1) 1940年10月26日の報告

工事開始からまもなく2カ月が経過しようとしていた1940年10月26日に、工程処は当時発生していた水位の上昇による浸水被害、民工や工事の状況について報告している[43]。

この頃、淮河流域では黄河からの流水のため、水位が上昇し、各地で浸水被

害が続発していた[44]。安徽建設庁によると、この水位上昇は懐遠、鳳陽、五河各県内の工事現場に影響を及ぼし、工事区域の「10分の6」が浸水被害に遭った。そのため、水が引くまで作業を停止せざるを得ないが、もし作業を停止すると再度人員の配置や測量をおこなわなければならなくなる。さらに12月、1月は地面が凍結して作業を停止せざるを得なく、再開は2月となるので、作業の一時停止か、継続かを水利委員会に問い合わせており、工事開始まもなくして、岐路に立たされていた。

　工事や民工の状況については、工事の進捗度は僅かに20分の1であり、その原因は労働力と工具の不足にあるとしている。工具は補充費が足りない上に、物価高騰が拍車を掛けており、大量に購入し、作業効率の向上に努めるべきと報告している。そのうえ、民工は現場周辺の廟に寄宿しているので、寄宿舎を建てるべきともあり、工具も不足し宿舎も整備されず、労働条件は厳しい状況にあった。

　この報告書が提出された約10日後の同年11月7日に、工程督察処は水利委員会に要請書を提出している。内容は各地で浸水被害が発生しているため、計画していた工程の縮小と一部廃止を要請するものであった[45]。また、その一週間後の11月14日には、工程督察処主任温文緯、副主任汪克正両人の名義で、「淮堤修復工程委員会」（以下、工程委員会と略称）設置案が水利委員会に提出されている[46]。設置理由は「現在の工程処で淮河工事を処理するのは難しく、様々な方々から意見をもらい、また現地の有力者と一緒に対処していくため」としている[47]。当委員会は安徽建設庁所属とし、工事の施工、設計、労働人員の徴集などを協議する機関として計画され、安徽建設庁長、同庁秘書、科長、技師、技手の他、工程督察処、工程処の正副主任、現地有力者から構成するとされた。

　これらの11月7日の要請書、14日の設置案に対する水利委員会の反応を示す史料は、確認できていない。以下、推論になるが、前述のとおり、淮河工事は損壊状況から北岸より開始され、予算や労働力などの問題から2期に分けて実施されることとなった。しかし、工事開始とともに各地で浸水被害が発生し、工具も不足し、工事の進捗は芳しくないことから、工事は縮小せざるを得なかった。その代わりに現地有力者などとの繋がりを強固にし、不備をカバーしようとする工程督察処の姿勢を示すために、工程委員会設置案が計画されたのでは

第 4 章　安徽省淮河堤防修復工事

ないのか。また、前述した1941年5月の「水利工程臨時会議」への参加者は工程委員会が計画した構成人員とほぼ等しくなっており、これらから、筆者は工程督察処が1940年11月に提案した2つの事案は承認されたと考えている。

(2) 1940年11月25日の報告

　1940年11月16日から18日にかけて、安徽建設庁長鄧賛卿（1940年9月20日就任）が蚌埠、五河の順に現場を視察し、その報告書が同年11月25日に水利委員会に提出されている[48]。蚌埠の現場を視察すると、現場で作業している民工は200余名に過ぎず、鄧賛卿が民工に「なぜこの人数だけなのか」と尋ねると、「アンペラを購入するために南京に行った」と返されている[49]。アンペラ購入の真偽は不明であるが、アンペラで建てられるはずの飯場もなく、鄧賛卿は早急に対処するよう命じ、民工の数も非常に少ないことから2000人召集するよう命じている。

　蚌埠を後にした鄧賛卿らは各現場を視察、訓示しながら五河県に向かった。五河県境付近の状況について、その周辺では3000人以上が工事に参加しており、約3週間で完成可能な箇所もある、と作業が進んでいる状況を報告している[50]。五河については工事の進捗のみの言及となっており、民工の待遇については不明であるが、民工の作業への参加状況からみて蚌埠の状況とは対照的である。

(3) 1941年2月14日の報告

　工事が開始されて5か月後に、報告書が水利委員会から行政院へ提出されている[51]。この報告書は、水利委員会が1941年1月11日に実施した各現場の視察報告を下地としてまとめられている。調査時に作業に参加していた民工は1万470人で、工事開始後、のべ48万1192人が参加し、工事の進捗度は全行程の100分の43と報告している。水利委員会は行政院へ農閑期に作業を進めたいと伝えており、さらに水利委員会から工程督察処には、進捗度が「わずか100の43にしか達していない」と文書を送っていることから[52]、工事は予定よりも遅れていた。原因は浸水被害や工具不足などの影響と思われるが、労働力不足が伝えられていた状況と工事の進捗度から考えると、報告書にある工事参加者の数字には疑問を感じざるを得ない。

79

(4) 1941年5月9日の報告

　安徽建設庁長鄧贊卿は、1941年4月15日から5月5日かけて、2度目の視察をおこない、報告書をまとめている[53]。

　この報告によると、懐遠、靈璧、五河では前年10月に起った浸水被害の修復工事も終わり、計画の大部分が終了したとある。しかし、鳳陽県は事情が異なり、連日の大雨による増水、汪政権の軍隊とみられる「建国軍」による「共匪」討伐の影響により、民工が散らばり、工事が遅延していると指摘されている。その他、工事を巡る地域住民との争いも報告されている。これは五河の現場で発生したもので、河水の逆流を防ぐ目的で堤防を造ろうとして、現地の有力者と争いになったとある。どのように収拾が図られたか不明であるが、報告書では強制的に実施することはできないとまとめられている[54]。

　以上、4つの報告書から淮河北岸工事の状況をみてきた。それぞれの報告より、各地で民工や工具が不足する事態となっており、その追い打ちをかけるかのように、浸水被害の発生や軍事作戦による影響で工事が進まない、まさに皮肉な状況にあったといえよう。民工の待遇面についても、飯場や宿舎などが整備されず、決して良好な環境での作業とはいかず、非常に厳しい状況下で工事は実施されていたのである。

第3節　汪精衛政権による淮河堤防修復工事(2)―淮河南岸工事

1　南岸工事の準備

　前節で述べたように、淮河の堤防工事は、1940年9月から北岸で開始され、計画では北岸完了後、南岸に着手するとしていた。1942年1月末に北岸第一期工事を終えていたが、第二期工事は「工事が難しく、費用が巨額である」として、ほとんど実施されず[55]、そのため、南岸工事も未着手のままであった。

　1942年7月3日、安徽省政府は水利委員会へ南岸工事に関する文書を送っている[56]。この文書は、安徽建設庁長馬驥材（ばきざい）（1943年就任）からの南岸工事を要請するものであった。

第4章　安徽省淮河堤防修復工事

　具体的な日時は不明であるが、馬驥材は安徽省懐遠渦河口から靈璧・鳳陽を経由して五河棗林庄までの淮河南岸を視察し、南岸堤防の損壊状況を確認した。状況は北岸よりも深刻で、大半の堤防が損壊していたとしている。水利委員会は経費に限界があるとして、北岸第二期工事を進めていないが、南岸沿いの各県長や地域有力者がたえず、工事の問い合わせに来ているので、工事計画の順番を変更して、南岸の工事も進めるべきである。もし工費を要請できないのであれば、淮河流域の数百里に亘る田畑や数百万の人命・財産が失われてしまう、と早急な工事の必要性を説いている[57]。安徽省政府は以上の馬驥材からの意見を踏まえて、水利公債や国債を用いて、工費を捻出し、南岸の工事を開始するよう水利委員会に要請している[58]。

　以上の安徽省政府からの要請をきっかけに、行政院は水利委員会に南岸工事計画案の提示を指示し、水利委員会は安徽建設庁に「三十一年度下期水利工程計画」を提出させている[59]。安徽建設庁はその計画書や概算表の中で、淮河の北岸第二期工事、南岸工事、長江の堤防工事を挙げて、全工費として500万元を提示したが、水利委員会は14万元しか補助できないと回答している[60]。その回答に安徽省政府は、あまりに補助額に差がありすぎると水利委員会に文書を送り[61]、最終的には行政院から安徽省に、自分たちで工面するよう命じられている[62]。以後、水利委員会は14万元の補助費を淮河南岸工事費にすると安徽建設庁に伝え、経費問題は一応、「決着」し[63]、同年11月に南岸堤防の実地調査が行われ、南岸工事は開始される運びとなった。

　南岸堤防の実地調査は、水利委員会技正陶齋憲によって、11月7日から24日まで、臨淮関を中心として西は懐遠塗山角から蚌埠を経由して、東は老観集までの約66kmの区間で実施された。陶齋憲によると、「堤防修復工事を民間は歓迎しており、測量していると人民が出迎えてくれ」て、「丁重にいつ工事は開始されるのか、いつ完成するのかと尋ねてきた」という[64]。

　同年11月30日に提出された陶齋憲の報告書は堤防の状況を中心に、水門や支流、田畑や灌漑状況について、実地調査や住民からの聞き取りによりまとめられている。報告書によると、各地域とも被害は受けているものの、堤防の損壊がひどく、田畑への被害が及んでいる地域は臨淮関から西に向かう瑠璃岡まで（約6km）、臨淮関から東に向かう老観集まで（約19km）の区間に集中してい

る。そのため、損壊状況が甚だしい地域の工事を中央政府が担当し、被害が軽微な地域は地方政府が担当すべきとしている。

損壊がひどい晏公廟（あんこうびょう）や和尚庵などの地域と被害が軽微な蚌埠周辺を比較すると、蚌埠周辺では県政府[65]や住民たちが堤防修理をおこなったとある一方、晏公廟や和尚庵では被害状況のみで住民などによる修理について、言及されていない[66]。第1節で言及した住民代表が維新政府の下に請願に来た黄家湾もこの地域にあたり、住民が逃げて堤防を守れなかったと述べていることから、当地域の被害状況が裏付けられる。また、陶齋憲は住民たちが自発的に堤防修理にあたった事例から、「農民にとって堤防の荒廃は切実であり、事業を唱導する人が公正で、腕利きで、名声があり、賞罰をしっかりすれば、みなが協力して事業は成功しやすくなる。民間の力には限りはないので、うまく使うべし」と提言している[67]。

陶齋憲の報告書で指摘されているように、被害が深刻な区間として、臨淮関から瑠璃岡まで（以下、臨琉段と略称）と晏公廟から老観集まで（以下、晏観段と略称）の二区間で南岸工事は開始されることになる。

2 南岸工事の関連組織と民工の徴集について

ここで南岸工事の監督組織と民工の徴集について見ておこう。

（1）監督組織

後述するが、南岸工事は1943年1月5日に臨琉段から開始されているが、同年1月1日に、臨琉段の工事を管轄する「安徽建設庁徴工修復淮河南堤臨琉段工程処」（以下、臨琉段工程処と略称）が成立している[68]。南岸工事の監督組織として設置されたのは当初、この臨琉段工程処のみであった。

臨琉段工程処の組織法である「安徽建設庁徴工修復淮河南堤臨琉段工程処辦法」（以下、「臨琉段工程処辦法」と略称）によると、トップ（「当然監督」）は安徽建設庁庁長ではあったが、工事を監督する「督察主任」が水利委員会から派遣され[69]、中央と同工程処との連絡役を担った。この督察主任には、南岸の実地調査を担当した陶齋憲が就任している。

安徽建設庁は同年2月になると、実地調査で被害が深刻とされた晏観段の工

第4章　安徽省淮河堤防修復工事

事も開始すると建設部に報告している[70]。晏観段での工事開始に伴い、工事区域は臨琉段と晏観段の二区間となり、両区間の工事を監督する組織として、建設部水利署に「督察淮河南堤工程辦事処」（詳細な成立日不明。以下、南岸督察処と略称）、安徽建設庁に「徴工修復淮河南堤工程処」（以下、南岸工程処と略称）が1943年3月11日に成立し、南岸工事の監督を担った臨琉段工程処は南岸工程処と合併している。

さらに、晏観段の区間にある乾溝閘と柳溝閘では閘門工事を実施するとして、「修理淮河乾柳両閘工程事務所」が設置されている[71]。臨琉段工程所の督察主任であった陶齋憲は南岸督察処主任・修理淮河乾柳両閘工程事務所の副主任も兼任した。

（2）民工の徴集

工事を担う民工の徴集方法も北岸工事と同じく、工事による受益者となる地域から徴集するとしたが、南岸工事では、臨琉段、晏観段ともに主な受益者となる鳳陽県政府が担当機関となっている。担当機関は同じでも、この二つの工事区間の徴集方法はそれぞれ異なっていた。徴集方法について重点的に見ておきたい。

臨琉段工程処の組織法である臨琉段工程処辦法によると、工事を監督する「工程主任」の他に、民工を集める「徴工主任」が置かれ、主任は鳳陽県県長が兼任して、副主任は県政府が選抜した1名、委員は県政府が委任した地方有力者3名を置くこととされている[72]。作業チームとして、40名で一排として、10排で一集とするとされ、各排には1名排長が、各集に1名集長を置くとされた。他に民工への給与として、1㎡の作業ごとに1元支払うこととされている。

臨琉段の民工の管理方法については、「安徽建設庁徴工修復淮河南堤臨琉段工程処徴用民工曁管理辦法」（以下、「臨琉段民工管理辦法」と略称）で規定された。民工の徴集は安徽建設庁から民工の徴集命令が出された後、県政府は同県内の各郷鎮へ人員を派遣し、その郷鎮の保甲長を指導する。保甲長は人員を集めて、名簿を作成して工程処に送り、工程処から各人員に指定の工事現場が通知されるという、北岸工事とほぼ同様の流れであった[73]。

一方、晏観段でも鳳陽県政府が民工の徴集を担当した。しかし、「臨琉段工

83

程処辦法」や「臨琉段民工管理辦法」で規定されたような作業チームの編成や名簿作成はおこなわず、保甲制度を用いて、各区の保甲長自らが民工を連れて工事現場に行き、監督するとした。各保甲長は鳳陽県政府に対して、工事に関する保証書を提出し、もし工事が遅延したら、その保甲長が責任を負うこととされた[74]。

二つの工事区間を比較してみると、臨琉段では作業チームの編成や民工の名簿作成などが規定されたものの、晏観段ではそのような規定が取り払われている。その一方で、民工の徴集方法において、保甲制度を強く援用しようとしている。臨琉段でも保甲長に一定の役割は課せられたものの、晏観段では保甲長が民工を率いて工事現場に行き、工事遅延の責任を負わされるなど、保甲長の責任が明らかに重くなっていたのである。

では工事はどのように展開されていったのか、以下見ていくこととする

3　南岸工事の状況

北岸工事は各地で一斉に工事が開始されたものの、南岸工事は1943年1月5日に臨琉段から開始されている。安徽建設庁が建設部に、1943年2月に臨琉段の完成を待たずに、晏観段の工事も開始すると述べていることから[75]、当初の計画では臨琉段の完了を経て、晏観段に取り掛かろうとしていたと考えられる。晏観段も2月中旬に工事が開始されている。

臨琉段の工事開始から2週間しか経たない1月19日に、臨琉段督察主任の陶齋憲は水利委員会に、200余名しか民工が集まらず、工事が進んでいないと報告している[76]。その報告のなかで、陶齋憲は民工が集まらない理由として、①臨琉段区域の人口は少なく、徴集できても数百名程度であること。②寒さが厳しく、農暦の年末でもあることの2点を挙げている[77]。

陶齋憲の報告から数日後、鳳陽県の住民代表から請願書が提出されている。水利委員会宛てに鳳陽県第三区臨淮鎮鎮長呉傲寒(ごごうかん)ら他5名の連名で提出された請願書は、南岸工事の延期を要請するものであった。その理由として、「臨淮の人民は商業関係者が多く、郊外の農戸は少ない」こと、「寒さで泥土が鉄石のように凍り、作業が妨げられ、工具も壊れてしまう」と作業を担う農民が少なく、作業ができないほどの厳寒であることを挙げて[78]、少し寒さが和らぐ陰

暦2月までの工事延期を要請している。また、民工の待遇にも言及しており、宿舎もなくアンペラ小屋を建てて寒さをしのぐしかないとあり[79]、北岸工事と同様に、現場の作業環境は厳しい状況にあった。

工事を一刻も早く進めたい水利委員会であったが、民工の徴集が難しいとなると作業を続行するわけにはいかず、陶齋憲の報告や地域住民からの請願を受け、工事は2月中旬まで一時中断となり、2月15日より再開されている。まだ開始されていなかった晏観段の工事も、2月中旬に開始されたが、一部分（晏公廟〜和尚庵の約4.5km）は3月に入ってからの開始となっている。

2月15日に工事が再開された直後は、同年1月上旬とは異なり、天候がよく、多くの民工が工事に参加していたと史料から確認できる。見通しが立ったためか、同年2月19日に安徽建設庁庁長の馬驥材は、工事完成期日として、臨琉段は同年3月15日までに、晏観段は5月末を予定していると建設部に報告している[80]。臨琉段については完成予定まで一カ月ない状況での報告だけに、工事の進捗は順調と見込んでいたのであろう。

しかし、蓋を開けてみると、実際の状況は大きく異なっていた。臨琉段の完成予定日であった3月15日に南岸督察処は水利署に、民工の人数は一日約2700人、進捗度は予定の半分しか進んでいないので、早期の完成をめざすと報告している[81]。また、3月29日には南岸督察処、安徽建設庁それぞれが建設部水利署に、臨琉段・晏観段の進捗状況を報告している。報告内容は臨琉段の進捗状況は予定の7割ほどで、降雹被害と長雨により、工事が一時中断していること、晏観段は2月から工事が開始された区間では7割、3月から開始した区間では3割の進捗状況と説明し[82]、臨琉段・晏観段ともに5月中旬までに完成させるとしている[83]。

南岸督察処や安徽建設庁は早期の完成をめざすとしたものの、4月以降も一向に工事が進む気配は見られなかった。4月末になると、南岸督察処は水利署に「民工が少なく進展はとても遅く、何度督促しても効果は少な」い。工事が遅延しないように、「安徽建設庁に計画を進めるよう命令することを請う」[84]と報告するまでになり、3月末時点での完成目標であった5月中旬になっても、全体の進捗度は6割程度に過ぎなかった[85]。

民工が集まらず、工事が進まない状況をみて、南岸督察処は同年6月3日に

以下のような文書を水利署に提出している。

> 淮河南岸工事の期限はすでに過ぎておりますが、まだ完成しておらず、農繁期となり工事は停頓しています。いかに補えばよいのでしょうか。願わくは、安徽建設庁に本年の氾濫の時期に危険の発生を免れるように、計画を決定するよう命じていただきたく思います。本処が成立して3か月経ち、経費はすでになくなりました。現在、工事は停頓しており、督察員が現場に駐在する必要はないので、本処の組織は今月10日に先行して終了として、臨時職員は解散させる予定です[86]。

民工が集まらず工事も停頓し、監督する必要もないため、組織を解散するという事実上の工事終了を宣言するものであった。水利署はこの南岸督察処からの文書を受理し、同年6月10日に同処の業務は終了している[87]。南岸督察処が提示したように、民工の徴集が不可能な状況となり、工事が停頓したまま、南岸工事は終わりを告げ、汪政権による淮河堤防修復工事は完了することなく、終了したのである。

小結

本章は、日中戦争期に汪政権によって実施された安徽省淮河堤防修復工事について、考察を進めてきた。考察した内容をまとめると、以下のようになる。

1932年に国民政府最大の公共事業として開始された導淮事業は、淮河の堤防工事や運河開鑿工事など、多くの人民を徴集して展開された。しかし、1937年に日中戦争が勃発すると、淮河流域も日本軍の占領下に置かれ、導淮事業は停止を余儀なくされている。1938年になると、日本軍の進撃を止めるべく、国民政府軍が黄河の堤防を爆破する出来事が発生した。爆破された黄河の堤防は決壊し、黄河の水は南下を始め、淮河にまで到達し、淮河流域では増水被害が発生していた。当時、安徽省淮河流域は中華民国維新政府の支配下にあり、流域住民から救済を求める請願書が届いていたものの、具体的な対応は採られなかった。

第4章　安徽省淮河堤防修復工事

　1940年に汪政権が成立すると、同政権は本格的に淮河工事に乗り出していった。その理由は汪政権の水利政策の課題が淮河の堤防修復であったためでもあるが、背景には工事の実施による政権基盤強化を狙ったためでもあった。そのため、工事に関する大枠は策定された上で北岸工事から開始したが、民工が集まらず、工具は基本的に自己調達で、宿舎も設置されることはなかったため、厳しい状況での作業が強いられたのであった。また、作業中に増水被害や軍事作戦に見舞われ、集まった民工が四散したため、作業の進捗は芳しくなかったものの、1942年1月末に北岸工事は終了している。

　北岸工事後に実施される予定であった南岸工事は、予算の都合上、すぐに開始されず、安徽省政府や流域住民からの要望を受け、何とか1943年1月から開始されている。堤防の損壊箇所がひどいところを重点的におこなった南岸工事であったが、民工の待遇も北岸工事同様で、改められず、徴集も難しく、工事が進まなくなったため、完了をみることなく、南岸工事の終了とともに汪政権による淮河堤防工事は1943年6月に終了したのであった。

　以上、本章で見てきたように、汪政権による安徽省淮河堤防修復工事は、1938年以降、手つかずになっていた増水被害に対し、具体的な措置をとったという点では、評価に値すると筆者は考えている。当時、水利政策の課題とされるまでに深刻化していた淮河の増水被害という政権内に存在していた不安定要素を解消することで、民衆からの支持を得ようとするためには、重要な施策であった。

　しかし、汪政権が増水被害の解消をめざして策定した大枠は、実態とは大きく異なるものであった。それは民工の管理に表れている。工具は自分持ちとされ、宿舎は工程処が手配するとされたが、実態は工事現場周辺の廟やアンペラ小屋に寝泊まりするような状況に置かれたのであった。南岸工事に至っては宿舎に関する規定もなかったのである。民工が集まろうとしないのも不思議ではなかった。

　臨琉段督察主任の陶齋憲が水利委員会への報告の中で、民工が集まらない理由として、①工事区域の人口が少ないこと、②厳寒かつ農暦の年末であることの2点を挙げたことは、すでに既述した。実はその後に、陶齋憲が聞いたこととして、次のような一文が付されていた。「農民たちは食事や宿舎もないこの

作業を嫌なことと見ていると聞いた」[88]。民工が集まらない理由は、陶齋憲が挙げた人口や天候、農暦よりも、農民たちのこの作業への視線にあったのではないだろうか。民衆からの支持を獲得し、政権基盤構築を願う汪政権にとって、政権下の厳しい実態を目の当たりにさせる一文である。

民工が集まらずに、作業が停頓したまま終了した淮河工事は、1943年6月中旬以降、大雨などによる応急措置としての臨時的な工事が実施されることがあっても、汪政権下で再び北岸・南岸工事のように大規模な工事が展開されることはなかった。

1) 黄麗生『淮河流域的水利事業（1912-1937）─従公共工程看民初社会変遷之個案研究』（国立台湾師範大学歴史研究所、1986年）。
2) 水利部治淮委員会《淮河水利簡史》編写組『淮河水利簡史』（水利電力出版社、1990年）。
3) 汪漢忠「試論南京国民政府の"導淮"」（『民国研究』2005年第8輯）147～156頁。
4) 本稿では中国語訳された著作を参考にした。戴維・艾倫・佩茲著・姜智芹訳『工程国家 民国時期（1927-1937）的淮河治理及国家建設』江蘇人民出版社、2011年。
5) 淮河の歴史については、鄧肇経『中国水利史』（上海書店、1984年〔1939年版の復刻版〕）、沈百先などにより台湾で編集された『中華水利史』（中華文化復興運動推行委員会・「中国之科学與文明」編譯委員會編・沈百先・章光彩等編著、台湾商務印書館、1979年）で、中国の水利史全体における淮河の洪水対策や灌漑事業について概説的な説明をしている。
6) 同上、15～17頁。
7) 同上、290～296頁。
8) 同上、293頁。
9) 導淮委員会は「淮河流域全体の測量、浚渫、水道の改良、水利の発展及び一切の資金調達、施工事務を担当」する組織として、蒋介石を委員長として1929年に成立している。事業が開始されたのは1932年になってからであった（中国国民党中央委員会党史委員会編『革命文献 第八十一輯 抗戦前国家建設史料 水利建設（一）』中央文物供応社、1979年、363～365頁）。
10) 前掲、『淮河水利簡史』302～306頁。中国国民党中央委員会党史委員会編『革命文献 第八十一輯 抗戦前国家建設史料 水利建設（二）』（中央文物供応社、1980年）85～87頁。
11) 具体的な予算規模は確認できないが、1931年の「導淮工程計画」では5年間の工費を49,540,500元と見込んでいる。また動員された詳細な人数は未確認であるが、最も動員数

第 4 章　安徽省淮河堤防修復工事

　　が多かった海への水路開闢工事には最大で30万人が動員されたとしている（前掲、『革命文献八十一輯　抗戦前国家建設史料 水利建設（二）』85～87頁、350～351頁）。
12)　同上、345～358頁。
13)　前掲、『淮河水利簡史』287頁。
14)　汪漢忠「試論南京国民政府的"導淮"」（『民国研究』2005年第8輯）147～156頁。
15)　黄河堤防が爆破された日時は史料によって異なっているため、本稿では6月上旬とした。ちなみに『淮河水利簡史』では6月9日（前掲、『淮河水利簡史』）、日本軍が現地住民の聞き取りをもとに作成した史料には6月6日（「黄河決潰口偵察報告送付の件」JACAR（アジア歴史資料センター）Ref.C04120748100 昭和14年2月11日「陸軍省―陸支密大日記―S14－7・96」（防衛省防衛研究所）とある。
16)　「黄河に関する件」JACAR（アジア歴史資料センター）Ref.C04120764800 昭和13年6月17日「陸軍省―陸支密大日記―S14－12・101」（防衛省防衛研究所）。
17)　1938年の黄河決壊の修理が完成したのは1947年になってからのことであった（前掲、『淮河水利簡史』307～309頁）。
18)　井田三郎「鳳陽縣楊家崗村農業事情」（『満鉄調査月報』昭和十五年四月號 第二十巻第四號）216～217頁。
19)　1940年5月に振務委員会が実施した調査は、江蘇省、浙江省、上海市の被災者について調査し、その施策として米の放出を図ることを目的としていた（中国第二歴史档案館所蔵「録案函請方陳王茅各委員分赴上海江浙両省実施調査災民状況，並函江浙省政府査照接洽由」（『本会調査安徽省蚌埠一帯災振報告和上海一般災民．状況及振務情況報告〔1940・5～6〕』汪偽賑務委員会史料 全宗号：2076 案巻号：572））。
20)　同上。「調査大綱」には、被災者の概算や収容、その状況、米の放出状況、現地社会の有力者についてなどの10の基準が設けられていた。
21)　「為奉筋調査蚌埠一帯災振情形填具報告請鑒核由」（『本会調査安徽省蚌埠一帯災振報告和上海一般災民．状況及振務情況報告〔1940・5～6〕』）。
22)　「咨為事院令拠安徽懐遠縣災民代表賈翰城等請修淮堤一案」（水利総局→行政院 1939年12月16日『安徽省懐遠縣代表賈翰城等請修淮堤』28-05-04-116-02）。
23)　「拠懐遠災民代表賈翰城等呈請撥欵修補淮堤決口一案除令安徽省政府外抄発原呈令仰知照」（行政院→水利総局、1939年12月29日、同上。）
24)　「呈請撥欵以工代賑補修淮堤黄家湾大壩等缺口以救災荒由」（鳳陽縣黄家湾人民代表呉幼三等→水利総局 1940年1月20日、同上。）
25)　一度目の請願以降、安徽省政府は堤防修理を計画に取り込んだことを中央政府に伝えている（「為安徽懐遠災民代表賈翰城等呈請撥欵現欵補修淮堤一案業経令拠建庁列入二十

89

九年度整個計画咨送査照在案希迅予核辦」安徽省政府→水利総局 1939年12月23日、同上）。

26) 関連する部分の原文は以下の通り。「呉幼三等数百家田廬生命之重要、可以概見民国二十六年遭逢變乱、鳳陽地面適当要衝。呉幼三等壩内人民全数逃亡外出、故去年夏際淮河泛漲、又加黄流灌入水勢浩大而風浪驟起防守、又無人力。呉幼三等黄家湾大堤全堤破壊数百頃良田咸成澤国数百家廬舎、亟在水郷兵禍之後、継以水災則人民之困苦顛連災害状況、雖絵鄭侠之図、亦不能描写其形像矣。」（同上）

27) 関連する部分の原文は以下の通り。「呉幼三等痛定思痛為未雨綢繆之謀、作亡羊補牢之計、已代表人民向本省政府曁賑済会、各慈善機関、呼籲哀懇賑済人民以工代賑補修淮堤為根本解救之善策近閲報章。」（同上）

28) 「二十八年十月二日上午十時第一次局務会議紀録」（『工作報告』28-05-04-020-01）。

29) 当初、測量調査は安徽省の淮河流域全域を対象としていたが、治安の関係により懐遠県から五河県までの調査に留まった（「本会工作報告 五月分工作報告 督同安徽建設庁勘測淮堤」経済部門檔案／汪政権／水利署／業務 28-05-04-082）。

30) 「為呈送堵修淮堤工程図表等仰祈鑒核由」（安徽省建設庁→水利委員会 1940年7月3日、『修復安徽省淮堤工程総巻』28-05-04-103-01）。

31) 2期に分けられた工期内容は、1期目に堤防の修復と3mの堤防構築、2期目には1期目に構築された堤防を1.2m嵩上げするとされた（「呈請撥発修復安徽省淮河堤岸工程経費附送予算図表章則等件祈鑒核由」安徽省建設庁→水利委員会、同上）。

32) 「呈浚関於堵修淮堤工程筋令核浚三点並編送修堵淮堤北岸分□工程経費予算分析鑒核由」（安徽建設庁→水利委員会、同上）。

33) 引用箇所の原文は以下の通り。「査此次辦理淮河復堤工程為節省公帑及求速効起見、自以征工為原則、惟本段工程受益県分為五河、鳳陽、懐遠、霊璧等四県応征民夫、擬即訂定章則、責成各該県負責辦理。」（「為臚陳淮堤工程之意見祈核示由」（安徽建設庁→水利委員会同上）。

34) 前掲、「為臚陳淮堤工程之意見祈核示由」。

35) 「為拠該省建設庁呈送堵修淮堤工程図表予算、並摺呈徴工困難情形仰祈核奪除面示及指令筋遵外、□査照由」（水利委員会→安徽建設庁 同上）。

36) 「為呈送堵修淮堤征用民工管理辦法曁奨懲辦法各一□乞鑒核示□由」（安徽建設庁→行政院同上）。

37) 「修復安徽省淮堤工程督察処組織暫行章程曁督察暫行辦法」（安徽建設庁→水利委員会同上）。

38) 「為続擬堵修淮堤工程処施工細則呈報核示由」（安徽建設庁→水利委員会、同上）。

39) 南京で発行されていた『南京新報』でも、安徽省で淮河工事が開始されたことが報道さ

第 4 章　安徽省淮河堤防修復工事

れている（「水利委員会　督修皖省淮堤」『南京新報』、1940年9月8日）。
40）1941年5月20日の水利工程臨時会議は、水利委員会、淮河工事関係者、工事地域の県長や蚌埠商会長なども参加して開催されている。会議では淮河整備の他に、環境問題も審議されている（「安徽建設庁水利工程臨時会議記録」『修復安徽省淮堤工程総巻（三）』28-05-04-103-03）。
41）「拠建庁遵令将沿淮四県堤岸植樹計画内増叙官民合作一層并擬具安徽省奨励人民造林暫行辦法呈送鑒核示遵等情業経省委会決議通過除指令□飭沿淮四県遵辦并分別呈咨外咨請査照備案由」（安徽建設庁→水利委員会、同上）。
42）「拠艶電報該処遵於一月底結束、並辦理情形指令准予撤銷、以資結束由」（『修復淮堤工程督察処』28-05-04-099-03）。
43）「為摺呈淮堤工程各段状況曁善後辦法以及工程経費問題祈鑒核示遵由」（淮河修復工程処→水利委員会 1940年10月26日『修復安徽省淮堤工程総（二）』28-05-04-103-02）。
44）1940年10月14、20、22、29日付の『南京新報』でも淮河の増水が報じられている。
45）「呈為堵修淮堤工程処帰併工段曁分派駐工督察員各縁由呈報備查由」（淮河修復工程督察処→水利委員会〔呈文〕1940年11月7日 前掲、『修復淮堤工程督察処』）。
46）「為皖建庁擬組織修復淮堤工程委員会□員策劃及調査等責職等已接受聘函為聘任委員理合検同簡章函陳鑒核由」（淮河修復工程督察処→水利委員会 1940年11月7日『修復淮堤工程督察処雑類』28-05-04-099-04）。
47）淮堤修復工程委員会の設置理由に関する記述は以下の通り。「安徽建設庁当局、以淮堤工程艱鉅困難、原有之工程処人力薄弱、恐不足以応付、茲為集思廣益、並聯絡当地士紳共策進行起見、擬組織修復淮堤工程委員会」同上。
48）「為呈報視察淮堤工程経過情形由」（安徽建設庁→水利委員会 前掲、『修復安徽省淮堤工程總（二）』）。
49）同上。
50）五河県の状況に関する原文は以下の通り。「抵五河県境順興集迄西、順興集蘆林窪三段、現有民伕三千余人。正従事復堤工作、甚為勤奮邵台子鄧台子之間、亦有四百五十人在堤工作、大約三星期可以完工。」同上。
51）「為呈報督修皖省淮河堤岸工程進行情形仰祈鑒核□查由」（水利委員会→行政院、前掲、『修復安徽省淮堤工程總（三）』）。
52）「為淮堤各段工程応乗農隙時期、加緊進行電仰転飭遵辦督促辦理由」（水利委員会→淮河修復工程督察処、同上）。
53）「為呈報躬親出発視察復堤工程及就便考察沿堤植樹成績経過各情形仰祈鑒示祗遵由」（安徽建設庁→水利委員会、同上）。

54) 同上。
55) 「為拠建設庁瀝陳淮河南岸堤埝亟応興修以水防患祈鑒賜呈咨迅予復估撥款興修等情除轉呈行政院并指令外相応咨請貴会査照見復由」(1942年7月3日 安徽省政府→水利委員会『興修淮河南岸埝総巻』28-05-04-127-01)。
56) 同上。
57) 内容に関する本文は以下の通り。「南岸堤工関係重要、若不及時請欵修復, 則沿淮数百里田禾廬舎数百萬人民生命財産将不免陸沉之禍、實與国計民生所関極鉅、廳長職責所在寝寐不安所有淮河南岸堤埝亟応請欵興修縁由」。(同上)。
58) 上海市の事例を挙げて、工費の調達を要請している。関係部分の原文は以下の通り。「先後咨囑、援上海市咨部呈准発行市政公債一千萬元先例以地方増加畝捐、或其他附捐為担保発行水利公債或庫券以資挙辦一節。」(同上)。
59) 「為呈送擬具本省三十一年度下期水利工程計画暨總分概算表仰祈鑒賜呈咨撥款興修由」(安徽建設庁→水利委員会、同上)。
60) 「為准咨送三十一年度下期水利工程計画暨總分概算表轉請量予撥款興工等由咨復查照由」(水利委員会→安徽省政府、同上)。
61) 「為拠建設庁呈奉水利委員会令知三十一年下期本省水利工程補助費数目與事實相差太鉅請轉呈咨撥款俾資興辦等情除指令暨轉呈外可否併賜呈准在国家収支総概算経済建設予備費項下動支請核辦見復由」(安徽省政府→水利委員会、1942年8月26日、同上)。
62) 「拠安徽省政府呈為拠建設庁呈送擬具本省三十一年度下期水利工程計画暨総分概算表祈鑒核等情指令及轉咨外呈請賜量予撥款興工等情令仰知照由」(行政院→水利委員会、1942年9月5日、同上)。
63) 「拠呈復皖建庁呈復擬収下半年水利工程補助費十四万元移作堵修淮河南岸決口経費祈核示等情知照由」(水利委員会→安徽建設庁、1942年11月13日、『徴工淮河南堤臨琉段工程処』28-05-04-128-02)。
64) 原文は以下の通り。「復堤工程頗為民間所歓迎、此次測勘進行人民聞訊相率来迓者、日必□起至、則殷殷探詢何時能開工、何時能官完成。」「勘測淮河南堤報告書 民国三十一年十一月」(技正陶齋憲→水利委員会、前掲、『興修淮河南岸埝総巻』)。
65) 県政府の他に、日本の興亜院が協力したと報告書に記されている。(同上)。
66) 同上。
67) 関係個所の原文は以下の通り。「是堤埝興廃関係農民切身之利害、苟倡導者能公正、能幹辣有物望有奨懲、則登高一呼、衆擎易挙、民間人力無窮、要在善用之耳。」(同上)。
68) 「為呈報督察員沈洪平到蚌日期茲経派往臨淮関駐工就近督察由」(技正兼修復淮河南堤臨琉段工程督察主任陶齋憲→水利委員会・安徽建設庁、1943年1月7日、前掲、『徴工淮

河南堤臨琉段工程処』）。

69）「安徽建設庁徵工修復淮河南堤臨琉段工程処辦法」（同上）。
70）「為就奉准工款範圍擬具徵工修復淮河南堤晏観段工程計畫暨概算等件呈請核示祇遵由」（安徽建設庁→建設部、1943年2月9日、前掲、『徵工修復淮河南堤晏観段暨特設閘板工程処』28-05-04-128-04）。
71）晏観段の工事開始に伴い、工程処と乾溝閘、柳溝閘の閘門工事に関する組織法の草案が提出されたが、晏観段工程処が設置されることはなかった（同上）。
72）前掲、「安徽建設庁徵工修復淮河南堤臨琉段工程処辦法」（前掲、『徵工淮河南堤臨琉段工程処』）。
73）「安徽建設庁徵工修復淮河南堤臨琉段工程処徵用民工暨管理辦法」（同上）。民工の徵集以外では、工具は自前で準備することとされた点は北岸工事と同様であった。
74）民工の徵集に関する原文は以下の通り。「四、工人徵集　由鳳陽県政府負責督区按照受益田畝徵集六千至八千人分段同時並挙最低限度以毎人毎日一公方計限五十個晴天全部完成至遅不得逾五月底，其到工伕不編排集不造名冊運用保甲制度由各区責成本段保甲長親身到工督率同時並由縣政府対建設庁出具切結各区対縣府各保対各区遞具切結，如有延誤惟出結人是問。」（「安徽建設庁徵工修復淮河南堤晏観段暨特設閘板工程処辦法草案」前掲、『徵工修復淮河南堤晏観段暨特設閘板工程処』。）
75）「為就奉准工款範圍擬具徵工修復淮河南堤晏観段工程計畫暨概算等件呈請核示祇遵由」（安徽建設庁→建設部、1943年2月9日、同上）。
76）「為呈報淮河南堤臨琉段工程民工難以徵集縁由擬請令飭皖建庁将該工程限期辦竣由」（督察主任陶齋憲→水利委員会、1943年1月19日 前掲、『徵工淮河南堤臨琉段工程処』）。
77）同上。
78）「為奉令修築淮堤疏浚支河時値天寒地凍窒礙工作懇恩展緩時期祈核示由」（鳳陽県第三区臨淮鎮鎮長呉傲寒他→水利委員会、1943年1月21日、同上）。
79）同上。
80）「為淮堤工程事」（安徽建設庁庁長馬驥材→建設部、1943年2月19日、同上）。
81）「為呈報淮河南堤臨琉段工程進度情形由」（督察淮河南堤工程辦事処→建設部水利署、1943年3月15日、同上）。
82）晏観段の一部区間で工事区域の誤認があり、区域の確認を行なう必要があると記されている（「為轉報淮河南堤晏観段工程進度情形仰祈鑒核備査由」安徽建設庁→建設部、1943年3月29日。前掲、『徵工修復淮河南堤晏観段暨特設閘板工程処』）。
83）「為呈報淮河南堤工程進度情形由」（督察淮河南堤工程辦事処→建設部水利署 1943年3月29日、『督察淮河南堤工程辦事処』28-05-04-128-01）。

84)「為呈報事篠代電遵称情形関於測費擬請另籌滙発再近日堤工民伕寥落進展甚緩轉請令飭皖建庁切実策進免致延誤由」(督察淮河南堤工程辦事処→建設部水利署 1943年4月28日、同上)。
85)「為呈復測算淮河南堤未成土方事竣検附土方現状表一份仰祈鑒核備査由」督察淮河南堤工程辦事処→建設部水利署、1943年5月13日、同上)。
86)「為淮河南堤工程限制已届當未築竣擬請部令飭皖建庁妥定計劃以免本年汛期発生危險再督察□擬於本月十日先行結束至尚蚌辦理結束人員所需旅費并請准在本署旅費項下覈実支報道是否可行祈電令□遵由」(督察淮河南堤工程辦事処→建設部水利署、1943年6月3日、同上)。
87)南岸督察処は1943年6月10日に業務を終えたものの、督察主任であった陶齋憲と督察員の樊魯生が臨淮関から蚌埠に移動して、残務処理にあたっており、しばらく組織自体は残された。陶齋憲らがいつまで職務に当たっていたのかは不明であるが、史料によると、1945年まで使われていない淮河工事に関する一室が蚌埠医院に残っていたようである(「為准咨復蚌埠医院請遷譲房室一案、相応先抄附該庁原函復請轉飭切實査明申復、否行過部再行核辦由」建設部→安徽省政府 1945年2月15日、同上)。
88)前掲、「為呈報淮河南堤臨琉段工程民工難以徴集縁由擬請令飭皖建庁将該工程限期辦竣由」(督察主任陶齋憲→水利委員会 1943年1月19日、前掲、『徴工淮河南堤臨琉段工程処』)。

第5章　江蘇省呉江県龎山湖灌漑実験場「接収」計画

はじめに

　本章では、1940年から1944年にかけて水利政策の一環として実施された、ある灌漑施設の「接収」計画について考察する。ある灌漑施設とは、江蘇省呉江県龎山湖灌漑実験場（後述。以下、龎山湖実験場と略称）のことで、もともと国民政府によって建設されたのだが、日中戦争後、日本の管理下に置かれていた。汪政権では政権成立まもなくして、米不足が発生し、その打開策の一つとして実施されたのが、龎山湖実験場の「接収」計画であったと筆者は考えている。

　民衆からの支持を欲した汪政権にとって、淮河への対応と並んで米不足という不安定要素を排除することは必要なことであった。そのためにも、打開策として、龎山湖実験場を「接収」し、食糧を確保する必要があったのである。汪政権はいかに「接収」に向かって政策を展開していったのか、政策実施過程からその点を見ていきたい。

　汪政権による龎山湖実験場について、曽志農が『汪偽政府行政会議録』を分析した際に、1944年以降の龎山湖実験場に言及しているが[1]、行政院会議で経営方針が決定されたことを紹介しているに過ぎない。また、汪政権期の龎山湖実験場については、大東亜省がまとめた「東太湖周邊の農業事情」[2]（『大東亜省調査月報　昭和十九年一月　第二巻第一号』）に詳細に記載されているが、「汪政権」の姿は一切出て来ず、日本側の管理についてのみ説明されている。

　以上のことから、汪政権による龎山湖実験場「接収」計画について、研究史からは確認することができない状況にある。そのため、本章では汪政権による「交渉」過程が記された原資料を用いて考察を進めることとする。

　本章で用いる用語について、簡単に説明しておきたい。すでに使用している

が、汪政権が日本から実験場を返してもらうことを意味する場合には、史料に沿って「接収」とカギ括弧付きで記す。一方、日本が汪政権へ実験場を返すことを意味する場合には、「返還」と記すこととする。また、本章では日本側とのやりとりを記す際に、「交渉」という用語を多用している。両者間で話し合いが成立していたのか疑問に感じるため、あえてカギ括弧付きの「交渉」と記すこととする。

以下、第1節では、汪政権成立後に政権下で発生した食糧事情の悪化と、そのために「接収」をめざすこととなった龎山湖実験場の概要、第2節では龎山湖実験場の「接収」をめぐる「交渉」過程、第3節では汪政権による「接収」後の龎山湖実験場の管理状況について考察を進める。

第1節　汪精衛政権の食糧問題と龎山湖灌漑実験場

1　食糧不足の発生と汪精衛政権の対応

1940年3月末に成立した汪政権では、同年6月頃より、米不足による米価高騰に見舞われ、南京をはじめとする諸地域で深刻化していった。汪政権の食糧事情を考察した弁納才一によると、1940年6月頃より米産地である江蘇省や浙江省で米不足が深刻化し、民衆の生活が恐慌状態に陥ったと明らかにしている[3]。

米不足の原因は、これまでの研究で日本軍の行動が米の流通に破壊的な作用をもたらしたと考察されている[4]。その日本軍の行動とは、汪政権参加者であった袁愈佺（えんゆせん）は、日本軍による米産地の安徽省蕪湖などからの米の強制的な買い上げであったと述べている[5]。

同時期、日本軍が米を買い上げる過程について参考となる「中支那米の受授（ママ）に関する件」という史料がある。参考までにこの史料を見ておこう。

1939年11月11日に、陸軍省兵站総監部参謀長から支那派遣軍総参謀長宛てに「内地民需用トシテ蕪湖米程度ノモノヲ差向キ約七千瓩ヲ貴軍ニ於テ調辨ノ上至急還送セシメラル、本件細部ニ関シテハ野戦経理長官ヨリ貴軍経理部長ニ指示セシム」との電報が送られている。

次に先程の電報への追加分として、同年12月20日に、再度、陸軍省兵站総監

第5章　江蘇省呉江県龐山湖灌漑実験場「接収」計画

部参謀長から支那派遣軍総参謀長宛てに、「内地」へ送る「中支那米」の総量などが詳細に明記された「中支那米調辨還送区分表」が送られている。内容は以下の通り。

　「中支那米調辨還送区分表」
　　　　　　　　　　　　　　　調辨還送部隊　　支那派遣軍

　　　　　　　　　　　　　　　受領部隊　　　　陸軍糧秣廠
一、調辨還送基準
　品目　中支那米　　数量　約八萬瓲
　調辨還送時期　内約二万瓲ハ速急ニ残餘ハ概ネ昭和十五年三月頃迄ニ逐次成ル可ク速ニ
　提要　品質ハ蕪湖程度トシ大部ハ精米ヲ調弁ス
　本数量中ニハ十一月十一日兵総乙電第七四號ニ依ル約七千瓲ヲ含ム
二、本数量ハ現地ニ於ケル軍票工作上許容スル範囲内ニテ調辨スルモノトス
　本数量調辨ノ爲特ニ外貨資金又ハ従来ノ計画外ニ別ニ軍票交換用物資ノ追送ニ付テハ野戦経理長官ヲシテ連繋セシム
三、調辨還送数量ハ若干増減スルコトヲ得
四、本件所要経費ハ臨時軍事費ノ支辨トス
五、本件細部ニ関シテハ野戦経理長官ヨリ貴軍経理部長ニ指示セシム[6]

　「中支那米」とされる蕪湖米を支那派遣軍が「調辨」し、日本の農林省に「交付」するよう指示された内容となっている。その後、実際に「約八萬瓲」の米が買い上げられたのかは不明であるが、米不足発生直前の時期に指示されたものであり、袁愈佺が証言するように「蕪湖米程度ノモノ」とあることから、当時の日本軍による買い上げが影響していたものと推測させる。

　米不足発生後、汪政権では一時的に工商部が食糧対策を担当し、同年7月以降は専門機関として糧食管理委員会が組織されている[7]。当時の南京の状況や汪政権の米不足への対応について、大東亜省の調査報告書である「中支那に於

97

ける米の流動経路」、汪政権で財政部部長などの要職を歴任した周仏海の日記（『周仏海日記』）には、以下のように記されている。「中支那に於ける米の流動経路」の記述は以下の通り。

　　蕪湖米の出廻り不振と買付方法が拙劣な為め所要量の配給が出来なくなり、一時南京は米飢饉が叫ばれ米価は騰貴し民衆生活にまで影響を及ぼす状態となつた。こゝに於て吾軍部も捨てゝ置けず外米を分與して急を救つたのである。其後外米の順調な配給により安定するに至つた[8]。

「出廻り不振と買付方法が拙劣」であったため、蕪湖米が南京に流通しなくなり、その結果、米価が高騰したので日本軍部が外米を分けて援助したとある。さきほど見た日本軍による買い付けについては、当然ながら記されていない。
　次に汪政権の対応について。1940年6月29日の『周仏海日記』には、「陳公博、梅思平、心叔と共に、影佐、谷萩、浜田、岡田らを招いて食糧緊急救済問題について、2時間詳細に相談する」[9]、また翌日の6月30日の日記には、「帰宅すると公博、思平、心叔が居たので、食糧問題について話し合う。この件は極めて厳しいが、昨晩日本側に督促し、一両日中に約二万石が南京に運ばれてくるので一時的に急を凌げよう」と記されている[10]。この両日の日記より、対処法として、日本側と協議して米が確保されたとわかる。つまり、当時の汪政権は米を確保するために、米不足を発生させた日本軍から援助を受けざるを得ない状況に置かれていたのであった。
　その後、前述の日本からの外米援助により[11]、米価は一時的に安定したものの、急激な高騰が見られなくなっただけで、じりじりと米価は高騰を続けた[12]。周仏海は前述の1940年6月29日の日記で、食糧問題について「おそらく円満な解決は難しかろう」とも記している。この一文は的をいたものであり、食糧問題だけではなく、発生した問題を自分たちで解決できない状況は、政権運営を図る上で大きな障害であり、早急に払拭しなければならなかった。

2　龎山湖灌漑実験場の変遷
　本稿が取り上げる龎山湖実験場は、江蘇省南部に広がる太湖の東部に位置す

第5章　江蘇省呉江県龐山湖灌漑実験場「接収」計画

る江蘇省呉江県龐山湖に設置されていた[13]。呉江や近隣の蘇州周辺は肥沃な揚子江三角地帯の一部に含まれ、中国有数の米作地として知られており、龐山湖沿いには龐山郷という村落があった。1937年に国民党が編集した『十年来之中国経済建設』によると、龐山湖実験場は龐山湖の干拓により、農事上の実験を進めながら、耕地の増加や米の優良品種の獲得をめざす施設として設置されたという[14]。

　龐山湖の開発は当初、国民政府太湖流域水利委員会が担当し、1928年に開発範囲は14000余畝、必要経費は30余万元と計上されたものの、事業が実施されることはなかった。1931年になると、国民政府建設委員会が灌漑計画に乗り出し、灌漑用地の選択をおこなっている。その用地を漢字の「田」の字型のように四区分して、毎年一区ごとの開墾計画を打ち出し、同年5月に「模範灌漑龐山実験場」が成立している（巻末の（図4）〜（図7）参照）[15]。1931年に実験場が設置された理由として、日本の大東亜省関係者は「当時経済恐慌の影響に依り農村も亦疲弊其の極に達し、農民の頽廃、食糧の生産の激減等甚しきを憂慮するに及び、大規模灌漑農場を創設し、是が救済の一策たらしめんと企図」して設置されたと後年に記している[16]。

　以上の計画のもとで、灌漑事業は開始されたが[17]、事業について地方人士からの了解が得られず、また自然災害の発生や1932年の第一次上海事変勃発により事業は停頓し、本格的に事業が進められたのは1933年になってからであった。1933年末に第1区で排水の整備が開始され、1934年4月に完了すると、農民を雇用して2000余畝の開墾をおこなった。新たに開墾した土地は設備に恵まれていたため、1934年に発生した旱魃の被害は少なく、一畝で平均一石三斗の米が収穫できたという[18]。同じく同年11月に第2区、1935年11月に第3区の整備が実施され、同年には電力による灌漑排水も開始されて、各区ともに整備完了後、開墾が進められた。1937年初めには耕地は約9000余畝にまで達していたが[19]、事業展開されたのは第3区までで、第4区の整備は日中戦争の勃発により、実施されることはなかった。

　では、区分された龐山湖実験場内では具体的にどのような事業が計画、展開されたのか。国民政府建設委員会による事業計画について、日本側の史料には、

開墾せる水田を附近の郷農に賃借小作せしめ、實驗場は之が指導の任に當る可く企圖せるも、多年に亘る農村の疲弊に依り郷農は小作の實力なき現狀に在りしを以て、経營を直營に變更、雇傭農夫に對しては面積割に依り賃金を支給する方法を以て各地農事改良機關より優良品種を蒐め大規模経營の原則に從ひ、廣く農事實驗を行ひたるものなり[20]。

とあり、前述の『十年来之中国経済建設』と同じ内容となっている。1940年6月の汪政権の調査（後述）によると、日中戦争勃発前から実験場内には灌漑用の電力モーターが配備され、貯水池も作られていたとしており、日本の史料にあるように「広く農事実験」を行っていた灌漑実験施設であった。

実験場の設置以降、国民政府建設委員会が経営を担当していたが、1937年7月の日中戦争勃発により事業は中断される。戦争の拡大により江蘇省呉江県周辺が日本軍に占領（1937年11月5日）されると[21]、龐山湖実験場は1938年に敵産[22]として日本軍蘇州特務機関呉江宣撫班（以下、蘇州特務機関[23]と記す）の管理下に置かれた[24]。

管理が蘇州特務機関へと代わると、龐山湖実験場の経営方針も変化していった。前述したが、国民政府期には農夫を雇用して実験場を管理していたが、蘇州特務機関が管理者となってからは、「定租契約に依る小作制度となし、職員を置きて管理」することとされた[25]。

組織的には、管理者の蘇州特務機関を頂点として、次に実験場を実務的に管理する「管理主任」、その下に農民（小作人）を取り仕切る「郷公署・龐山郷農家組合」が置かれ、農民が耕作して、小作料として米穀を徴収する形態がとられた。この変化は、実験場内で生産された米穀が実験場の管理者である蘇州特務機関、つまり日本軍に納められることを意味していた。前掲の「中支那に於ける米の流動経路」には、「事変が長期経済戦の段階に入るや其の統制は益々強化せられ、占領地区内の生産地を二分し一方は日本側への供給地と為し一方を支那民衆への供給地と指定された」[26]と占領下の米産地について言及しており、龐山湖実験場はまさに「日本側への供給地」としての役割を負っていたのである。

龐山湖実験場で小作料として徴収された米穀はどれくらいだったのだろうか。

第5章　江蘇省呉江県龐山湖灌漑実験場「接収」計画

蘇州特務機関管理下での徴収状況は、以下の（表3）で確認できる。

表3　龐山湖模範灌漑実験場小作料徴収状況

年　次	総量	内訳 第一区	内訳 第二区	内訳 第三区	備　考
民国27（1938）年	327,026	37,378	272,068	17,580	徴収歩合39％水害竝病蟲害の為減軽。
民国28（1939）年	846,098	257,918	435,581	152,600	徴収歩合100％。
民国29（1940）年	685,106	231,542	346,001	117,653	徴収歩合82％旱害病蟲害の為減軽。

典拠：「東太湖周邊の農業事情」（『大東亜省調査月報　昭和十九年一月　第二巻第一号』『復刻版　興亜院 大東亜省調査月報 第35巻 昭和十九年一～二月』（龍渓書舎、1988年）

　表3は1938年から1940年までの小作料徴収状況を表したものである。3年間という短期間のデータのため、日中戦争以前の収穫高は確認できないが、徴収総量にばらつきがあるものの、一定量の徴収が可能であった。兵站を現地調達で賄う日本軍にとって、戦争遂行上、重要な施設であったといえる[27]。
　一定量の食糧が確保できる存在は、日本軍のみならず深刻な食糧不足に見舞われていた汪政権にとっても重要であった。そのためにも食糧の確保が見込まれた龐山湖実験場の「接収」は事態打開への切り札であったのである。
　その根拠として、詳しくは後述するが、汪政権が食糧対策に追われていた1940年6月に、龐山湖実験場の「接収」に向けて動き出していることが挙げられる。これは前述した自分たちの政権で発生した問題を自己処理しようとする動きの一つであったといえる。また、背景には汪政権統治下とされた地域に存在し、日中戦争勃発以前に設置された龐山湖実験場を「接収」することにより、「唯一の合法的な国民政府」[28]を自認していた汪政権の正統性を誇示することでもあり、政権基盤構築にも関わることであった。以上のことを鑑みながら、次章以下では、龐山湖実験場の「接収」過程について見ていくこととする。

第2節　1940年～1941年の「接収交渉」

　蘇州特務機関が管理していた龐山湖実験場の「接収」に向けて、汪政権が動き出したのは米不足が発生していた1940年6月のことである。米不足発生後、食糧の管理は工商部や糧食管理委員会により進められたが、龐山湖実験場に関する任務を担当したのは、灌漑・治水などの水利行政を職掌とする水利委員会であった。本章では水利委員会による「接収交渉」が進められた1940年6月から1941年までを見ていくことにする。

1　現地調査と「接収交渉」の開始

　「接収交渉」の前段階として、水利委員会は1940年6月18日に江蘇省呉江県公署へ調査員（金芳雄・姚人之・郭樂書）を派遣し、実地調査に着手している。
　調査報告書によると、調査員は6月20日に呉江県公署を訪問し、龐山湖実験場の管理を担当していた同県公署民政科科長の王連卿と面会した。その際に王連卿から龐山湖実験場は日本軍の蘇州特務機関から委託を受けて管理しており、管理以上の権限はないと説明されている。その後、王連卿と共に蘇州特務機関の呉江代理連絡官大西適と面会し、大西は調査に協力すると表明している[29]。
　調査員らの任務は龐山湖実験場の現状を把握することで、基本的な情報を必要としていた。そのため、これまでの公文書の提示を求めたが公文書は全て遺失したと説明されている[30]。一応、報告書には調査結果がまとめられているものの、正式な公文書が示されず、また蘇州特務機関との関係や収穫量に関する説明も不透明であったため、呉江県公署の対応に懐疑的な感想を残している[31]。
　呉江県公署への懐疑をよそに、調査員は食糧の生産上、有意義な施設であると報告しており、この報告書をもとに同年7月25日、水利委員会は行政院へ龐山湖実験場の「接収交渉」を建議している[32]。
　水利委員会が建議した内容は、同委員会による龐山湖実験場の接収・管理を求めたものであった。ここで興味深いのは、水利委員会は日中戦争勃発前に、実験場周辺の整備にあたっていた国民政府建設委員会の公文書を利用して、許可を求めている点である。前述したが、龐山湖実験場は1933年に南京国民政府建設委員会により設置され、灌漑実験場設置に伴う整備により、区域内の米の

第5章　江蘇省呉江県龐山湖灌漑実験場「接収」計画

収穫量は大幅に向上したとされている[33]。その公文書の内容をもって、現段階では蘇州特務機関の委託で呉江県公署が管理しているが、「農田水利、農田灌漑」の見地より水利委員会が接収・管理すべきであると行政院に建議している。

この行政院への建議は、単に龐山湖実験場のみを問うのではなく、国民政府期の事業の継続を意味するものでもあった。日本軍管理下からの「接収」と南京国民政府が中断した事業を汪政権が継続するという意味で、政権の理念からだけではなく、具体的な政策面から政権の正統性を意識していたのである。

行政院は同年8月7日に水利委員会の要請を承認し[34]、その4日後の8月11日には、汪政権行政院副院長・財政部部長の周仏海が水利委員会に、「有能な人員を選抜し、江蘇省政府と協力して蘇州特務機関と交渉する」よう命令している[35]。政権の首班である汪精衛からではなく、周仏海からこのような命令が出されており、周仏海の存在感が感じられる。

周仏海の命令にあったように、水利委員会は同年9月16日に江蘇省政府へ行政院での決定事項を通知し、交渉人として、劉威甫（水利委員会総務処処長）と周顕文（同会専員）の派遣も決定され、9月18日に蘇州に派遣されている。これにより「接収交渉」が本格的に開始されていったのである。

2　蘇州特務機関との「交渉」

蘇州に派遣された劉威甫、周顕文は、同年9月28日に「交渉」内容をまとめた報告書を提出している。劉威甫、周顕文は9月18日に南京から蘇州に入り、江蘇省政府の汪曾武秘書長、季聖一建設庁長、孫特派交渉員（名前不明）と面会し、「接収交渉」について意見交換している。

その際、季聖一は以前にも呉江の地域有力者が蘇州特務機関と返還交渉をおこなったが、上海の「友邦」の敵産委員会からの委託で管理しているとの理由で応じてもらえなかったため、交渉は難しいのではないかと発言している[36]。そのため、蘇州特務機関に人員を派遣して、特務機関長と意見交換した上での「交渉」が提案され、一旦、劉威甫らはその提案を受諾している。

約1週間後の9月24日に、劉威甫らは再度、省政府人員と面会し、特務機関への「交渉」について尋ねている。江蘇省政府の回答は特務機関長との面会許可が今日来ると回答しただけで、特務機関長の不在、省政府担当者の急用を理

由に取り合ってもらえていない[37]。

　劉らは省政府の対応を無視して、蘇州特務機関を直接訪問し、特務機関関係者との面会を試みている。機関長との面会を希望していたが、不在であったため、同機関所属の山本祝政務班長が対応にあたり、劉威甫は龐山湖実験場の「接収」要請の旨を山本に伝え、ここで初めて、日本と汪政権との間で実験場関連の「交渉」が開始されている。

　劉威甫の返還要請に対し、山本の回答は「本（蘇州——引用者注。以下同じ）特務機関は上海の興亜院経済局所属の敵産管理委員会から管理を委託されているため[38]、処理する権限はない」とするもので[39]、前述の江蘇省政府関係者と同様の答えが返ってきただけであった。

　9月28日の報告書を見ると、蘇州特務機関との交渉は山本の返答を受けた段階で終了しているが、劉威甫は特務機関との交渉後、江蘇省政府に「上海方面」、つまり興亜院との交渉を希望すると伝えたが、江蘇省政府は「前途困難なことが頗る多い」と述べ、一貫して消極的な姿勢を崩そうとはしなかった[40]。江蘇省政府がこのように消極的であった背景には、日本軍特務機関と省政府間にある占領下という特殊な関係性[41]、またそれに伴う汪政権中央と地方政府間での政策遂行への隔たりが反映されていたと考えられる。汪政権の地域支配という点より、さらなる考察が必要である。劉威甫は江蘇省政府に行政院からの通知や現段階での状況を記録しておくようにと釘をさして、報告書は終了している。

　興亜院との交渉を希望した水利委員会は、10月3日、蘇州特務機関に対し、興亜院への紹介依頼の書簡を送付している。この文書に関する水利委員会と蘇州特務機関との「交渉」を確認できる史料は未見であるが、10月7日に水利委員会専員周顕文が蘇州へ行き、前述の山本祝政務班長から興亜院華中連絡部技師の坂本尚事務官宛の紹介状を得ていることから、興亜院への紹介はスムーズにおこなわれたようである。

　交渉の場が上海へと移ろうとしていた10月9日、行政院は水利委員会に一連の交渉は農鉱部・江蘇省政府と共同して実施するよう訓令を出している[42]。それに対し、水利委員会は10月11日に、行政院に龐山湖実験場の管理はこれまで水利機関が担当してきたので、水利委員会が「接収」すべきとする文書を提出している[43]。前述した7月25日の「接収交渉」建議の際にも、水利委員会が同

第5章　江蘇省呉江県龐山湖灌漑実験場「接収」計画

様の主張をしていたが、この訓令により農鉱部などと協力して業務に当ることとなった。しかし、史料の制約上、両者がどの程度共同して「交渉」に当ったのかは確認できない。

3　興亜院華中連絡部との「交渉」過程

同年10月14日、水利委員会の劉威甫と周顕文は上海の興亜院華中連絡部を訪問し、蘇州特務機関から紹介された坂本尚事務官と面会している。坂本との面会内容を記した報告書が10月18日に提出されており、坂本との面会内容については以下の通りである。

　　（1940年10月──引用者註）14日に興亜院華中連絡部に行き、興亜院の坂本尚技師と面会しました。灌漑実験場の所有権の経過、太湖の水利状況との関係について、また現在、灌漑実験場の接収管理について交渉するよう命令を受けており、太湖の水利行政や農場での実験計画について告げました。並びに興亜院で敵産を管理している嘱託の及川義夫とも面会しました。2人との談話をまとめると、龐山湖実験場は現在、敵産委員会の管理下にあるものの、該会所管の敵産の種類が繁多であり、全面和平、国交調整の完成以後を待って同時に処理するのか、または我が方の要求を受け入れるのか。（一部省略）政治的な問題に属するため、該委員会は研究や討論を待つ必要があるとのことです。（一部省略）もし以前もしくは現在、実験場に関する計画があるのであれば、文書で提出して欲しいとのことです。私たちは早めに具体的な返答が欲しいと要求しましたが、彼らも現段階では何ともいえないとのことです[44]。

水利委員会からの返還要求への坂本の意見は「敵産の種類が繁多」であり、「政治的な問題」という理由から、返還には消極的であった。興亜院の消極的な姿勢を感じたのか、劉威甫と周顕文の報告書は、「2人（坂本・及川）の意見を分析するに、交渉を進める望みが少しはありそうだが、すぐに返還とはいかなそうである[45]」とまとめている。

水利委員会は興亜院に龐山湖実験場の「接収」について早急な返答を求めた

が、回答があったのは翌年の1941年1月になってからであった。同年1月14日に水利委員会は興亜院からの回答を掲載した報告書を提出している。興亜院からの回答は以下の通りであった。

　上海の興亜院華中連絡部に行き、坂本技師に交渉結果を尋ねました。坂本技師は実験場は元来、中国政府所有のものであり、返還することに問題はない。しかし、現在、水利委員会が接収しても、未だ治安が回復していなく、安全を保障できるかわからない。並びに（水利委員会には）経営計画がなく、返還しても該処の農民の生活状況及び施設の現状には影響がないこと疑いないと思っている、と言いました[46]。

　坂本の回答は、龐山湖実験場はもともと中国政府所有であり、その点からの返還に異議はないが、水利委員会には経営計画もないことから、事実上、返還には応じないとするものであった。経営計画について、1940年10月の交渉の際に、水利委員会は龐山湖実験場に関する計画書の提出を求められていたが、その件について、水利委員会は以下のように回答している。

　本会は前回（1940年6月）の調査以来、当地の特務班の許可を得られなかったため、実地調査をできていません。現在、水利及び農業技術に関する人員を派遣して、詳細な調査をおこない、それを根拠に設計を進めようと計画しています。当地の特務機関に工作に協力してくれるよう通知することをお願いします、と告げました。坂本は同意しました（一部省略）最後に坂本は現在、華中連絡部で一つの経営計画を研究しており、何か計画があるのならば、再び貴会と相談すると言いました[47]。

　1940年6月の現地調査以降、水利委員会が龐山湖実験場を調査した史料や現地の特務機関に調査依頼した史料も確認できないため、水利委員会が告げた内容の真偽は定かではない。しかし、興亜院と同じように特務機関も汪政権の返還交渉に消極的であることを予想するのは容易であった。それは、1940年11月13日に日本の御前会議で決定された「支那事変処理要綱」の「要領」で、「支

第5章　江蘇省呉江県龐山湖灌漑実験場「接収」計画

那ニ於ケル経済建設ハ日満両国ノ事情ト関連シ国防資源ノ開発取得ニ徹底スルト共ニ占領地域ノ民心ノ安定ニ資スルヲ以テ根本方針[48]」とすると規定したように、日本には「国防資源」が得られる施設の返還に応じる意思は、そもそもなかったからである。

以上の興亜院からの回答を受けて、水利委員会は1941年1月16日に、龐山湖実験場の「確実なる実地調査を行ない、詳細を報告せよ」と同委員会の技士胡良恕・華竹筠、科員姚人之に命じている[49]。

胡良恕らの調査報告書は、同年2月3日に提出されている[50]。報告書では龐山湖実験場の沿革、管理状況、治安状況に言及しているが、これまでとは異なり、「積極的」な見解が報告されている。

例えば、実験場の管理状況について、場内の荒廃している田畑を見て、改良を加え、的確に管理すれば現在よりも確実に食糧の増産が見込めると、実験場の管理体制を批判している。また、龐山湖実験場の事業は「我が国有数の水利建設事業」と位置付け、政府は生産のみを重視し、科学的な研究を計画してこなかったと科学技術面からの経営計画を反省する見解も述べている。それまでの水利委員会による報告書は、あくまで現状を伝えるものであり、現状を批判するようなものではなかった。増産を見込んだ管理体制の不備を突き、実験場での事業は「我が国」の水利建設事業と位置付けて指摘した背景には、実験場を敵産として管理し、元来中国政府所有としながら、経営計画を検討している興亜院を意識したものであった。興亜院が現地の「治安が回復していな」いと述べたのに対して、「治安に問題はない」と報告し、さらに報告書の最後で、興亜院関係者が龐山湖実験場を6、7回視察していると、興亜院の積極性を報告していることから、それは明らかといえよう[51]。

2月3日に提出された報告書は2月13日に行政院へ提出され[52]、同年3月28日の灌漑実験場接収後の方針について、全国経済委員会で決議されている[53]。灌漑実験場の「接収交渉」は水利委員会と農鉱部共同で進め、農場経営は農鉱部が、浚渫事業は水利委員会が担当すると決定された。同年2月の実地調査結果を踏まえて、灌漑実験場接収後の方針を提示することにより、興亜院との交渉再開を検討していたと思われる。

1941年3月28日以降、同年7月1日に農鉱部が「交渉」にあたると記した史料、

107

同年10月20日に実業部（農鉱部と工商部が合併して新設された部署[54]）が外交部へ「食糧増産の見地」から、日本大使館を通して興亜院に実験場の回収を希望するよう要請している史料があるのみで[55]、1941年10月末から1943年8月までの史料は、確認できていない。

1941年10月以降の「交渉」については不明であるが、1942年4月から1943年8月までの灌漑実験場の経営状況は前掲の「東太湖周邊の農業事情」から知ることができる。

日中戦争勃発後、灌漑実験場の管理をしていた蘇州特務機関は、1942年4月に経営を東洋拓殖株式会社上海支店（以下、東拓と略称）に委託している[56]。「東太湖周邊の農業事情」によると、東拓委託後の1942年度は土地改良の施設の設置や小作法の改善、営農組織の改善・耕作者の側面的助長機関の整備、農事試験・調査の実施などを経営方針として、36戸の耕作者を入植させたとある[57]。1942年の小作料収納成績は98.8％の「好成績」を収めたともあり、水田の経営や開発を専門としていた東拓を交えて、継続的に事業は展開されていたのであった。

東拓への管理委託の経緯は不明であるが、当時の東拓は朝鮮だけではなく中国大陸や東南アジアにも事業を拡大し、1938年から朝鮮人の入植計画の一環として、江蘇省北部で水田開発事業を展開していた[58]。黒瀬郁二は東拓の地域別投資高の分析を通して、アジア・太平洋戦争期には食糧や資源不足への打開策として、中国の日本軍占領地への投資を拡大させていたとしており[59]、灌漑実験場への参画もその一環であったのだろう。汪政権と日本の植民地政策との繋がりを考える上で、一つの手掛かりとなる事例である。

実験場の経営計画の不備などを理由に、日本は返還を望まなかったが、1942年後半になると、状況が変化し始める。その理由は、日本軍の戦局悪化によるものであった。以下、1942年後半の日本の状況変化から、1943年以降の実験場問題を見ていくことにしよう。

第3節　龐山湖灌漑実験場の「接収」と汪精衛政権による管理

1941年12月8日に勃発したアジア・太平洋戦争は、緒戦こそ日本軍が優勢であったが、1942年半ばを過ぎると、太平洋戦線での連合軍の巻き返しにより、

第5章　江蘇省呉江県龎山湖灌漑実験場「接収」計画

日本軍は劣勢となっていく。この形勢の変化は日本の対中国政策にも影響を及ぼし、汪政権もこの渦に巻き込まれていくことになる。

1　大東亜省の成立と「対華新政策」

　1942年9月1日、日本政府は「大東亜省設置ニ関スル件」を閣議決定している。この大東亜省とは、「大東亜戦争ノ完遂竝ニ大東亜建設ノ必成ヲ期スル為大東亜地域内ノ諸外国及諸地域ニ関スル政務ノ施行ヲ担当スベキ一省」として設置され、日本の内地・台湾・朝鮮・樺太を除く、「満洲」・中国・南方（タイ・インドシナ）地域の政務などを主な職掌とした[60]。

　大東亜省の成立により、「対満事務局、興亜院、外務省東亜局及南洋局竝ニ拓務省拓北局拓南局及南洋庁ニ関スル事務ハ概ネ之ヲ大東亜省ニ統合スルコト」とされ、当地域に設置されていた機関は大東亜省に統合、廃止されている[61]。また、当地域の大使・公使などの現地機関（日本大使館）はすべて大東亜省の所管とするとした。これにより、興亜院は廃止され、業務は大東亜省所轄の現地機関へと統合されることになった。すなわち、汪政権が進めていた龎山湖実験場に関する交渉相手は、興亜院から大東亜省所管の日本大使館へと交代したのである。

　汪政権にとって、大東亜省の成立は寝耳に水であった。政権関係者は、1942年9月2日の新聞で成立を知り[62]、汪精衛は直ちに褚民誼外交部部長を重光葵駐中華民国日本大使のもとに派遣し、事情説明を求めている[63]。9月4日には、重光大使が「支那側ニ於テハ政府首脳部ノ外一般ハ本件ヲ以テ或ハ支那ハ植民地扱トセラルルニアラスヤト危惧シ或ハ日本ノ對支政策カ實際上一大轉換セルモノナルヘシト想像シ支那ノ前途ヲ悲観スル向鮮カラス相當不安ニ駆ラレ居ル模様」なので、「我方ノ眞意ヲ了解セシムル」ために、汪精衛と会談し、大東亜省設置の趣旨と日本の中国政策に変更がないことを伝えている[64]。以上のことから、大東亜省の設置は所管地域に何の通告もなく、一方的に実施されたことがわかる。

　日本で大東亜省が設置された頃、太平洋戦線の日本軍は連合軍の圧倒的な攻勢に押され、戦局は急激に悪化していた。そのため、日本政府は戦略の立て直しを迫られ、対中国政策の転換を図ろうとして1942年12月21日に御前会議で決

109

定されたのが、「大東亜戦争完遂ノ為ノ対支処理根本方針」、いわゆる「対華新政策」であった[65]。

「対華新政策」は、1942年当時、汪政権が希望していたアメリカ・イギリスへの参戦をもって[66]、「日支間局面打開ノ一大転機」として、汪政権への干渉は極力避けることで「自発的活動ヲ促進」させ、「占據地域内ニ於ケル緊要物資ノ重点的開発取得」を図り、日本と汪政権が一体となって「戦争完遂ニ邁進」しようとするものであった[67]。

中国政策の方針転換により、1943年になると、租界や治外法権の撤廃、在中国の日本人への課税などが実施され[68]、表面上では妥協する姿勢を示した日本であったが、その背景には「戦争完遂」のための物資獲得が主眼としてあり、汪政権に対して更なる戦争協力を求めたに過ぎなかったのである。後述するが、龐山湖実験場を巡る交渉もこの日本の方針転換による影響を強く受けたと思われる。

「対華新政策」の決定により、1943年1月9日、汪政権はアメリカ・イギリスに宣戦布告し[69]、同時に「日華共同宣言」も発表して[70]、正式な「戦時体制」へと突入した。「戦時体制」への移行の対応として、汪政権行政院は同年1月13日に大幅な行政機構改組を実施している（第1章参照）。それまで灌漑実験場の接収交渉を担当した水利委員会は建設部水利署、糧食管理委員会は糧食部へと改組され、以後の交渉は建設部と糧食部を中心として進められていくことになる。

2　龐山湖灌漑実験場の「接収」

「接収交渉」に関する史料は、前述のとおり、1941年11月から1943年8月までで確認できない。しかし、1943年8月16日の史料に、同年7月9日に糧食部から外交部へ実験場に関する文書が送付されたとあることから[71]、「交渉」は継続されていたと思われる。

1943年8月・9月の段階では、建設部と糧食部間での「交渉」に関する文書交換が中心であったが、10月に入ると急に日本大使館が「接収交渉」に応じる姿勢を見せ始める[72]。これにより日本大使館と交渉日程がまとまり、「接収」「返還」に向けた、代表者会議が開かれることになったのである。会議の開催は、

第5章　江蘇省呉江県龎山湖灌漑実験場「接収」計画

一見、返還拒否を貫いていた日本の「方針転換」を醸し出しているが、実際には前述の「対華新政策」による「アメとムチ」が使われただけであった。それは以下の会議の審議事項から理解できる。

　汪政権側と日本側の代表者が参加した会議は、1943年10月23日に龎山湖実験場で開催された。汪政権側は糧食部と建設部水利署の人員5名、日本側からは9名が参加している[73]。

　事前に汪政権から日本側へ接収後の実験場について、6点の提案が出されている[74]。内容は、①田地貸借契約について、経営計画に基づき回収する部分以外の賃借人とは継続して賃借すること。②1943年の田地賃借料を工事や事業推進費用として用いること。③既存の技術人員の継続任用について。④既存の設備について、汪政権側で詳細に列記すること。⑤これまでの実験場での試験記録の引き継ぎについて。⑥実験場内で使用する電力送電の時間延長と送電費用の計6点であった。

　審議事項を見ると、会議は日本側が汪政権の提案に回答する形式で進められ、日本側は①田地貸借契約、⑤試験記録の2点は汪政権の提案に同意し、④既存の設備については日本側が管理しているため、汪政権から文書の提出は不要、⑥電力送電については、電力会社と相談するとしている。しかし、②1943年の田地賃借料については、1943年の収穫までは小作料も含めて日本側が管理し、③技術人員の継続任用については、「既存技術人員トハ日華双方ノ技術者ヲ含」むとして、中国人技術者だけではなく、日本人技術者の継続任用も希望している[75]。とりあえず実験場は返還するものの、返還後も経営に関与しようとする日本の姿が窺える。以上の6点の審議を経た後、日本側は日中双方の準備完了後、返還することとして、この会議にて龎山湖実験場の「接収」・「返還」が正式に決定された。

　実験場の「接収」決定後、建設・糧食両部は1943年12月10日に行政院と財政部に対して、実験場に関する事業方案と組織規程、予算に関する概算書を提出し[76]、12月25日には行政院と財政・建設・糧食三部で予算に関する会議が開催されている[77]。また、人事面でも12月24日には糧食部専員の張乙酉（ちょうおつゆう）が実験場長に[78]、翌25日に建設部水利署測量総隊長の陳徳明が技術員兼水利工程科長に任命され[79]、1943年のうちに汪政権側の「接収」に向けた準備は大方整っていた。

汪政権は12月31日に糧食部は日本大使館に対して、1944年1月10日に蘇州糧食局での引継手続き案を提案している[80]。

汪政権からの提案に日本大使館から返答があったのは、約一か月後の1月26日であった[81]。そこで1月31日に実験場を「接収」することが決定されている。その決定通り、1月31日に日本軍呉江県憲兵分隊を通して、実験場は汪政権に移譲され、「接収」されている[82]。1940年6月の実験場調査から3年半経っての「接収」であった。「接収」から一週間後の2月9日、第195次行政院会議で「龐山湖実験農場事業方案」、「組織規定草案及び経臨費支出概算案」が通過し[83]、汪政権による実験場経営が本格的に開始された。

江蘇省糧食局局長后大椿と龐山湖実験場長張乙酉は連名で、実験場を「接収」した際の状況を説明した文書を建設部に提出している。返還された設備や備品について以下のように記されている。

> 返還された龐山湖実験場の目録は三部あり、一つ一つ確認していきました。同里鎮龐山湖農業実験場の目録内に記載されている二階建ての瓦葺の家屋一軒、呉江城東門外の実験場の目録内にある木造平屋20棟、機有帯2、打穂帯84、水車7が現存していなく、モーター3個、電気変圧機が2個足りませんでした。（一部省略）すぐに憲兵分隊にまちがっているものを訂正してくれと確認すると、目録は昭和13年から16年のものとのことです。数年で呉江県憲兵分隊や実験場の主管は数度交替しており、目録は未だ編集されず、遺失の経過状況について詳細に調査することはできないようで、憲兵分隊はただ代表して返還の責務を負っただけであり、数字を変更するような権限はないとのことでした[84]。

前述の1943年10月23日の会議で、汪政権から提案された既存設備の記録について、日本側は日本が管理しているので記録は不要と回答している。しかし、実際は目録に則さない、でたらめな管理状況であり、日本側は実験場をめぐる「交渉」のように、遺失物については「権限はない」として、対応を拒否したのであった。このように、日本の管理下にあった実験場の状況が返還後、徐々に明らかになっていく。

3　汪精衛政権下の龐山湖灌漑実験場

　1940年から切望していた龐山湖実験場は「接収」され、経営を本格始動させたものの、経営環境の安定化にはほど遠い状況であった。

　前述のとおり、実験場は建設部と糧食部の共同管理下にあったが、1944年4月、米の売買を巡る汚職事件を理由に糧食部は廃止され[85]、同部の業務は実業部農林署に引き継がれている。また、翌5月には実験場長が張乙酉から翁介水へと交代するなど、当初から管理組織の土台は不安定であった。

　同年6月6日に、龐山湖実験場は「龐山湖実験農場調整事項」（以下、「調整事項」）[86]、7月25日には「稲作増産事業計画書」を実業部に提出している[87]。「調整事項」の内容は①第1・2・3区の堤防修理、②未開墾であった第4区の開墾計画の2点、「稲作増産事業計画書」では土地の改良策として、一部の田畑での施肥試験計画が提案されている。

　では、「調整事項」や「稲作増産事業計画書」で提示された計画はどの程度実施されたのだろうか。1944年7月に第4区の開墾に向けて測量隊が組織された際に、実験場内の様子について、以下のように記されている。

> 本実験場の堤防は長く修理されず、漏水個所が非常に多くなっています。堤防の高さは1メートル未満であり、洪水が起こると危険です。水路の大部分が塞がれていて、水の流れがよくなく、浚わなければ生産に大きな影響が出ます。（一部省略）本実験場の第4区の土地は肥沃であり、堤防を建設して耕地化し、生産の増加を期待すべきであります。今回の測量工程計画に応じて、2週間以内に実験場の地形を明らかにし、全域を測量し、図表を作成します。堤防の修理、水路の浚渫などをできるように致します[88]。

　堤防の状況と第4区の開墾計画について、「堤防は長く修理されず」「水路の大部分が塞がれて」いるとあることから、日本が管理していた頃から場内の設備にまで手が回っていなかったと思われる。

　堤防修理と開墾計画の提出から8ヶ月経った1945年3月17日に、龐山湖実験場は実業部宛てに堤防修理を要請する文書を提出している。「本場の堤防は浸

食し、すでに当初の高さよりも1メートル沈み、漏水個所が非常に多くなっています。在来の堤防や水門にも漏水するものが多く、もし速やかに修理せずに、台風に遭うと全区が水没してしまう恐れがあります」と[89]、前年と比べて堤防の状況に変化がないことを示す内容であった。第4区の開墾や施肥計画について、現在確認できる史料からは、それぞれの計画が実施された形跡を見ることはできない。後述するが、1945年以降も第4区の開墾は実施されなかった。

その後も龐山湖実験場と実業部の間で、堤防修理のやり取りが交わされたものの、例えば1945年5月1日に龐山湖実験場が提出した文書が6月に実業部に届くなど、文書が遅配する状況となり、両者間のやり取りに進展のないまま、1945年8月15日を迎えている。

筆者は汪政権の食糧政策の一環として、一定量の生産が見込まれる龐山湖実験場の「接収」をめざしたと述べたが、当時の龐山湖実験場では、どれくらいの収穫があったのだろうか。1944年以降の収穫高を示す史料は確認できていないが、参考までに史料で確認可能な1942年の経営面積・収穫高と1944年9月中旬の経営面積について、比較しておこう。

「東太湖周邊の農業事情」によると、東拓の管理下にあった1942年の経営面積が8,652.234畝で、収穫高は27,117,521市斤と記録されており、浸水被害が発生した1941年よりも小作料の収納成績は良かったとあることから、1942年の経営は比較的安定していたと思われる[90]。

一方、1944年9月の実業部農林署の調査によると、経営面積は8646.937畝であった。1942年の経営面積と比較して、数値に若干の誤差はあるものの、ほぼ同規模といえる。1944年8月から9月にかけて、龐山湖実験場では水害・虫害が発生し、収穫前の稲に被害が出ており、農民たちから3割減租の請願書が提出されていた[91]。報告を受けた実業部農林署は被害状況を調査し、その際に示されたのが先程の経営面積である。実業部は調査結果として、経営面積の3割が被害を受けたことを確認して[92]、減租を承認している。そのため、1942年と経営面積はほぼ同じであっても、1944年の収穫量は1942年よりも確実に少なくなったと予想できよう。

さらに1945年になると、同年2月から4月にかけて、蘇州を初めとする実験場周辺一帯で電力不足が発生し[93]、電力による排水をおこなっていた龐山湖実

験場の事業は一時停止に追い込まれている[94]。電力は4月初旬に復旧したものの、6月になると電力をおこす燃料や電力費が問題となるなど[95]、事業の展開が困難になりつつあるなかで、1945年も多くの収穫量は見込めなかったであろう。

　提示された堤防修理や開墾計画もほぼ計画で終わり、自然災害や電力不足に直面するなど、当時の実験場の状況から、政権内の食糧確保をめざすことは現実的に困難であった。汪政権が「接収」した頃には、「時すでに遅し」の状態であったのである。

4　汪精衛政権以降の龐山湖灌漑実験場

　日本の敗戦に伴い、汪政権は1945年8月16日に解体される。国民政府水利委員会の技正戴祁は、汪政権解体後、龐山湖実験場場長の翁介水ら全職員は逃走し、登記台帳の引継ぎもできる状況にはなかったと記録している[96]。汪政権の手を離れた龐山湖実験場について、1945年9月から1949年までの状況と周辺住民たちは汪政権下の実験場をどのようにみていたのか、最後に見ておきたい。

(1)　1945年9月～1949年までの龐山湖灌漑実験場

　同年9月3日、中国陸軍総司令部接収計画委員会は、農林部に龐山湖実験場の接収を命じている。しかし、10月3日に農林部、水利委員会、江蘇省政府三者で開かれた江蘇省接収委員会で、接収事業は農林部・水利委員会が共同して行なうと協議されている[97]。農林部・水利委員会は現場視察を含めた協議を続けて、同年12月に水利委員会による接収が正式に決定され、翌1946年1月26日に水利委員会の下部組織である揚子江水利委員会が接収を完了している[98]。その後、管理・経営は1947年7月に揚子江水利委員会から新設された水利部長江水利工程総局太湖流域工程処へと移っている[99]。

　1946年から本格的に開始された国共内戦は、1949年の国民党軍の敗退により、国民政府は台湾へ逃れ、同年10月1日に中国共産党は中華人民共和国を建国する。

　人民共和国が建国された同年冬に共産党は、龐山湖の調査をおこなっており、1952年に内部資料として刊行された『江蘇省農村調査』にその調査内容が掲載

されている[100]。「龐山湖農場」の名称で概況や土地の状況、農民の生活状況などが記されており、共産党による「解放後」は「人民政府の接収管理となっている」とあり、第4区の開墾はおこなわれていないとも記されている。このことから、「龐山湖農場」の経営は人民共和国後も継続されていったのであった。

（2）周辺住民たちが見た汪精衛政権下の龐山湖灌漑実験場

　龐山湖実験場周辺の住民たちは、汪政権下の実験場をどのように見ていたのか。1945年から1946年にかけて国民政府に提出された2点の請願書からうかがえる。

　一点目は、1945年12月26日に呉江県の住民から農林部へ提出されたもので、龐山湖実験場の管理（堤防の修理など）を農林部に要請した矢先に、管理機関が揚子江水利委員会へと変更となり、地方の復興が遅れることを危惧する請願書となっている。その請願書の冒頭は以下の文章から始まっている。

　　龐山湖実験農場は、淪陥期（日本軍占領下の時期—訳者注）に敵偽の占領に遭い、搾取され破壊されました。どうしようもなく敵人に屈服すると、以前からの文書、図、小作に関する書類が焼かれ、何も残りませんでした。城内の灌漑機器は尽く破壊されました[101]。

　汪政権下の龐山湖実験場について、「敵偽」に占領され、搾取や文書の焼却、機器の破壊に遭ったことが記されている。「復興」が必要な元来の理由として、「敵偽」による管理があったことを挙げている。

　二点目は1946年10月15日に提出された龐山湖周辺の住民から揚子江水利委員会への請願書である。この請願書も冒頭に汪政権下の状況が挙げられている。冒頭は以下の通り。

　　住民は龐山湖開墾以来、一時も離れたことはなく、敵偽に臨みました。住民らは敵偽の残虐な蹂躙の下で8年間苦しみ、何も言えませんでした。決して離れることなく、少しも本湖田や堤防を荒廃させることはありませんでした。昨年、国土が回復し、住民たちはあちこちで歓声を上げ、嬰児が父母を見つけた

第5章　江蘇省呉江県龐山湖灌漑実験場「接収」計画

かのようで、生活は必ず良くなると思っていました[102]）。

　この後、「敵偽」から解放されたものの、龐山湖実験場主任による小作米のピンハネや強制的な取り立て、戸口調査と称した違法な金銭の巻き上げといった「暴虐圧迫」への対応を求める内容へとつながっていく。
　2つの請願書より、光復からまもないこともあって、当地では日中戦争勃発後の8年間の記憶が生々しく残っていることがわかる。請願書という特質を抜きにしても、汪政権を批判することが、当時の国民政府の批判となるくらい、汪政権や日中戦争は地域の人びとに深く刻まれていたのである。それは当然ながら「負の歴史」としてであった。

小結

　以上、本章では汪政権による龐山湖実験場の「接収」と汪政権による当実験場の管理についてみてきた。
　政権下で発生した食糧事情への対応策として、1940年より実施された龐山湖実験場の「接収」計画は、水利政策の一環として、水利委員会によって進められた。日中戦争後、日本の管理下にあった龐山湖実験場は元来、国民政府が建設した施設であり、国民政府の法統の「継承」を自認する汪政権にとっては、自分たちの所有物が日本に管理されている状況にあった。水利委員会による「接収交渉」は、政権下の食糧事情への対応と国民政府の所有物の返還をめざした「交渉」でもあった。
　「接収交渉」は何層にも亘る委託管理者の壁に難航し、総合的な管理者である興亜院に行きついても、返還に応じてもらうことはできなかった。その後も水利委員会は興亜院を意識した龐山湖実験場の調査を進めるなどして、「交渉」を継続する姿勢を見せていき、1943年に汪政権に返還されることとなったのである。
　汪政権が「接収」をめざして「交渉」を継続した点は評価に値する。しかし、この「返還」は汪政権が「交渉」を継続していたという下地があったにせよ、日本の戦局悪化による方針転換という時局の変化がもたらした結果であった。

1944年1月末に汪政権の管理下に置かれた龐山湖実験場では、事業計画案のもと、灌漑事業がおこなわれたが、設備の管理状況、自然災害、電力不足など思うような事業展開はできずに、1945年8月の政権解体を迎えたのであった。政権下で発生していた食糧事情への対応として実施された龐山湖実験場の「接収」計画は、計画が実った頃にはすでに手遅れとなっており、政策の展開により、支持を求めた民衆には「8年間」の「苦しみ」が残されたのであった。

1 ）曽志農「「汪政権による「淪陥区」社会秩序の再建過程に関する研究―『汪偽政府行政院会議録』の分析を中心として―」（東京大学大学院人文社会系研究科アジア文化研究専攻博士論文、2000年、未刊行）116頁。
2 ）「東太湖周邊の農業事情」（『大東亜省調査月報　昭和十九年一月　第二巻第一号』）。
3 ）弁納才一「なぜ食べる物がないのか―汪精衛政権下中国における食糧事情―」（弁納才一・鶴園裕編『東アジア共生の歴史的基礎　日本・中国・南北コリアの対話』御茶の水書房、2008年）66～67頁、同「日本軍占領下中国における食糧管理体制の構築とその崩壊」（『北陸史学』第57号、2010年）。
4 ）弁納才一「興亜院調査から見た華中の米事情」（本庄比佐子・内山雅生・久保亨編『興亜院と戦時中国調査　付　刊行物所目録』岩波書店、2002年）200頁。
5 ）袁愈佺「日汪勾結掠奪中国資源概述」（黄美真編『偽廷幽影録―対汪偽政権的回憶』東方出版社、2010年）140頁。
6 ）「中支那米の受授に関する件」JACAR（アジア歴史資料センター）Ref.C04121697200、昭和14年「陸支受大日記　第76号」（防衛省防衛研究所）。
7 ）弁納は注3の論文「なぜ食べる物がないのか―汪精衛政権下中国における食糧事情―」で、「7月9日に実業部の下に糧食管理委員会が成立して工商部から上記の業務を引き継いだ」（67頁）としているが、汪政権の前身である中華民国維新政府には実業部は存在したものの、汪政権に実業部が成立するのは、1941年8月以降のことである。よって正確には「7月9日に糧食管理委員会が成立して工商部から上記の業務を引き継いだ」とすべきである。同「日本軍占領下中国における食糧管理体制の構築とその崩壊」でも同様の記述（8頁）が見られる。
8 ）「中支那に於ける米の流動経路」（『大東亜省調査月報』昭和十八年九月　第一巻第九号、1943年、98頁）。
9 ）原文は以下の通り。「返寓与公博，思平，心叔，約影佐，谷萩，濱田，岡田等，詳商糧

食緊急救済問題，談兩小時。」（1940年6月29日条。蔡徳金編注『周仏海日記 全編 上編』中国文聯出版社、2003年、315頁）。

10) 原文は以下の通り。「十時半返寓，公博，思平，心叔倶在，因商討米糧問題。此事極為厳重，惟経昨晩督促日方後，一二日内約有兩万石運京，或可解一時之急也。」（1940年6月30日条。同上）。

11) 日本が援助したのは主にビルマやベトナム産の米であった（前掲、「中支那に於ける米の流動経路」3頁）。

12) 前掲、弁納才一「なぜ食べる物がないのか─汪精衛政権下中国における食糧事情─」66〜79頁。

13) 龐山湖灌漑実験場については、中国国民党党史委員会編『革命文献 抗戦前国家建設史料─水利建設（一）』（第81輯、23〜29頁）、前掲、「東太湖周邊の農業事情」参照。

14) 『革命文献 抗戦前国家建設史料─水利建設（一）』第81輯、23〜29頁。

15) 同上。

16) 前掲、「東太湖周邊の農業事情」146頁。

17) 他の灌漑事業については、1931年4月に「模範灌漑武錫区辦事処」、同年7月には「模範灌漑管理局」が設置されており、中華民国の灌漑事業にとって1931年は画期的な年であった（前掲、『革命文献 水利建設（一）』第81輯、23〜29頁）。

18) 同上、27頁。

19) 同上、28頁。

20) 前掲、「東太湖周邊の農業事情」147頁。

21) 維新政府概史編纂委員会『中華民国維新政府概史』（維新政府概史編纂委員会、1940年）432頁。

22) 敵産とは敵国財産のことである。敵産管理に関する主な研究としては、上海の敵産接収・管理について論じた今井就稔「戦時上海における敵産処理の変遷過程と日中綿業資本」（高綱博文編『戦時上海─1937〜45年』研文出版、2005年、68〜101頁）がある。しかし、今井の研究はアジア・太平洋戦争以降の上海を対象としており、日中戦争勃発直後の敵産処理については未だ解明が進んでいない。

23) 特務機関とは、「外地における作戦以外の政治・経済工作、諜報・謀略活動などに従事した陸軍の組織」のことを指す（藤原彰・新井利男編『侵略の証言 中国における日本人戦犯自筆供述書』岩波書店、1999年、65頁）。

24) 前掲、「東太湖周邊の農業事情」147頁。

25) 同上。

26) 前掲、「中支那に於ける米の流動経路」4頁。

27) 日本軍占領後の龐山湖実験場では、在来種だけではなく、「農林一号」、「農林三号」、「陸羽一二一号」などの日本のイネ品種も栽培されていた（前掲、「東太湖周邊の農業事情」163～164頁）。
28) 黄美真・張雲編『汪精衛国民政府成立』（上海人民出版社、1984年）821～822頁。
29) 「呈復派赴呉江縣調査龐山湖模範灌漑実験場一切状況由」（金芳雄等→水利委員会、1940年7月1日、『接収呉江縣龐山湖模範實験場』28-05-01-018-04）。
30) 王連卿は公文書が遺失したと説明したが、1941年に興亜院華中連絡部発行の報告書に詳細な記述があるため、日本により回収されていた可能性が高い。そのため、1940年7月1日の報告書にある実験場の設備や収穫量に関する記述は、調査員による実見と県公署からの聞き取りによるものと思われる。
31) 前掲、「呈復派赴呉江縣調査龐山湖模範灌漑実験場一切状況由」。
32) 「為前太湖流域水利委員会原設龐山湖模範灌漑実験場請由本会接發仰祈鑒賜核議遵由」（水利委員会→行政院、1940年7月25日、同上）。
33) 同上。
34) 「據呈請收回接管龐山湖灌漑実験場一案指令知照由」（行政院→水利委員会、1940年8月7日、同上）。
35) 「為該会呈請接収龐山湖灌漑実験場一案，筋拠周部長佛海簽覆，令仰遵辦由」（行政院→水利委員会、1940年8月11日、同上）。
36) 「為呈報奉令交渉接収龐山湖灌漑実験場一案初步辦理情形祈鑒核示遵由」（劉威甫・周顕文→水利委員会、1940年9月28日、同上）。
37) 同上。
38) 興亜院については、本庄比佐子・内山雅生・久保亨編『興亜院と戦時中国調査 付 刊行物所在目録』（岩波書店、2002年）、久保亨「興亜院とその中国調査」（姫田光義・山田辰雄編『日中戦争の国際共同研究1　中国の地域政権と日本の統治』慶應義塾大学出版会、2006年）を参照。
39) 原文は以下の通り。「本特務機関係受上海興亜院経済局所属之敵産管理委員会委託管並無過問処理之權。」（前掲、『接収呉江縣龐山湖模範實験場』）。
40) 同上。
41) 『周佛海日記』1942年12月9日の条に以下のような一文がある。「午後3時、永井大佐が来て、軍部は、国民政府中央は省を支配できず、省は県を支配できていないが、その弊害は省に日本側の特務機関があり、日本側の連絡官がいるためである。もし両者を廃止しようとしても戦時中は絶対に不可能なので、国民政府の経済顧問を省や県に派遣することで、中央の統制強化を図るとして、余の意見を尋ねてきた。余はそれでもよいが、

第5章　江蘇省呉江県龐山湖灌漑実験場「接収」計画

2つの条件がある。即ち、一、特務機関及び連絡官は必ず廃止すべきで、さもければ、機構がまた一つ多くなり、更に複雑になる。二、顧問の人選は慎重に行なうべきで、しかも任免の権限は全て国民政府にあるものとすべきである、と表明した。」汪政権下にあった省の状況が垣間見える内容である。原文は以下の通り。「下午三時，永井大佐来，談軍部以国府中央不能控制省，省不能控制県，其弊在省有日方之特務機関，具有日方之聯絡官，如欲廃去二者，在作戦時必不可能，故擬由国府之経済顧問派員赴省県，以強化中央之統制，詢余意。余表示可行，但有兩条件，即：一、特務機関及聯絡官必須廃止，否則多一機構，更為複雑；二、顧問之人選必須精択，且任免之権全在国府。」（蔡徳金編注『周仏海日記 全編 下編』中国文聯出版社、2003年、677〜8頁）。

42)「為龐山湖農場交渉收回接管一案令仰会同辦理具報由」（行政院→水利委員会、1940年10月9日、同上）。

43)「呈報接收龐山湖模範灌漑實驗場一案進行情形、并擬俟與興亜院華中聯絡部交渉得有結果、再行呈請核示、祈鑒核備案由」（水利委員会→行政院、1940年10月11日、同上）。

44) 原文は以下の通り。「十四日持原函同赴該部、晤見興亜院技師坂本尚告以該場主権原始経過及関係太湖水利情形、現以奉令交渉接收請将該場交還接管、以便規劃太湖水利行政及農場實験事宜、並由該技師轉約該院管理敵産部份之囑託及川義夫會同晤談反覆商洽歴時甚久、綜合該二員談話結果、以龐山湖該場現確列入敵産委員会管理、惟該會所管敵産種類繁多、是否統俟全面和平、国交調整完成以後概行同時處理、抑或接受我方此次要求先将該湖場提出處理、純属整個政治問題、容俟該委員會開會研究討論。（一部省略）我方如有以前或現在之計劃、亦可抄送一份願備参效等語。經職等要求能於最短時期内、予以切實有具體之答復、渠等亦未能肯定。」（「為本会会同交渉接收江蘇呉江龐山湖模範灌漑實験場一案□謪前往上海興亜院華中聯絡部接洽理合收晤洽情形呈復鑒核由」劉威甫・周顕文→水利委員会、1940年10月18日、同上）。

45) 原文は以下の通り。「観察該二員意見此案、雖不無交渉推進希望、惟暫時未願遽予交還。」（同上）。

46) 原文は以下の通り。「威甫等遵於本月六日會同前往聯絡部訪晤坂本技師。（一部省略）該技師亦無復異議、續謂該場原係中国政府所有将来自應交還、惟現在貴會擬請接收對於該地治安未靖、能否有所保障、並有無整個計劃、不致影響該處農民生活状況及設施。現状本處不無懐疑等語。」（「呈報續行交渉接收龐山湖農場経過由」劉威甫・周顕文→水利委員会、1941年1月14日、同上）。

47) 原文は以下の通り。「當復答以本會前次派員調査該場状況時以未獲當地特務班允許、故未能實地調査、現正擬遴派水利及農業技術人員、賡續前往詳査一切、自當根據現實設計進行。務請通知該地特務班予以協助、俾利工作、承答表示同意。（一部省略）詢其最後

意見、渠謂産権之應行交還、並無問題。惟本部現正亦研究一経営計劃容俟擬有辦法再與貴會商洽等語。」（同上）。

48）外務省編『日本外交年表竝主要文書（下）』原書房、1965年、465頁。
49）「令□査勘蘇省呉江縣龐山湖模範灌漑實驗場現状報核抄発原呈□遵照由」（水利委員会→技士胡良恕等、1941年1月16日、同上）。
50）実地調査は1941年1月17日から22日にかけて実施され、呉江県政府の王連卿第一科科長、蘇州特務機関の大西連絡官、龐山湖実験場管理員の王殿林も同行した。「為遵令前往呉江査得龐山湖模範灌漑實驗場實際情況、理合詳細具復仰祈鑒核由」（胡良恕等→水利委員会、1941年2月3日、同上）。
51）1941年2月3日の報告書に関する引用部分の原文は以下の通り。「該場田畝、毎年祇種稲一次、故巡視各区時、田内均有積水、任其荒廃、倘管理上能加以拡充改良、則至少有二千餘畝可得増収一次、或加種其他雑種。（一部省略）該湖以接近呉江縣城、地方治安、尚無問題、惟宵窃在所難免。平時由呉江縣政府派有武装警察十名、駐場保護、現值農間期、則已調回矣。（一部省略）考龐山湖模範灌漑場、為我国有数之水利建設事業、関於太湖流域水利問題至鉅、固不僅偏重生産而已也。自非加以科学研究管理、由政府統籌重□不可、奉令前因、理合将査勘所得實際情況、備文詳細具復仰祈。（一部省略）鑒賜核辦、再者友邦興亜院、對於該場極為重視、迭経派員視察、前後達六七次之多、并有友邦農校学生、持往参観、又去年十二月内、農鉱部暨孝陵衛中央農業實驗場、亦経派員調査。」（同上）。
52）「呈報續商接管蘇省呉江縣龐山湖模範灌漑實驗場一案、暨派員視察情形録同原呈祈鑒核由」（水利委員会→行政院、1941年2月13日、同上）。
53）「據呈関于接収龐山湖模範灌漑實驗場一案、応照全国経済委員會決議情形辦理令該會遵照由」（行政院→水利委員会、1941年3月28日、同上）。
54）汪政権は1941年8月16日に行政機構改組を実施している（第1章参照）。
55）「為関於交渉収回龐山湖農場一案咨請轉商日本大使館轉致興亜院華中連絡部迅予交還以便接管経営由」（実業部→外交部、1941年10月20日、『龐山湖実験農場』28-03-03-043-01）。
56）前掲、「東太湖周邊の農業事情」146～147頁。経営は東拓に委託しても、「経営に対する名義は右機関長（蘇州特務機関長の意──引用者註）にして、小作契約の如きも機関長と郷鎮長の間に行はれ、郷鎮長は更に地方農民と契約を行ふ方法を採れり。」として、依然として灌漑実験場は蘇州特務機関の勢力下にあることを示している。
57）同上、151頁。
58）猪又正一『私の東拓回顧録』（龍渓書舎、1978年）131～132頁。大河内一雄『国策会社東洋拓殖の終焉』（績文堂、1991年）158～160頁。黒瀬郁二『東洋拓殖会社 日本帝国主

義とアジア太平洋』（日本経済評論社、2003年）273～277頁。
59) 同上、黒瀬郁二『東洋拓殖会社 日本帝国主義とアジア太平洋』274～275頁。
60) 外務省編『日本外交文書 太平洋戦争 第二冊』（外務省、2010年）1440頁。
61) 同上。
62) 前掲、『周佛海日記 下編』1942年9月2日条、643～644頁。
63) 前掲、『日本外交文書 太平洋戦争 第二冊』1452頁。
64) 同上、1455頁。
65) 対華新政策の決定過程については、波多野澄雄『太平洋戦争とアジア外交』（東京大学出版会、1996年、77～101頁）を参照。
66) 汪政権の対米英参戦過程については、高橋久志「汪兆銘南京政権参戦問題をめぐる日中関係」（『国際政治』91号、1989年）を参照。
67) 外務省編纂『日本外交年表竝主要文書 1840-1945（下）』（原書房、1966年）580～581頁。
68) 同上、584～586頁。
69) 蔡徳金・李恵賢『汪精衛偽国民政府紀事』（中国社会科学出版社、1982年）186～187頁。
70) 前掲、『日本外交年表竝主要文書 1840-1945（下）』581頁。
71) 「為准外交部咨復関於收回江蘇省呉江縣龐山湖模範灌漑實驗場一案擬具会稿咨請察照見復如需本部派員幇同辦理接收幷候酌示由」（糧食部→建設部、1943年8月16日、『龐山湖實驗農場』28-03-03-042-03）。
72) 「為咨知接收呉江縣属龐山湖實驗場會談日期派員準時出席並檢附咨令稿送請會核賜還由」（糧食部→建設部、1943年10月19日、同上）。
73) 「龐山湖實驗農場移管處理現地打合セ會概要」（南京大日本帝国大使館→建設部、1943年11月26日、同上）。
74) 「為咨知接收呉江縣属龐山湖實驗場會談日期派員準時出席、並檢附咨令稿送請會核賜還由」（糧食部→建設部、1943年10月19日、同上）。
75) 注70と同。
76) 「為呈・咨送呉江縣龐山湖實驗農場事業方案会談記錄組織規程及概算書仰祈煩請鑒准核實施行察照由」（建設部・糧食部→行政院・財政部、1943年12月17日、同上）。
77) 「為奉諭召集審査龐山湖實驗農場事業方案組織規程及概算一案請査照派員準時出席與議由」（行政院秘書処→建設部、1943年12月24日、同上）。
78) 「准咨送会派貴部簡任專員張乙西為龐山湖實驗農場場長会稿業経分別会行咨復査照由」（建設部→糧食部、1943年12月24日、同上）。
79) 「建設部陳部長勛啓 糧食部緘」（糧食部→建設部、1943年12月25日、同上）。
80) 「為接管江蘇省呉江縣龐山湖灌漑實驗場一案、定於三十三年一月十日在蘇州糧食局辦理

交接手續函請察照轉函普通敵產管理委員会查照辦理由」（糧食部→日本大使館、1943年12月31日、同上）。

81）「江蘇省呉江縣龐山湖農場移管實施ニ関スル件」（在中国大日本帝国大使館→建設部、1944年1月26日、同上）。

82）「為會報接収龐山湖農場経過情形抄送清単祈鑒核備査由」（江蘇省糧食局→建設部、1944年2月19日、同上）。

83）中国第二歴史档案館編『汪偽政府行政院会議録』（档案出版社、1992年、第24冊、189〜197頁）。

84）原文は以下の通り。「隨於一月三十一日、仍由乙西偕同本局韓秘書、遄赴呉江憲兵分隊辦理接收事項、経該分隊負責人交出交還龐山實験場清単三份、當即按照単列各件逐一點收、除同里鎮龐山農業實験場目録内載二層瓦房一所及呉江城東門外、龐山實験場目録内載木造平屋二十棟、又機有帯二、打穗帯八十四、水車七、現在均已無存。馬達照目録所列計缺少三、只電気變圧機二座。查係蘇州電気廠所有應行剔除外、其餘房屋土地田地等、尚属相符、即経面請該分隊将缺少。誤列各項逐一更正、據云清単所列目録係属昭和十三年及十六年間查列。數年以還本縣憲兵分隊及該場主管人員、業已數度更迭、目録迄未重編遺失経過情形、已属無従根、查本隊僅負代表交還之責、無権、更此數字等語。」（前掲、「為會報接收龐山湖農場経過情形抄送清単祈鑒核備査由」江蘇省食糧局→建設部、1944年2月22日、前掲、『龐山湖実験農場』）。

85）1944年4月13日に糧食部は廃止されている（前掲、『汪精衛偽国民政府紀事』244頁）。

86）「龐山湖実験農場調整事項」（龐山湖実験農場→実業部農林署、1944年6月6日、『龐山湖実験農場』28-03-03-045-04）。

87）「為奉命補造本場稲作増産事業計劃書及概算書各貳份備文呈送祈鑒賜核轉由」（龐山湖実験農場→実業部農林署、1944年7月25日、『龐山湖実験農場』28-03-03-045-02）。

88）原文は以下の通り。「查本場堤岸年久失修滲漏處甚多、原有堤高今已降低一米、洪水期間十分危険、所有灌漑渠道大部份淤塞、不能暢流灌漑困難如不疏浚影響生産殊鉅。（一部省略）查本場第四区土質腴美地位優越極、宜圍築堤岸、從事墾植、以期増加生産、按此次測量工程計劃兩週内完畢為明瞭全場地形計擬将本部全部加以測量繪製圖表、以便設計堤防修理水渠疏浚等事」。（「為本場開墾第四区荒蕪編組測量隊即日測量経擬具計画書及臨時費概算書呈請核行併擬在概算尚未批准前懇乞鈞長准予撥借測量費貳拾萬元以備需用由」龐山湖実験農場→建設部、1944年7月25日、『龐山湖実験農場』28-03-03-042-04）。

89）原文は以下の通り。「查本場内外堤防因年久冲涮堤防已較原計高下沈一公尺殘漏水處甚多。原有堤防及水閘、亦多漏水若不從速修理、一旦遭遇颶風全区恐有被淹之虞。」（翁介水→建設部、「簽呈」1945年3月17日、『龐山湖実験農場』28-03-03-043-04）。

124

第 5 章　江蘇省呉江県龐山湖灌漑実験場「接収」計画

90) 前掲、「東太湖周邊の農業事情」150 〜 151頁。
91) 減租の請願は龐山郷農民代表の張如興、陳友道、鍾奇、馬儲才などから出され、龐山郷農家組合長唐慶芝を通して龐山湖実験場に提出されている。「為本場租田先後遭受水災蟲害據情轉請的減租額以恤農懇謹祈核奪示遵由」(龐山湖実験場→実業部、1944年 8 月31日、『龐山湖實驗農場』28-03-03-043-03)。
92) 実業部は農林署簡任専員楊介南を龐山湖実験場に派遣して、実験場長、技師、日本人顧問、龐山郷農家組合長唐慶之、「理監事」の張如興、陳友道、鍾奇らと実地調査している。在来種では二黄早、寧波秈、日本種は中生旭、農林三号の被害状況がひどかったと報告している (「案奉」、実業部農林署楊介南→実業部、1944年 9 月29日、同上)。
93) 1945年 2 月当時、江蘇省政府顧問であった太田宇之助が、蘇州一帯で発生した電力不足について、日記中で言及している (「太田宇之助日記」8 『横浜開港資料館紀要』第27号、2009年、122 〜 124頁)。
94) 龐山湖実験場の電力確保のために、1945年 3 月30日に日本軍、実験場関係者などによる会議が開かれ、①龐山湖実験場が燃料を購入し、その燃料で発電すること、②呉江県地区の電線を切断して配電すること、などが決定された (「龐山湖實驗農場請求春耕用電交渉経過報告書」1945年 4 月、前掲、『龐山湖實驗農場』28-03-03-043-03)。
95) 「簽呈」(龐山湖実験場→実業部、1945年 6 月 9 日、同上)。
96) 「簽呈 卅五年三月四日於南京」(技正戴祁→水利委員会、1946年 3 月 4 日、『接管武錫區及龐山湖場等二實驗灌漑區』25-23-131-05)。
97) 他に、1945年の収穫分は呉江県政府が管理することも同時に決定されている (「據報告龐山湖模範灌漑區及新拓尹山湖農地管理処等情形仰知照由」水利委員会→技正李崇徳、前掲、『接管武錫區及龐山湖場等二實驗灌漑區』)。
98) 前掲、「簽呈 卅五年三月四日於南京」。
99) 「龐山湖區灌漑事業發展計劃」(『龐山湖区灌漑事業発展計画』19-52-113-01)。
100) 『江蘇省農村調査』は1949年夏から1950年10月にかけて、「新区農村の特色研究と土地改革の準備」のために、中国共産党が実施した調査結果をまとめたものである (華東軍政委員会土地改革委員会編『江蘇省農村調査』華東軍政委員会土地改革委員会、1952年、 1 〜 2 、358〜362頁)。
101) 原文は以下の通り。「淪陷時期被敵偽佔領、推毀不堪敵人屈服後、原有文件、圩圖佃冊燒毀無遺、場上灌漑機悉被破壊。時值秋收仲笆等為保管中央食糧起見、組織收租處、分別調査向各佃收取租糧封存積穀倉一面、由全縣人士向縣府公挙趙炳山負責整理。呈請農林部加委在案。趙炳山就職後、首先派員勘丈繪圖、修理圍堤着手、整理力圖改進。忽聞揚子江水利委員會派員接收。如果有其事實、屬令人灰心況地方事業急求復興□然

改易、殊非人民之福。仲笆等為國家前途計為人民福利計用特聯名懇求轉呈。(一部省略) 費仲笆　楊子純　呂君豪　陶昌華　陳一之　王旅昌　陳卓民　繆天秩」(「奉令呈復関於接収龐山湖灌漑実験区一案情形仰祈鑒核備查由」(費仲笆他7名→農林部、1945年12月26日、『京滬特派員辦公処接収龐山湖農場』20-16-173-05)。

102)「為聯名請求調查湖田収入稲穀之多寡継続放租以救民困事」(沈洪喜・茆開安・馬儲才・陳有道・鍾奇他49名→揚子江水利委員会薛委員長、1946年10月15日、『接管武錫区及龐山湖場等二実験灌漑区』25-23-132-01)。

第6章　三ヶ年建設計画（1）―「蘇北新運河開闢計画」

　汪精衛政権（以下、汪政権と略称）の水利政策は、1940年から1942年までは治水事業に重きが置かれ、1943年以降になると、次第に灌漑事業が中心となる特徴については既に述べた。

　その理由は水利政策の概要（第3章）を考察した際に言及したが、本章では、灌漑事業への転換がいかになされたのか、その背景をもう少し掘り下げていきたい。政策の転換に伴い、1943年から1945年にかけて、主に2つの灌漑事業が動き出していく。汪政権にとってそれらの事業は最後の一大事業であり、政権の「本質」が顕著に表れた事業でもあった。本章ではその1つの灌漑事業に言及し、次章も跨ぎながら考察を進める。

　本章は2節構成として、第1節で治水中心から灌漑中心への水利政策の転換過程について、1941年12月から考察を始める。第2節では1943年の政策転換後に実施された1つの事業について考察することとする。

第1節　汪精衛政権の「戦時体制」と「三ヶ年建設計画」による水利政策の転換

1　汪精衛政権の参戦問題と「戦時体制」

　　―朝の四時くらいに、かすかに砲声を聞く。六時、飛行機が上空を旋回しており、極めて異常である。六時半、報告に接し、日本が英、米にすでに宣戦したことを知る。（中略）日米はついに開戦したのである！今後の大難をどうやって克服してゆくのか[1]。

　これは周仏海の1941年12月8日の日記である。汪政権の「友邦」日本は同日、米英に宣戦布告をした。アジア・太平洋戦争の勃発である。汪精衛はこの日、「日

本と同甘共苦で、この難局に臨む」と声明を発表し、日本に「協力」する姿勢を明らかにしている[2]。

　汪政権にとって、日本への「協力」とは、自分たちの対米英参戦を意味していた。同年12月8日の『周仏海日記』(以下、『日記』と記す)には、「この戦争の期間に、国民政府は自身の立場及び利害から、日本と十分に協力しなければならないが、日本側はわが政府が表面に立つことを望んでいないようで、その意図が何なのかはわからない」とある[3]。その2日後の同月10日の『日記』には、汪政権最高軍事顧問の影佐禎昭とのやりとりのなかで、影佐から汪政権が参戦しない理由について説明を受けている[4]。

　また、「どこまで真なるやは判明せざる」としているが、当時、支那派遣軍総司令官として南京に赴任していた畑俊六は、同年12月27日の日誌(以下、『畑日誌』と記す)に、以下のように記している。

　　既に去る十二日満洲呂（栄寰—筆者注）大使が満洲国の日英米戦に関する
　　声明及張（景恵）総理より汪主席に対する挨拶を伝達する為汪主席に面晤
　　せるとき、汪主席より満華両国の参戦に対する意見を密かに呂大使に意見
　　を求めたるに対し、呂大使は此の如き功利的のことは不適当なり、どこま
　　でも道義的に戦后のことなどは考へず此際満華両国は日本を勝たせる為に
　　全幅の協力をなすべきものなりと汪主席の議論に反対したる趣なり[5]。

　汪精衛が呂栄寰満州国大使と面会した際に、「両国」の参戦に関する意見を聞き、呂栄寰は「功利的」にではなく、日本を「勝たせる為」に協力すべきと反対したとあることから、周仏海だけではなく、汪精衛も日米開戦当初より対米英参戦を強く意識していたのであった[6]。

　汪政権の「協力」姿勢とは裏腹に、日本は「協力」は求めるものの、対米英参戦させる意向はなく[7]、積極的な関与は望んでいなかった。それを感じ取った周仏海は12月13日の『日記』に、次のように記している。

　　3時に陳公博のところに行き、約束していた影佐（禎昭—筆者注）も来て、
　　3人で2時間、詳細に話をする。話し合った内容は、日米戦争の後、国民政

第6章 三ヶ年建設計画（1）—「蘇北新運河開闢計画」

府は今後どのようにやってゆくのか、何をするのか、重慶をいかに和平に傾けさせるのか、ということである。余は、中国は英米の勢力を駆逐することについては、もちろん全力で日本に協力するが、現在、援助しようとしても援助できない。日本側には一種の疑心があり、わが政府が火事場泥棒をするのでは、と疑っているようである。このような心理は実に両国合作の大障害であり、すぐに一掃して欲しい、と言った[8]。

自分たちの「協力」姿勢が日本から、「火事場泥棒」と思われていると感じた周仏海の見方は的中していた。さきほど引用した『畑日誌』の12月27日の前半部分に次のような記述がある。

大東亜戦争に関し国民政府主脳部間に国府参戦に関し二つの論議あり。一は実力なきに参戦の意義なしとするもの、一は民心統一、振作の為又日本と苦楽を共にすとの見地より参戦を可とするものとの二なり。后者は口には甘き次第なるが、真意は英米の権益を国民政府にて接収したきこと、一には戦后平和会議に議席の一つを占めんとする頗功利的の内心を包蔵するものにして、汪主席の肚裏も後者にある如く、影佐にも日高にも之を漏らすが如き言辞ありとのことなり[9]。

上記の『日記』と『畑日誌』から、日米開戦による「協力」方法をめぐり、汪政権と日本それぞれが「協力」の必要性を公言したものの、両者の考えは大きく乖離しており、決して一枚岩ではなかったことがわかる。畑俊六は「国民政府の参戦問題は今後機会ある毎に擡頭すべきものと思はる」と、「協力」方法を対米英参戦とする汪政権の「頗功利的の内心」を警戒しており[10]、周仏海が同年12月21日に参戦要請を日本側に伝えて以降[11]、両者間での参戦問題は一旦、落ち着いている。

アジア・太平洋戦争で日本軍は、緒戦こそ優勢に戦局を進めていたが、1942年半ば以降、次第に守勢へと後退していった。そのような状況下で再び、汪政権の参戦問題が表に出てくることになる。

1942年7月に周仏海は財政問題を話し合うために訪日し、日本政府の要人と

の会談の際に、参戦要請を試みている[12]。周からの要請に、日本政府は「戦争遂行ヲ全局ト睨合セ更ニ慎重検討致シ度キ所存」とだけ回答している[13]。

度重なる汪政権からの参戦要請に、首を縦に振ることはなかった日本であるが、1942年秋に日本軍の戦局が明らかに後退しはじめると、汪政権の参戦承認に向けて舵を切りだす。1942年10月29日、大本営連絡会議は「帝国ハ国民政府ノ参戦希望ヲ容レ同政府ヲシテ米英ニ対シ成ルヘク速カニ宣戦セシメ以テ支那側ノ対日協力ヲ促進シ大東亜戦争ノ完遂ニ資ス」と発表し[14]、初めて汪政権の参戦を承認した。この背景にあったのは、「対日協力ヲ促進シ大東亜戦争ノ完遂」にあったことは言うまでもない。「頗功利的」と揶揄された汪政権の参戦によって、「協力」を得なければならないほど、日本の戦局は悪化していたのであった。

この流れで、日本政府は同年12月21日に汪政権の参戦をもって、ともに「戦争完遂ニ邁進」することを明記した「大東亜戦争完遂ノ為ノ対支処理根本方針」、いわゆる「対華新政策」を御前会議で決定している[15]。この決定により、汪政権の対米英参戦は正式に決定された。

当初、汪政権の参戦は1943年1月中旬を予定していたが[16]、米国政府が「対華新政策」に反応を示しているとして、1月9日に繰り上げることとなった[17]。その決定通り、1月9日に汪政権は、中央政治委員会臨時会議を召集して米英へ宣戦布告し[18]、同時に日本と汪政権は協力して戦争遂行をめざすと明示した「日華共同宣言」も発表された[19]。また、戦時の国防に関する最高決定機関として、最高国防会議の設置も中央政治委員会で承認され、汪政権は正式に、「戦時体制」に突入したのであった。

2　「三ヶ年計画」の決定と政策転換

戦時法の一つとして、1943年2月13日の最高国防会議臨時会議で、「戦時経済政策綱領」が決定された[20]。「国民政府は作戦期にあり、前方では軍需の確保、後方では民生の安定を求めるため」に制定された綱領には、「生産の増加」、「物価の調整」、「消費の節約」、「貨幣価値の安定及び金融の調整」、「経済機構の改進」の5項目があげられており[21]、民需よりも軍需の確保に重きが置かれていたことは言うまでもない。

水利関係については、「生産の増加」の項目で、「農業技術を改進し、水利工

第 6 章　三ヶ年建設計画（1）—「蘇北新運河開闢計画」

事をおこない、耕地を開闢して、食糧及びその他の戦時主要農産品を十分に増産するようにする」と規定された[22]。この綱領の決定により、「戦時」を盾に食糧や農産品を「軍需」として生産させて、「正式に」獲得できるようになったのである。

「生産の増加」で規定された内容をもとに作成されたのが、1943年4月に建設部が発表した「建設部水利署水利事業三年建設計画」（以下、「三ヶ年建設計画」）であり、1943年からの3年間に建設部が実施する水利事業計画案であった。計画案の冒頭で、三ヶ年の水利事業について、以下のように述べている。

> 水利事業は国の経済と人民の生活と関係し、経済建設するためには第一に重要な作業である。この総力戦の参戦時期にあたり、もとよりあったすべて計画を次第に実施していき、戦時経済を促成し、重大な使命を完成させなければならない。その水利建設は、範囲は広範に亘り、総じてその目的は、積極面では利益を興すことで、消極面では防災のためである。前者は灌漑を行ない、農田の生産を増加させ、航運を発展させ、水上運輸を発展させ、物資運輸のコストを削減し、工業などの促進を図る。後者は洪水や氾濫を防ぎ、人民の生命、財産の損失を避けることにある。要はみな、国民経済の前途と莫大な関係があるのである[23]。

経済建設にとって、水利事業は重要な作業であって、事業の目的には、「積極面」と「消極面」があると論じられている。農産物の生産増大や運輸・工業の発展といった「戦時経済」に関係する「灌漑」の方針が「積極面」と設定されていることから、「戦時」が強く意識された「三ヶ年建設計画」であったのは容易にわかる。

時期を少しさかのぼるが、汪政権成立直後に、水利委員会委員長楊寿楣は、施政方針として以下のことを述べている。第3章でも言及したが、再度引用しておく。

> （一部省略）事変後各省の海岸、江岸、河岸の堤防及び灌漑交通に関係ある水道が、多く破壊又は閉塞され、危険を避け阻碍を免れるためにも、何

れも急速に着手すべきであるが、目下最も切要なるものは河南南部の黄河の決潰が、未だ始末がついてゐないことである。黄河の水が淮河に入れば淮河は収容出来ないから、必ず洪澤湖から氾濫して出るか逆流する。民国二十年の水害には、黄河が這入つてゐないのに淮河は大氾濫をなした。
　（中略）一旦黄河と淮河とが氾濫すれば、その奔流は東を指し、江蘇と安徽とはすなわち災害を蒙ることは豫想に難くない。故に先づ豫防の計を定めねばならぬ。黄河を舊河道に復歸させるのが第一策であり、次は淮河に導いて其流れを疎通させることであり、ただ僅かに淮河や運河の堤防を修理するのは下策である。黄河の決潰箇所を塞ぐことは、南北共に主張が一致しているが、現在の情勢では實行不可能である。淮河に導くのは、揚子江と海とに流れを分けんとするもので、工事が大で短日月にはできない。故に中策も容易ではない。萬止むを得ざれば先づ下策を採り、淮河と運河の両堤防を修理し、洪澤湖に流してそれから徐々に各方面に流す外ない。
　（中略）各省の海堤江堤及び水路にして農田の灌漑又は舟運に関係あるもので、戦時のため毀され、或は久しく塞がれてゐるものも、緩急を分ち、各省を督促して修復せしむべきである[24]。

　第4章で淮河の水利事業を考察したが、楊壽楣の施政方針からわかるように、黄河と淮河の氾濫への「預防の計」を講じなければならないとして、政権成立直後は「治水」方針が水利政策の中心であった。その「治水」方針は、1943年の「三ヶ年建設計画」では「消極面」として設定されており、対米英参戦に伴う「戦時体制」への移行に伴い、水利政策の方針も「治水」中心から、「戦時経済」を担う「灌漑」中心へと転換していったのである。
　では、「三ヶ年建設計画」として、どのような事業が計画されたのか。水利署は以下の10項目を挙げている（表4）。
　表4には、各工事の名称と1943年下半年から3年間の予算概数が示されている。なかでも目を引くのは、「蘇北新運河開闢」と「東太湖浚墾」の項目である。予算概数の総計から、この2つの事業が占める割合は86％（ちなみに「蘇北新運河開闢」単独で66％、「東太湖浚墾」単独では20％）であり、他の工事計画の予算規模を圧倒していた。

第6章 三ヶ年建設計画（1）―「蘇北新運河開闢計画」

表4　水利事業三年建設計画及概算表

(単位：元)

工程名称	需款概数 第一年	第二年	第三年	合計
江河修防	12,000,000	12,000,000	12,000,000	36,000,000
開闢蘇北新運河	75,000,000	140,000,000	110,000,000	325,000,000
東太湖浚墾	20,000,000	55,000,000	25,000,000	100,000,000
江蘇省芙蓉圩改善工事	3,600,000	—	—	3,600,000
安徽省華陽河閘門修復工事	2,000,000	1,000,000	—	3,000,000
江蘇省江陰以上通江各閘座修復工事	3,000,000	1,000,000	—	3,000,000
導淮入海水道整理事業	5,000,000	15,000,000	—	20,000,000
黄河決壊口修復工事	—	—	—	—
農閑期各県農田水利修理工事	—	—	—	—
水利技術人員訓練	550,000	500,000	750,000	1,800,000
総　　計	120,150,000	224,500,000	147,750,000	492,400,000

備考：第一年：民国32（1943）年下半年〜33（1944）年上半年
　　　第二年：民国33年下半年〜34（1945）年上半年
　　　第三年：民国34年下半年〜民国35（1946）年上半年をそれぞれさす。
典拠：「建設部水利署水利事業三年建設計劃及概算草案」（『水利事業3年計劃及概算』）より筆者が作成。

　「蘇北新運河開闢」事業（後節詳述）は、江蘇省北部に新運河を建設することで、灌漑を整備して綿花の増産を、「東太湖浚墾」事業は東太湖と尹山湖を干拓し、食糧の増産をめざした。つまり、この2つの事業は、先述した「戦時経済政策綱領」、ならびに「三ヶ年建設計画」の「積極面」に合致して、生産の増大を企図する事業であり、予算配分の面からも、「三ヶ年建設計画」の中心に位置づけられた事業であったのである。次章でも引用するが、建設部次長王家俊は東太湖の計画について、「三ヶ年建設計画の中心をなす東太湖と尹山湖の干拓工事」[25]と述べていることからも証明されよう。

　汪政権が末期に向かおうとする中で「三ヶ年建設計画」の中心的事業として

実施された「蘇北新運河開闢」と「東太湖浚墾」(次章)とはどのような事業であったのか。次節では「蘇北新運河開闢」について見ていくこととする。

第2節 「蘇北新運河開闢計画」

1 「蘇北新運河開闢計画」の提出

汪政権で「蘇北新運河開闢計画」が正式に議論され始めたのは、「戦時体制」に突入する2か月前の1942年11月末のことである。

1942年11月25日、水利委員会は「開闢蘇北新運河計劃綱要」(同年9月に作成。以下、「計画綱要」と略称)としてまとめられた「蘇北新運河開闢計画」案を行政院に提出した。この計画案は「中国を復興させるには、まず生産を増進させる」一環として、江蘇省北部(以下、蘇北と略称)蓮水県陳家港から東台県角斜鎮までの約270kmに亘る新運河を建設し、綿花の増産を図ろうとしたものであった。同時に開闢予定地の実地調査に伴う諸経費として、16,000元の支出も要請している[26]。

そもそも同地域では清末より綿花栽培がおこなわれていた。元来、塩分を含んだアルカリ土壌であったため、さらなる増産をめざして、綿花栽培に有益な土壌へ改良するために、民国初期から運河開闢計画が練られていた[27]。また、多くの会社が同地域に入り、独自で荒地を開墾して綿花栽培がおこなわれており、政府の計画には民間との統一事業構想も含まれていた。

以上のような目的から、1933年に江蘇省建設庁長沈百先は、前述の蓮水県陳家港から東台県角斜鎮までの運河建設計画を提出し、決定されている。しかし、工事費が巨額になることから、工期は二期(第一期は新洋港以北、第二期は新洋港以南)に分けられた。また、同年に工事費として、600万元の見積もりを計上し、1937年には工事予定区域の実地調査や測量も完了していたが、第4章で前述した国民政府の「導淮」事業と同様に、この計画も日中戦争の勃発によって、中断となっている[28]。

汪政権による「蘇北新運河開闢計画」(以下、汪政権による本計画を「新運河計画」と略称)は、国民政府期の事業継続を企図したもので、前述の「計画綱要」で示された工程内容は沈百先による原案を基本線としていた。工事目的

第6章　三ヶ年建設計画（1）―「蘇北新運河開闢計画」

や工程範囲は共通していたものの、国民政府期の計画と異なる点が二点あり、その一つは工期であった。汪政権にとっても、巨額な工事費は悩みの種であり、経費削減のために、国民政府では二期とされた工期が四期とされている[29]。

　二点目は当地域の治安状況への懸念であった。日中戦争後、当地域では「匪徒」の出没が問題とされており[30]、実地調査や測量を行なう際は、「必ず軍隊の保護を受けて進めるべきであり、また、将来工事を実施する際にも軍隊が常駐して保護すべきである」としている[31]。この「計画概要」が提出された1942年当時、当地域は日本軍の占領下にあったものの、汪政権が支配地域で治安維持活動として展開していた清郷工作は、まだ行われていなかった（蘇北の当該地域で実施されるのは1944年以降）[32]。また、同地域には新四軍の活動拠点が存在していたため、治安状況に不安を持たざるを得ない地域であった。

　水利委員会が行政院に「新運河計画」を提出したのは、1942年11月末であったが、同年9月に作成された「計画綱要」には、もし実地調査などが今秋から開始できれば、来春までには測量や設計作業を終え、来冬の農閑期に一気に作業できれば、再来年の春までには完成できると記されている[33]。1942年秋の始動は無理であったが、同年12月3日、行政院は水利委員会に実地調査費として、16,000元の支出を決定し、「新運河計画」は始動することとなる[34]。

2　実地調査報告

　「新運河計画」の実地調査は、実地調査費の公布決定から3か月後の1943年3月15日から31日にかけて実施された。この調査では、現地に派遣された建設部水利署技正馮燮（ふうしょう）の報告書（1943年4月20日提出）と調査に同行した水利工事専門家顧世楫（こせいしゅう）による実地報告書（1943年4月20日提出）が存在している。馮燮の報告書は主に調査日程に関する記述が中心で、一方の顧世楫は工事に必要な点など、専門的な視点から書かれている。本項では馮燮と顧世楫の報告書から、実地調査の①行程、②調査内容についてみていこう。

（1）行程と調査範囲

　建設部は同年3月13日、水利署技正馮燮に「新運河計画」予定地域での実地調査を命じた。上海で水利工事の専門家と交渉して調査するとしたため[35]、馮

135

燮は同署技士陳天培と上海に向かい、全国経済委員会委員李升伯の紹介により、専門家の顧世楫、顧学範、卓慶来、江北塩墾区公司の孫静盦、徐玉輝、麦恵と面会している。調査団は水利署の馮燮、陳天培、専門家の顧世楫、顧学範、卓慶来、江北塩墾区公司の孫静盦（そんせいあん）の6人から構成され、調査行程や塩墾公司連合会の名義で視察することが決定されている[36]。

3月15日に上海を出発した調査団は、鎮江や泰州を経て、計画予定地周辺の東台、大中集、裕華、龍王廟などで調査を進め、3月31日に南京に戻っている（調査行程は表5を参照）。

顧世楫は時間の制限、交通の困難、環境の複雑さにより、全区間の調査はできなかったとしている[37]。馮燮の報告では、3月19日に裕華鎮周辺で1920年代から綿花栽培を行なっている裕華墾植公司（以下、裕華公司と略称）に到着し[38]、そこで現地政府と調査団の保護や調査範囲について相談、決定したと述べている。決定された調査範囲は、北は闘龍港から南は王家港・竹港までの60kmとされ[39]、全長270kmで計画された新運河の2割強しか調査できなかったのである（巻末図8、図9参照）。

顧世楫の報告書から作成した表5を見ると、19日に裕華公司に到着後、26日かけて同公司に滞在したことになっている。一方で馮燮はその期間について、以下のように記している。

　21日に裕華より出発し、新運河路線を北に行き、闘龍港に至りました。不意に龍王廟鎮で別の一部隊と誤解が生じ、全員拘束されてしまいました。各方で釈明に尽力して紆余曲折を経て、自由を回復しました。しかし、作業の放置は3日間に達し、同行人が受けた打撃と狼狽の状況を書き表すことはできません[40]。

表5より、顧世楫は21日に龍王廟で暴風雨に遭い、翌22日には悪天候で裕華公司に戻り、23日は台風で一日行動できなかったとしている。また、孫静盦が龍王廟から24日まで戻らなかったともある。一方の馮燮は上述のように、顧世楫が悪天候で行動できなかったとする期間中、「一部隊」との誤解により、全

第6章　三ヶ年建設計画 (1) ―「蘇北新運河開闢計画」

表5　「蘇北新運河開闢計画」現地視察行程一覧

日程	出発地	視察場所・交通手段・面会など	到着地
3月15日	上海	建設部水利署許公定主任秘書と面会。調査事項について相談。	鎮江
3月16日	鎮江	鎮江から船で龍窩口まで。龍窩口から人力車で泰州へ。	泰州
3月17日	泰州	泰州から船で塩運河に沿って東台へ。	東台
3月18日	東台	東台から船で串楊河・闘龍港に沿って西団まで移動。西団から車で大中集へ。	大中集
3月19日	大中集	大中集から人力車で裕華墾植宏司へ。	裕華公司
3月20日	裕華公司	裕華墾植公司周辺の子牛河を視察。商記墾団に行き、地域有力者と面会。午後は体調不良にて行動せず。	裕華公司
3月21日	裕華公司	裕華公司から車で闘龍港へ行き、龍王廟へ。暴風雨に遭う。	龍王廟
3月22日	龍王廟	太和公司関係者と面会。天気悪く裕華公司へ。孫静盦が龍王廟から戻らず。	裕華公司
3月23日	裕華公司	台風襲来により一日休息。	裕華公司
3月24日	裕華公司	午後、孫静盦が裕華公司に戻り、裕華鎮、裕華測候所を視察。	裕華公司
3月25日	裕華公司	裕華公司から車で王港閘、竹港閘を視察。視察後、董家倉、通商鎮を経て裕華公司へ。	裕華公司
3月26日	裕華公司	雨による道路泥濘のため移動できず。	裕華公司
3月27日	裕華公司	裕華公司から大中集へ。	大中集
3月28日	大中集	大中集から車で劉荘へ。劉荘から船で東台へ。	東台
3月29日	東台	東台から船で泰州へ。	泰州
3月30日	泰州	泰州から人力車で揚州へ。	揚州
3月31日	揚州	揚州から人力車で六圩へ。長江を渡り鎮江へ。鎮江から列車で南京へ。	南京

典拠：顧世楫「履勘蘇北墾区新運河報告書」(『開闢蘇北新運河計画』中央研究院近代史研究所檔案館所蔵28-05-04-072-04）より筆者が作成。

員拘束されていたと記しており、両者の記述は一致していない。この実地調査後、水利署は顧世楫ら専門家に対し、拘束を受けたことへの謝罪を明示していることから[41]、調査団一行は拘束されていたと考えられる。当時、調査地域一帯では、日本軍による掃蕩作戦が展開されており[42]、また、裕華公司周辺は中国共産党軍の新四軍が出没する地域として、1941年に日本軍による掃蕩が行なわれた経緯があることから[43]、日本軍からの「誤解」により拘束された可能性がある。このような事態により、調査が進まなかったのは事実といえよう。

(2)調査内容

　実地調査で、顧世楫が主に報告した内容は①計画予定地の水利状況、②運河建設に伴う課題についてであった。2つの調査内容について[44]、以下のように述べている。

　①計画予定地の水利状況については、雨水など、溜まった水の排水処理を大きな問題としている。調査地周辺は排水設備が整っていないため、大雨に遭うと排水できず、綿花栽培にあたっては、根株を腐らせる恐れがある。河川や海に流す設備の建設が必要であるが、地形的、費用的に厳しい。もし新運河が完成すれば、排水路として利用でき、工事で生じた土を用いて防潮堤を建設することもできるとして、新運河建設の有用性を説いている。

　一方で、②運河建設に伴う課題として、以下の二点を挙げている。一点目は工事を担う労働者の確保についてである。当地域は人家がまばらで労働力の徴集は難しく、他所から雇用せざるを得ない。さらに、労働者の宿舎として臨時の飯場を建て、食糧もよそから調達するしかないとしている[45]。

　二点目として、計画予定地全域の調査、測量の実施や関連資料の収集など、準備作業の必要性を挙げている。顧世楫は「準備作業とは設計・測量の実施と水文資料の収集であり、研究に着手すること」と記している。顧世楫は今回の調査にあたり、江蘇省政府に過去の調査資料の提示を求めたが見られず、さらに国民政府期の江蘇省政府が測量した路線と顧世楫自身が予定する路線は異なるため、詳細な測量を行なうべきと提言している。また、調査団は前述の裕華公司に3月19日から26日にかけて滞在したが、裕華公司からも「兵火に遭い、図表資料は残っていない」として、関係資料が提供されることはなかった。つ

第6章　三ヶ年建設計画（1）―「蘇北新運河開闢計画」

まり、現状としては、顧世楫が規定した準備作業が「できない」状況にあり、その基本的な作業が必要であると提示したのであった。

　顧世楫による2つの調査報告をまとめると、当地域での綿花増産には運河建設は有益ではあるが、建設にあたる労働力の確保は難しく、測量や関連資料の収集なども行われていないため、基本的な準備作業が必要である。さらにいうと、生産向上のための構想としては有益ではあるが、現状に即した計画ではない、と専門家の立場から明示したといえよう。

　以上の調査報告をもとに、顧世楫は「新運河計画」に関する意見書として、「興闢蘇北墾区新運河説帖」（1943年4月28日）を提出している。実地調査で確認できた闘龍港から何垜河間の60km圏内をベースとして、水利専門家による新運河建設に関する研究と設計機関の設置・設計測量隊の組織・水利工程人員の養成・農業専門家による増産に関する研究・財政地政専門家による工費調達の研究、計5点の準備作業を必要とし、その準備作業だけで500万元を要すると試算している。汪政権にとって、工事の準備作業のみに500万元かけることは財政上、かなり厳しく、現実的ではなかったといえる。その時点でもはや工事の行く先は見えていたと言えよう。

　1943年5月に、建設部は顧世楫による意見書を踏まえて、「開闢蘇北新運河及東太湖浚墾両項水利増産事業初歩推進方案」（以下、「推進方案」と略称）を提案している[46]。顧世楫は実地調査できた60kmの区間を新運河建設地と想定して、その準備期間は1年と見込んだが、時間と作業量、工費の削減を図るために工事範囲を40kmに縮小し、準備期間は半年として一年以内の完成をめざすとした[47]。「先に一段完成させて、模範を示す」として[48]、残りの部分の建設へ含みをもたせたものの、当初全長270kmで計画された新運河計画は、事実上40kmへと縮小されたのであった。

　「推進方案」には顧世楫の意見が反映されて、上述した5点の準備作業案を一つにまとめた「水利増産設計委員会」の設置が決定されている。同委員会は「水利、農業、財政、土地行政の専門家を委員として招聘」し、「測量調査、研究計画の試験及び人材の訓練と施工準備などの作業を担当」する事業準備の専門機関とされた[49]。ちなみに同委員会は「準備時間の短縮」や「組織の簡略化」、「経費節約と統一的に計画を進める」ために、次章で考察する東太湖干拓事業

139

の準備機関にもなっている。工事の規模を縮小し、準備作業の簡略化が説かれる中で設置された準備機関がどの程度、事業に貢献したのか、特に専門家をどれくらい招聘することができたのかは、史料の制約上、明らかにすることはできない。

　新運河建設に関わる準備作業は、1943年7月から開始して、年内には完了、翌年より施工に入る計画が「推進方案」には記されている[50]。しかし、「推進方案」が提出された1943年5月以降、新運河建設の進捗を示す史料はなく、1943年3月に顧世楫らが拘束された件への謝罪を示す史料が確認できるだけである。第3章で汪政権の水利政策全体を見るために用いた『工作報告』史料にも、新運河建設に関する記述は1943年3月以降、確認できないことから、「三ヶ年建設計画」の一つであった「蘇北新運河開闢計画」は、部分的な実地調査がおこなわれたものの、実施されずに計画段階で終了した事業であったと考える。

小結

　本章では、1943年の水利政策の転換と「三ヶ年建設計画」の1つとして実施された「蘇北新運河開闢計画」について考察した。第3章でも言及済みであるが、汪政権成立当初より治水中心で展開されていた水利政策は、1943年の対米英参戦による「戦時体制」への突入以降、灌漑中心へと転換していく。その背景にあったのは、「戦時体制」下での経済政策について定めた「戦時経済政策綱領」による戦時物資の「生産の増加」が企図されたためであった。それを実現するために、建設部は戦時物資につながる灌漑事業を重視した「三ヶ年建設計画」を実施するに至り、水利政策は灌漑事業へと傾注していったのであった。

　建設部による「三ヶ年建設計画」の1つとして提示された「蘇北新運河開闢計画」は、綿花の生産拡大を企図して、全長270kmに及ぶ新運河を江蘇省北部に建設する大型プロジェクトであった。新運河建設構想は、国民政府期から存在していたものの、日中戦争の勃発により未着手のままであった。汪政権も同じく新運河建設を計画して、専門家を交えて実地調査をおこなったが、計画予定地の一部分（約60km）しか調査できなかったため、計画を縮小して、調査済みの地域に建設することとされた。しかし、計画案が提示されて以降、建設

第6章 三ヶ年建設計画（1）―「蘇北新運河開闢計画」

の進捗は史料上から確認できなくなり、結局、実施されずに、新運河計画は消滅したのであった。そこには専門家による現実的な意見が強く反映され、政府関係者は建設を断念したのであろう。

「新運河開闢計画」が提案された背景には、汪政権の「戦時体制」への突入と農産物をはじめとする戦時物資の生産増大だけではなく、国民政府期より存在した新運河建設構想を継承することで、国民政府との連続性を示す狙いがあったのであろう。さらには、新運河建設計画を含む「三ヶ年建設計画」は、これまでの中国史において、自分たちの政権がいかにその歴史の一員となれるのか、つまり、一政権としての「正統性」への意識が強く反映された政策であったと考える。例えば、破壊可能なシンボリックな建物を建てるよりも、新運河の「開闢」という中国の地に刻まれる政権の功績を構想したのではないだろうか。それはまた、中国史の一員というだけではなく、「漢奸」という誹りへの反駁のためにも、「三ヶ年建設計画」は汪政権にとって、歴史に名を残すために必要な大型プロジェクトであったのである。

次章では、「三ヶ年建設計画」の中心を担ったもう一つの事業、東太湖・尹山湖干拓事業について見ていくこととする。

1) 原文は以下の通り。「晨四時許，微聞炮声。六時，飛機盤旋空際，異甚。六時半接報告，始悉日対英、美已宣戦。（中略）日、美果真開戦矣！来日大難何以克服耶？」周仏海著・蔡徳金編注『周仏海日記 全編 上編』（1941年12月8日、中国文聯出版社、2003年）548頁。
2) 蔡徳金・李恵賢『汪精衛偽国民政府紀事』（中国社会科学出版社、1982年）140頁。蔡徳金・王升編『汪精衛生平紀事』（中国文史出版社、1993年）329～330頁。
3) 原文は以下の通り。「在此戦争期間，国民政府為自身立場及利害計，自応与日本充分協力，惟日方似不愿我政府立于表面，未知用意何在。」（前掲、『周仏海日記』1941年12月8日）548頁。
4) 同上、1941年12月9日、548～549頁。
5) 伊藤隆・照沼康孝編『続・現代史資料（4）陸軍 畑俊六日誌』（みすず書房、1983年）330～331頁。
6) 1941年12月10日から17日まで、汪政権の高級将校らは戦略演習を実施しており、政権全体で参戦への準備を進めていたと思われる（前掲、『汪精衛偽国民政府紀事』140～141頁。

前掲、『汪精衛生平紀事』330～331頁)。

7) 参謀本部編『杉山メモ 上』(原書房、1967年) 567頁。
8) 原文は以下の通り。「三時赴公博处, 約影佐来, 三人詳談両小時。所渉範囲為日、美戦争後, 国民政府今後応如何做法, 做何事, 対重慶応如何使之傾向和平。余謂：中国対于駆逐英、美勢力, 自応以全力協助日本, 但目前似要帮忙而帮不 (上) 忙。日方即有一種疑心, 疑我政府趁火打劫, 此種心理実為両国合作之大障碍, 応即一掃而清。」(前掲、『周仏海日記』1941年12月13日、550～551頁)。
9) 前掲、『畑俊六日誌』330頁。
10) 同上、331頁。
11) 前掲、『周仏海日記』1941年12月21日、554頁。
12) 周仏海は1942年7月17日に東郷重徳外相、20日に阿部信行元大使、24日に東條英機首相、29日に再度、東郷重徳外相に参戦要請をしている (同上、1942年7月17日・20日・24日・29日、627～631頁)。
13) 「国民政府ノ参戦ニ関スル件」(昭和17 (1942) 年7月29日政府連絡会議了解。参謀本部編『杉山メモ 下』原書房、1967年) 138～139頁。
14) 「国民政府ノ参戦並ニ之ニ伴フ対支措置ニ関スル件」(昭和17 (1942) 年10月29日大本営連絡会議決定。同上) 157～158頁。
15) 外務省編『日本外交年表竝主要文書 1840-1945 下』(原書房、1966年) 580～581頁。
16) 『周仏海日記』1942年12月21日、681～682頁。
17) 前掲、『杉山メモ 下』344～345頁。
18) 中央政治委員会。
19) 前掲、『日本外交年表竝主要文書 1840-1945 下』581頁。
20) 「最高国防会議臨時会議記録 (1943年2月13日) 討論事項第一案附件」中国第二歴史档案館編『汪偽中央政治委員会暨最高国防会議会議録 (二十)』(広西師範大学出版社、2002年) 303～305頁。
21) 同上。
22) 原文は以下の通り。「一、関於増加生産者　甲、改進農業技術興修水利、拓闢耕地、以求食糧及其他戦時主要農産品之充分的増産。」(同上)。
23) 原文は以下の通り。「水利事業関係国計民生、為経済建設首要工作、値茲総力参戦時期、自當有整個之計劃、逐歩實施、俾促成戦時経済、以完成重大使命。夫水利建設囲並為広泛、総其目的、積極方面為興利、消極方面為防災。前者為興辦灌漑、以増加農田之生産、発展航運、以減低物資運輸成本、開発水力、以促成工業等。後者為預防洪水汎濫、以免人民生命財産之損失。要皆與国民経済前途有莫大之関係焉。」(「建設部水利署水利事業

第 6 章　三ヶ年建設計画（1）―「蘇北新運河開闢計画」

三年建設計劃及概算草案」『水利事業 3 年計画及概算』28-05-03-006-04）。
24）興亜院政務部『情報』第18号、1940年、18頁（三好章解説『情報 第 2 冊』興亜院政務部刊、第14号～第25号、不二出版、2010年、116頁）。
25）『朝日新聞 中支版』昭和19（1944）年 2 月18日（『朝日新聞外地版 中支版』ゆまに書房、2011年）。
26）水利委員会から行政院へ「開闢蘇北新運河計劃綱要」が提出されたのは、1942年11月であったが、同史料には、「三十一年九月擬」とあることから、1942年 9 月には作成されていたと考えられる（「呈為籌畫開闢蘇北新運河以利灌溉而謀増進棉産謹擬計画綱要暨勘査費支出概算書呈請鑒核示遵由」1942年11月 7 日、水利委員会→行政院、『開闢蘇北新運河計劃』28-05-04-072-04）。
27）1920年代初めに、南通の張謇が新運河開闢を計画している（同上史料。曽志農「汪政権による「淪陷区」社会秩序の再建過程に関する研究―『汪偽政府行政院会議録』の分析を中心として―」（東京大学大学院人文社会系研究科アジア文化研究専攻博士論文、2000年、未刊行、115頁）。
28）前掲、「開闢蘇北新運河計劃綱要」（同上）。同上、曽志農論文、115頁。
29）「開闢蘇北新運河計劃綱要」（同上）。
30）同上。
31）同上。
32）中央档案館・中国第二歴史档案館・吉林省社会科学院合編『日偽的清郷』（中華書局、1995年）721～797頁。
33）前掲、「開闢蘇北新運河計劃綱要」（『開闢蘇北新運河計画』）。
34）「為本院第一三九次會議関於該會呈請籌劃開闢蘇北新運河一案、決議内容令仰遵照由」（行政院→水利委員会、1942年12月 3 日、同上）。
35）「為令飭赴滬承経委会李委員、邀集水利工程専家、前赴蘇北勘査擬闢新運河一帯現状随擬推進該項工程切実辦法具報由」（1943年 3 月13日、建設部→水利署技正馮燮、同上）。
36）「為呈報奉令邀集水利工程専家前赴蘇北勘査擬闢新運河一帯現状経過情形仰祈鑒核准予銷委由」（技正馮燮→建設部水利署、1943年 4 月21日、同上）。
37）顧世楫「履勘蘇北墾区新運河報告書」 4 頁（同上）。
38）裕華公司とは1922年 7 月に江蘇省東台県に設立された会社で棉作事業を担っていた。また同時に同省阜寧県には新農公司が設立された。設立の経緯については、以下のような史料がある。
　「裕華、新農公司　第一章　概説
　我カ國原棉ノ供給ハ主トシテ米國、印度等遠隔ノ地ヨリナサレタルカ我國トハ最近距離

143

ニアル支那ニ於ケル棉作ノ發達カ延イテハ我國策上必要ナルヲ認メラレ大正十一年ニ至リ支那側企業家張謇氏トノ提携ナリ江蘇省内東臺縣ニテハ裕華公司、阜寧縣内ニ於テハ新農公司ヲ創立シ約六百萬元ノ豫算ヲ以テ荒地約二萬一千町歩ヲ開墾シ棉作事業ヲ起スコトトナレリ、右記兩公司共支那ノ國法ニ依ル純然タル支那ノ株式會社ニシテ株主、役員以下事務員ハ支那人ヲ以テ之レニ充テ我社ハ之レニ資金ヲ貸付ケ別ニ我社ヨリハ顧問及ヒ技師ヲ派遣シテ内面的ニ業務ノ指導監督ニ任スルコトトセリ　事業着手以来既ニ二十五年餘ヲ經過スルモ我國ノ特殊權力ノ及ハサル地方ニテノ投資事業ノ事故ニ種々ノ困難ナル事情モアル上ニ排日ノ頻發、支那政情ノ變化等ノ爲メニ事業ハ乍遺憾未タ豫期ノ成績ヲ収メ得サルモ事業ノ性質上寧ロ期待ハ今後ニ懸レルモノト稱スヘク殊ニ今次支那事變ノ結果将来ハ十分好轉ノ氣運ニ向ヒタルモノト思料ス」(「各種事業関係資料（直営企業関係)」JACAR（アジア歴史資料センター）Ref.B06050146900（第25画像目)、本邦会社関係雑件／東洋拓殖株式会社／東京拓殖株式会社法改正法案参考資料（外務省外交史料館)。

39)　前掲、「為呈報奉令邀集水利工程專家前赴蘇北勘査擬闢新運河一帯現状經過情形仰祈鑒核准予銷委由」（前掲、『開闢蘇北新運河計画』)。

40)　原文は以下の通り。「即於二十一日由裕華出發、經新運河路線北至闢港、不意於龍王廟鎭與另一部隊發生誤會、全部人員被扣、嗣經各方竭力解釋、幾經波折、幸得恢復自由、不特工作擱置達三日之久、而同人遭受之打擊、輿狼狽情形、楮墨難宣。」（同上)。

41)　「為□奉國幣伍千元請代分致勘査蘇北新運河各專家由」（建設部→李升伯、1943年4月29日、同上)。

42)　「第八旅兼塩阜軍分区春季反掃蕩戦役詳報（1943年2月12日—4月14日)」中共江蘇省委党史工作委員会・江蘇省档案館編『蘇北抗日根拠地』（中共党史資料出版社、1989年）289〜315頁。

43)　「9.特殊事業／（67）裕華公司農場状況ニ関スル件」（JACAR（アジア歴史資料センター）Ref.B06050343100（第2画像目から第5画像目まで)、本邦会社関係雑件／東洋拓殖株式会社／雑件公文書（外務省外交史料館)。

44)　二点の調査内容については、前掲、顧世楫「履勘蘇北墾区新運河報告書」から引用。

45)　宿舎や食糧の他に、「淡水飲料」を得ることも難しいとあり、工事環境が厳しいことを提示している（同上、顧世楫「履勘蘇北墾区新運河報告書」10頁)。

46)　「開闢蘇北新運河及東太湖浚墾両項水利増産事業初歩推進方案」（『東太湖・尹山湖竣工工程局合同』28-05-04-039-01)。

47)　同上。

48)　同上。

第6章　三ヶ年建設計画（1）―「蘇北新運河開闢計画」

49）同上。
50）同上。

第7章　三ヶ年建設計画（2）―東太湖・尹山湖干拓事業

はじめに

　前章では、「三ヶ年建設計画」として計画されながらも、実地調査に留まった「蘇北新運河開闢計画」についてみてきたが、本章では実施された東太湖・尹山湖干拓事業（以下、東太湖・尹山湖事業と略称）について考察する。

　ここで、本章が扱う東太湖と尹山湖について、説明しておきたい。東太湖とは、江蘇省南部にある湖・太湖の東部に位置し、幅7km、長さ29.2kmの長方形をなした入江であり[1]、湖岸は呉江県・呉県と接している（図10）。尹山湖は蘇州市南東に位置する呉県尹山鎮の東にある湖である（巻末（図11）参照）。

　さらに本論に入る前に、東太湖・尹山湖事業について、以下のような新聞記

図10　上海近郊地図（1930年代）

備考：呉江の横にある部分が東太湖周辺。
典拠：日中韓3国共同歴史編纂委員会編『新しい東アジアの近現代史　テーマで読む人と交流　未来をひらく歴史』（日本評論社、2012年、42頁）から転載。

第 7 章　三ヶ年建設計画（2）―東太湖・尹山湖干拓事業

事がある。1944年2月18日の『朝日新聞』中支版に掲載された「新中国を推進する人々　今日の語り手⑱　王家俊氏」という建設部次長王家俊へのインタビュー記事である。第3章で筆者は東太湖・尹山湖事業は汪政権「独自」の事業と述べた。筆者が述べる「独自」とは、国民政府による継続事業ではなく、汪政権によって初めて着手された事業を指すものである（なぜカギ括弧つきかは後述）。そのため、この事業への期待は大きなものであった。その点を以下の記事内容からもみることができる。また、本章で取り上げる事業の内容がわかりやすく書かれているので、一部抜粋して、引用しておく。

【南京】還都後の国民政府として初めての本格的建設事業といはれる建設三ヶ年計画の実現に日夜没頭してゐる建設部次長王家俊氏に当面の建設問題をきく、（中略）
『三ヶ年建設計画の中心をなす東太湖と尹山湖の干拓工事はいよいよ測量も終つて二月ごろから着工する豫定です、（一部省略）東太湖と尹山湖の干拓工事のために近日中に蘇州と呉江に工程局を開設十五日から仕事を始める豫定です（一部省略）この浚墾（干拓）工事の隘路は揚水ポンプと人夫の確保問題です、ポンプは東太湖に六百馬力のもの十ヶ所、尹山湖には二百八十馬力十ヶ所必要ですが、資材関係で田舎に遊んでゐる農家の揚水ポンプを動員しようと思つてゐます（一部省略）人夫は一日二万人くらゐ必要ですからこれの募集と宿舎設備と食糧、工具類の確保が今から頭痛の種ですよ、何しろ両方で三百万立方㍍の土を掘り起す大工事です兎に角六月ごろまでに遮二無二工事を急いで干拓し稲の植付に間に合はせるつもりです造田後の経営は公債応募者に優先的に拂下げることになつてゐます、豫定通り干拓造田すれば東太湖四万畝から六万担、尹山湖一万畝から二万担の米がこの秋に収穫出来、中支の食糧増産に大いに貢献出来るわけです（一部省略）』と文字通り大地と直接取組んで水利の修興、造田、運河の新築など地味な農業建設に邁進しつゝあるのはと角□論倒れの空廻りの多い国府の行政にとつては誠に頼もしい存在であるとともに、この干拓事業の成否こそ国府建設部の試金石とも見られ、国府技術陣営の総帥たる王次長の自重と健闘を祈るや切なるのがある[2]

記事が伝える「初めての本格的建設事業」とは、日本の記者から見て、汪政権が「初めて」生産的な事業を実施するという意味であった。その一方で、汪政権にとってこれまでの事業とは異なり、自分たちの「国民政府」が「初めて」着手するという別の意味合いもあったと考える。「三ヶ年計画」の1つとして計画された「蘇北新運河開闢計画」はすでに破綻しており、残されていた大事業は、東太湖・尹山湖事業のみであった。この事業がいかに展開されていったのか、考察を進める。
　なお、本章では「浚墾」という用語が使用されているが、日本語の意味では、表題にあるように「干拓」をさす。史料に準じる際は、「浚墾」と用いる。
　以下、第1節では東太湖・尹山湖での干拓事業が開始されていく過程について、第2節では干拓事業の展開、第3節では干拓事業のその後として、汪政権末期から政権解体後について、考察することとする。

第1節　「東太湖浚墾」事業の開始

1　汪精衛政権による東太湖調査と「東太湖浚墾計画大綱」

　蘇北新運河計画と同様に、汪政権が「水害の防止と興利の事業をはかるため」として、東太湖の調査に踏み出したのは、1942年の冬のことである[3]。
　江蘇省政府は同年11月末に、水利委員会へ「調査東太湖辦法大綱」（以下、「調査大綱」）を提出している[4]。この「調査大綱」は、太湖は江南の水量を調整する機能を持っているが、呉県・呉江間の東太湖部分に、民が勝手に草を植えているために、湖面が縮小し、水量も減少してきている。また、その地域には重要な河道の出口もあるのだが、泥や砂で塞がり排水できなくなっており、農田灌漑や運輸・交通の障害となっているので、速やかに対処するべく、東太湖周辺の状況を確認し、最終的には収入の増加をめざすために作成された大綱であった[5]。「調査大綱」で定められた調査項目は、全13項目あり、主な項目としては、国民政府揚子江水利委員会が規定した墾田区画について、湖田の面積や洪水時の状況、西太湖と東太湖をつなぐ河道の状況、東太湖周辺の橋梁の状況などであった。
　その後、「調査大綱」をもとに、同年12月に水利委員会は同委員会技正王家

第7章　三ヶ年建設計画（2）―東太湖・尹山湖干拓事業

璋を江蘇省政府に派遣して、江蘇省建設庁県建設指導工程師喩秋明とともに、呉県・呉江両県の東太湖沿岸を調査している。調査は1942年12月26日から1943年1月19日まで実施され、同年1月25日に調査報告書が提出されている。

　王家璋によると、東太湖周辺では居民が湖の浅瀬を堤で囲み、その中を埋め立てて田畑とする「囲墾」があちこちでおこなわれており、調査時は湖面の水位が低い時期であったため、呉県では湖面が出ているところもあった。また、各地の湖とつながる川の河口には蘆が生い茂っており、日中戦争勃発後、呉県・呉江の東太湖周辺に架けられていた橋が落ちて川を塞ぎ、水流や農田の灌漑を妨害しているため、詳細な測量や全体的な計画、浚渫の実施、橋梁の回復を図るべきと報告している[6]。

　この報告書が提出されてまもない2月1日に水利委員会は建設部へと改組され（改組発表は1943年1月13日、成立は2月1日）、前章でみたように、2月13日の「戦時経済政策綱領」の決定により、水利事業も「戦時体制」に組み込まれていった。4月には「戦時経済政策綱領」をもとに、建設部は「建設部水利署水利事業三年建設計画」（以下、「三ヶ年建設計画」。詳細は第6章参照）を発表し、「蘇北新運河開闢計画」とともに、東太湖での事業も動き出していくこととなる。

　史料の制約上、具体的にいつの段階で東太湖の計画が決定されたのかは確認できない。江蘇省政府は1月末に王家璋が提出した調査報告書とその際に添付されなかった調査一覧表を3月半ばに改めて提出して[7]、4月に「三ヶ年建設計画」が発表されていることから、当計画は3月中旬から下旬にかけて審議され、4月に決定されたと推測される。

　「三ヶ年建設計画」発表後、1943年5月に「蘇北新運河開闢計画」と東太湖に関する事業方案が提出されている[8]。その方案冒頭の「概論」をみると、「「蘇北新運河開闢」及び「東太湖浚墾」両項の水利事業は、農産物の増産のために最も有効な方法であり、すでに本部（建設部―筆者注）の三ヶ年建設計画に編入されている」とある。汪政権の対米英参戦が決定されていた1942年末から翌年にかけて、東太湖を調査した際は、東太湖周辺の状況確認や収入の増加を目的とするとしていたが、方案提出時には、「農産物の増産のため」として、「戦時体制」を支える事業として説明されるようになっていた。

149

その事業方案と付随して、東太湖の事業計画について「東太湖浚墾計画大綱」（以下、「計画大綱」）が決定されている。建設部の史料として、「東太湖浚墾計画大綱節略」という「計画大綱」に関する覚書は存在しているものの[9]、大綱自体の史料を確認することができなかった。そのため、東太湖で汪政権関係者と日本の技師がおこなった現地調査（後述）の報告書に、簡潔にまとめられた「計画大綱」の大意が記載されているので、今回はその記載を引用することとする[10]。「計画大綱」の大意は以下の通りである。

　二、国民政府建設部東太湖浚墾計画要旨（一部抜粋）
　　民国三十二年東太湖浚墾計画大綱を決定す。之れが工程計画大意次の如し。
（イ）東太湖二十七萬一千畝の面積を堤防を以て囲繞し、政府監督の下に新灌漑区とし、ポンプ場を五ヶ所に設け灌漑及び排水の用に供す。此の総動力は三、〇〇〇馬力とす。
　（ロ）大囲堤の東南部に幅員七〇〇米乃至五〇〇米の排水幹線を設け大浦口、瓜涇口及び鮎魚口を太湖の主排水口とす本水路の通水能力は民国二十年の如き状況に在つては当時の総流出量約毎秒一二〇立方米の三・八倍を有するものとす。
　（ハ）本水路中に幅員三十米、延長三十八粁の低水路を設け西太湖より直ちに各排水口に達せしめ大旱年の際にも過去の如く断流せしめざるものとす。
　（ニ）大囲堤の西北部にも幅員三〇米乃至五〇〇米の水道を設け交通に資せしめると共に対岸農田の灌漑用水源たらしむ。
　（ホ）新灌漑区内の約三分の一以上の面積を以て調節地たらしむるものにして本地域内の農民住所は呉淞零上四米に地上げするものとす。
　（ヘ）太湖より澱山湖に至る間の水道を疏浚して湖水を容易に黄浦江に導くものとす。
　（ト）太湖周辺の各排水口及び呉淞江、婁江の浅き所を浚渫して其の流通力を増加せしむ。
　（チ）将来財力に余裕の生じたる場合に太湖上流の水利工事例へば茗渓上

第7章 三ヶ年建設計画（2）―東太湖・尹山湖干拓事業

流の貯水池其の他危険なる個所の築堤工事等を実施するものとす[11]。

　以上が「計画大綱」の大意であるが、（イ）から（ニ）について、もう少し要約すると以下のようになる。

　27万1000畝の東太湖を堤防で囲い、堤防で囲んだ（以下、湖を囲む堤防を囲堤と表記する）地域を「新灌漑区」と設定する。その「新灌漑区」には5ヶ所のポンプ場を設置して、囲堤内の水を給排水する。囲堤の東南部には、囲堤内からの水を流す幅員500～700メートルの排水路を設け、その水は東太湖周辺の大浦口、瓜涇口、鮎魚口へと流す。また、その排水路内には西太湖から東に向けて流れてくる水を流すために幅員30メートル、延長38kmの低水路も築き、干害に備えることとされた。さらに、囲堤の西北部にも幅30～500メートルの水路を築き、対岸の農田灌漑の水源とするとしている。つまり、主な作業工程としては、湖に囲堤を築き、囲堤内の水を給排水するポンプ場の設置、給排水するための水路の設置などであった。

　前述の「東太湖浚墾計画大綱節略」には、おおまかではあるが工期（表6）について言及されている。1943年下半期から1946年夏までを工期として、1943年下半期から1944年上半期にかけて、測量などの準備に入り、1944年4月までに囲堤を完成させる予定となっている。1944年下半期には囲堤内の抽水を開始し、1945年には水路や耕地の整理、播種をおこない、1946年には全工程完了と

表6　東太湖浚墾計画

	事　業　計　画
1943年下半期～1944年上半期	測量・準備の開始。囲堤を建設開始、1944年4月完成予定。
1944年下半期	囲堤内の抽水開始。
1945年上半期	水路・地下水路の建設、耕地の整理など。同年夏前の完成希望。播種。太湖周辺の水道浚渫。
1945年下半期～1946年夏	全工程完了。1946年より栽培開始。

典拠：「東太、尹山湖浚墾工程局工程合同」28-05-04-039-01より筆者が作成。

する計画である[12]。

工期計画にもあるように、1943年中には測量などの準備作業が予定されていた。1943年6月末から7月下旬にかけて、予定通りに実地調査が開始されることとなる。その調査は、日本からの調査団が中心となっておこなわれたものであった。

2　実地調査
（1）日本の調査団による調査

1943年6月29日、建設部水利署所属の技師蔡復初、王家璋、陶齋憲は水利署に16,200元の旅費の支給を要請している[13]。この「旅費」とは、日本の技師による東太湖周辺の実地調査へ同行するための費用であった。

日本からの調査団は、「技術協力の主旨に従ひ現地に就き本計畫を檢討し之れが實施に當り萬全を期せんとするものなり」として、同年7月3日から28日にかけて、江蘇省呉県・呉江県、浙江省嘉興県などの東太湖周辺を調査している（表7）[14]。

日本から派遣されたのは、安藝皎一（あきこういち）（大東亜省技師）・山内一郎（大東亜省嘱託・内務技師）・清野保（大東亜省嘱託・農林技師）・久保田一男（大東亜省嘱託・農林技手）他8名の計12名で、主に大東亜省や大使館付の技師たちであった（表8）。汪政権からは建設部の蔡復初（13日以降、土地改良班に同行）、王家璋（同）、陶齋憲（12日以降、治水班に同行）、江蘇建設庁工程師喩秋明らが参加している。

調査地域は、汪政権と日本が治安維持活動として展開した清郷工作の未了地域を跨いでいたため、調査は所々で日本軍や汪政権の軍隊の保護下で進められた[15]。また、暑さなどにより調査団の大半が体調不良をおこし、技師の清野保は調査中に入院しており、治安、環境ともに厳しい状況下にあった[16]。

調査開始当初は調査団一同で巡見していたが、7月13日から22日までは治水班と土地改良班の二手に分かれて、調査がおこなわれている。治水班・土地改良班はそれぞれ詳細な報告書（「東太湖干拓基礎調査概要（一）治水班」、「東太湖干拓基礎調査概要（二）土地改良班」）を残しており、東太湖の事業について、専門家の視点から提言している。以下、①治水班、②土地改良班の意見

第7章　三ヶ年建設計画（2）―東太湖・尹山湖干拓事業

表7　「友邦東太湖水利調査団行程表」
一、治水班

月　日	行　程	交　通	調査地	付　注
7月3日	上海→黄渡→陸家浜	汽船	呉淞江東段	日本の調査団治水班・土地改良班の安藝・清野技師一行9人・通訳2人を率いて、上海を出発。調査開始。
7月4日	陸家浜→寶帯橋→蘇州	汽船	呉淞江中段運河	
7月5日	蘇州			江蘇省建設庁で建設部人員と日本調査団が調査事項について相談。
7月6日	蘇州→胥口→蘇州	輪船	胥江	この日より建設部人員も調査に同行。
7月7日	蘇州→蠡墅→蘇州	汽船	鮎魚口	日本団員に松井技手加入。この日より江蘇省建設庁指導工程師喩秋明も調査に同行。
7月8日	蘇州→呉江	列車		日本団員に四方田科長加入。
7月9日	呉江→同里→呉江	民船	同里湖	
7月10日	呉江→南庫鎮牛腰涇→呉江	民船	呉家港・東太湖圩田	
7月11日	呉江→八坼→平望	列車・民船	大浦港・女□蕩	
7月12日	平望→横□→平望	列車・民船	長蕩・桃花漾・檜港口・東太湖	
7月13日	平望→嘉興	列車		この日より治水班の安藝技師一行5人・通訳1人は建設部技正陶齋憲と一緒に調査。土地改良班は呉江へ。

153

月　日	行　程	交　通	調査地	付　注
7月14日	嘉興→平湖	輪船	平湖塘	
7月15日	平湖→乍浦→平湖	輪船	乍浦塘・海塘	
7月16日	平湖→松江	汽船	掘石塘・黄浦江	
7月17日	松江→杭州	列車		
7月18日	杭州		西湖洩水閘・杭州市河	
7月19日	杭州→徳清→湖州→小梅口→湖州	砲艇	運河・東茗渓・小梅口・西太湖	
7月20日	湖州→震澤→大廟港→震澤	砲艇・民船	震澤塘・大廟港口東太湖	
7月21日	震澤→平望	車		
7月22日	平望→嘉興→松江	列車		この日土地改良班が平望に来て合流。調査団員計8人。清野・久保田・四方田3人は蘇州に滞在。
7月23日	松江→章練塘→珠家閣→青浦	汽船	黄浦江上流・青海塘	
7月24日	青浦→安亭→崑山	汽船・列車	顧浦	
7月25日	崑山→巴城→常熟	汽船	巴城塘・大横陞塘	
7月26日	常熟→蘇州	輪船	元和塘	この日で調査完了。
7月27日	蘇州→上海	列車		日本の調査団上海へ。

第7章 三ヶ年建設計画（2）―東太湖・尹山湖干拓事業

二、土地改良班

月　日	行　程	交　通	調査地	付　注
7月13日	平望→呉江→龐山→呉江	列車・民船	龐山灌漑区	治水班と分かれて、清野技師一行6人、通訳1人、建設部技正蔡復初、王家璋、江蘇建設庁工程喩秋明3人が一緒に調査。
7月14日	呉江→瓜□口→呉江→蘇州	民船・列車	瓜□港	
7月15日	蘇州			江蘇省建設庁で水門資料の捜索。
7月16日	蘇州→大湖□→民生公司→蘇州	汽船	東太湖圩田	日本の調査団高橋氏上海へ。齋藤氏が交代で蘇州へ。
7月17日	蘇州→木□→胥口→渡水橋	車・輪船・民船	西太湖東部	
7月18日	渡水橋→□車港→大缺嘴港→渡水橋	民船	東太湖南部	
7月19日	渡水橋→横涇→蘇州	輪船	横涇河	
7月20日	蘇州			日本の清野技師、急病で鉄道病院に入院。蘇州で治水班の情報を待つ。
7月21日	蘇州			治水班から平望到着との情報あり。翌日より合流。

典拠：「友邦東太湖水利調査団行程表」（『会勘東太湖情形報告』28-05-04-041-05）より筆者が作成。

表8　東太湖周辺の調査参加者

○治水班

氏名	役職
安藝皎一	大東亜省技師・工学博士
山内一郎	大東亜省嘱託・内務技師
速水頌一郎	大使館嘱託・理学博士・上海自然科学研究所研究員
馬場伊助	同上
森左馬太	同上

○土地改良班

氏名	役職
清野保	大東亜省嘱託・農林技師
久保田一男	大東亜省嘱託・農林技手
松井信雄	大東亜省技手
齋藤英夫	大東亜省嘱託
四方田芳市	大使館嘱託・華中棉産改進会
齋藤藤三久	大使館嘱託
高橋平四郎	同上

典拠：「東太湖干拓基礎調査概要（一）治水班」（『大東亜省調査月報』昭和十八年十二月、124頁、『興亜院・大東亜省調査月報　第34巻（大東亜省）昭和18年11～12月』龍渓書舎、1988年）「東太湖干拓基礎調査概要（二、土地改良班）」（『大東亜省調査月報』昭和十八年十二月、71頁、同上）より筆者が作成。

第7章　三ヶ年建設計画（2）—東太湖・尹山湖干拓事業

について見ておこう。

① 治水班

　「太湖への主たる流入河川及び排出河川並びに東太湖東方の湖沼地帯の水利的特性を調査し以て増水期及び減水期に於ける之等の持つ役割を検討し東太湖或ひは湖沼群の干拓に伴ふ水理的状況の変化を求め之れが対策を考究」することを目的とした治水班は[17]、「干拓に関し注意すべき事項」として、9つの意見を提示している。本稿では事業の進捗に関係する6点を引用する。治水班による意見は以下のとおりである。

　（イ）東太湖の干拓による太湖沿岸の洪水による影響はさまで大ならざるべし、之れによる西太湖の水位の上昇は比較的容易に舊に復すべく結果に於て東太湖による貯水量を喪失するものと考へざるを得ず、此の事実は減水期の給水源として考慮を要す。
　（ロ）東太湖の干拓の下流湖沼地区に及ぼす影響に就ては湖沼地区の相関連せる水理的資料に乏しきため其の具体的の結果を示すこと困難なり、相当の影響は考慮せらる、も之の原因は単に太湖流域の降雨にのみ依るにあらず、揚子江との関連に於ても考察する要あり、下流を現状のま、とするときは尠くとも洪水災害の頻度を増すことあるべし、三ヶ年計画の遂行に当つて之れと同時に平行して湖沼地区水理の実体を確むる要あり。（一部省略）
　〔（ハ）（ニ）（ホ）は省略〕
　（ヘ）東太湖底質は微細なる砂交り粘土にして相当支持力はある様見受けらる、も斯る材料による約七〇粁に亘る水中に於ける築堤は其の施工に相当困難を予想せらる、又常時一米内外洪水に際しては数ヶ月に亘り二米乃至二・五米内外の水位差を持つものにあつては之れが施工、維持管理に十分の用意を要すべし。
　（ト）東太湖干拓地の一部を調節池として使用するは其の位置が太湖並に之れに続く平坦なる湖沼地区の中間に在り而も其の面積の広大なるに鑑みれば此の効果には尚多少の疑義あり、又耕地に計画的に洪水を流入せしむる

場合の技術的並に経済的の処理に関しても尚十分研究の要あるべし。
　(チ)東太湖の干拓は本地域中他の個所に比し全体に及ぼす水理的影響は比較的に尠き見込なり。然し乍ら太湖を含む一円の湖沼地帯は互に有機的の関連を持つことは確かなるを以て常に綜合的の見方を必要とすべし。
　(リ)国民政府に於て近く江南水利の一般的調査研究を行ふ委員会を設置せらるゝ趣なるが極めて適切なる処置と考へらる、此の場合特に工事実施機関との関連を密にし調査研究の結果を遅滞なく計画実施の面に反映せしめるらるゝやう処置せられんことを希望す[18]。

　干拓による水理的影響の調査を目的とする治水班が下した結論は、「水理的影響は比較的に尠き見込」みとのことであった。しかし、(ロ)にあるように、東太湖周辺の湖沼地区への影響は「水理的資料に乏しきため」として、具体的な意見は明言していない。また、(ヘ)では本事業のかなめの工程である湖中での築堤作業について「相当困難を予想せらる」と述べ、(ト)の干拓地での調整池については東太湖周辺の状況から、「疑義」を提示している。今後の調査に期待する形でまとめられているものの、事業展開の困難さを予想させる見解であった。

② 土地改良班
　事業展開の困難さに言及した治水班とは異なり、土地改良班の報告書では、事業展開するための具体的な意見が多岐に亘って提示されている。報告書の前半部分では同班が思案する「方針」が示され、後半部分にはその「方針」が反映された「計画概要」が記載されている。
　前半部分の「方針」では、「東太湖干拓計画に伴ひ、太湖流域に於ける用排水の改良を行ひ綜合的治水利水の根本的計画を樹立し、之が完成を期するは中支那振興の根本的対策なりと思考せらるゝ」ために、東太湖干拓計画は水害の軽減に大きな作用を果している太湖周辺の湖沼群や灌漑排水への影響も考慮しておこなわれるべきと言及した上で、「次の如き方針により実施計画を決定するを適当と認む」と以下の6点の提言がなされている。

第7章　三ヶ年建設計画（2）―東太湖・尹山湖干拓事業

　（一）東太湖干拓は全地域の北半（一、二、三、四、五区）面積八、六一八町歩（約85.46㎢。島根・鳥取県にまたがる中海とほぼ同規模。東太湖の総面積は約196㎢―筆者注）を第一期事業とし、本年秋より着工し三ヶ年間に完成を図るものとす。

　（二）地域の区画は灌排水の便宜上可及的大ならざるを可とし、一、〇〇〇町歩乃至一、五〇〇町歩を最大限度とすること。但し止むを得ざる場合は排水機場を区分し、灌漑排水に支障なからしむること。

　（三）排水量の決定は本事業にとって重大なるを以て假定せる排水量を試算により更に確むると共に、堤防よりの浸透水を考慮し充分安全を期すこと。尚排水機は低揚程なるにより軸流ポンプ（Screw Pump）とし、可成低位置に設置し、且つ旱魃時の用水源たらしむる設備をなすこと。

　（四）堤防の断面は、地域内への浸透を極力防止する目的を以て天端幅及法共充分安全を見込むは勿論なるも、築堤用土に付きては土質の力学的研究、特に水中に於ける粘着力剪断力等に関し、豫備試験を行ひ断面決定の資料たらしむること。

　（五）第一期及第二期事業との境界には、第二期締切堤と同様構造の堤防を設置するものとし、且つ各区界堤防も相當程度堅固とし、異常災害による水災の波及を防止すること。

　（六）第一期事業地域内に約二、一七六町歩の私墾による既干拓地を包含せるも、補償買収等之が取扱に當りては地方治安を混乱せしめざる様充分なる注意を要す[19]。

土地改良班の提言で注目すべき点は、干拓範囲と事業の分期に言及している点と排水計画についてである。報告書後半の「計画概要」には、干拓範囲を区分した理由について、以下のように記されている。

　干拓の範囲に就ては国民政府の立案せる東太湖全部の干拓を行ふも、常時水深〇・七乃至一・三米なるを以て、敢へて技術的に不可能とならざるも、冬期渇水時に於ても水深尚最深部は〇・八米を有するを以て、築堤に当りては慎重なる考慮を要するものと認めらる。而るに呉江県の湖岸に属する

部分より対岸呉県に至る区域は、水深常時〇・七米内外にして蘆葦処々に発生し、冬期渇水期に於ても平均二〇糎程度の水深を有するに過ぎず。技術的に見るも施行頗る容易にして、現下物価変動甚しき時期に於て行ふも、今後営農経理上適当なるものと思考せらるゝに依り、之の地域八、六一八町歩を第一期事業とし、現下の食糧増産の急務なる要請に沿はんとし本年秋より着手し三ヶ年間に完成を図るものとす。而して残余一一、〇一〇町歩は第二期事業として、太湖水利の充分なる検討を行ひ、諸物価の安定したる後、綜合計画と共に実施するを適当と認むるものなり[20]。

最終的には東太湖全域を対象とするものの、水中での築堤作業への懸念により、まずは東太湖の北半分を第一期事業の区域として、1943年秋より着手すべきとされた。一方、残された地域は、第二期事業として、「太湖水利の充分なる検討を行ひ、諸物価の安定したる後」に着手するのが適当とされ、「方針」（五）にあるように、第一期と第二期事業の境界は「相當程度堅固」な堤防で区切るよう提言されている。

「方針」（二）、（三）の排水計画については、「計画概要」に次のように記されている。

ハ、排水計画
本計画地域は常時水面下にあり、自然排水は全然不可能なるを以て全部機械排水に依らざるべからざるも、地域外よりの悪水の流入は外囲堤防の設置により考慮の必要なく、単に地域内の降水を稲作に影響なき範囲内に於て排水せしむれば可なり。
（中略）尚本地域の区画は、灌漑排水の便を考慮し一区画一、四〇〇町歩内外を限度とし、内堤を設け区分するものにして、第一第二期事業を通し十三区に分つ。
排水機計画は龐山灌漑農業実験場の実例より見るも、堤塘よりの滲透水は如何に築堤工事に細心の注意を払ふと雖も水中工事なるを以て相当量の漏水あるを予想せらるゝにより、充分余裕を見込み民国二十年の降水に対しても大体に於て支障なきを期せり。

第7章　三ヶ年建設計画（2）―東太湖・尹山湖干拓事業

　排水機場の位置は出来得る限り低位部に之を置きたるも、第一第二区面積二、〇〇〇町歩以上なるを以て機場を二ヶ所に分ち排水機の便を図れり。地区内排水幹線は中央に置き、東部排水路は洪水時の太湖水量の排水路とし、夏期は地域の用水幹線とし、樋門を設置し、地域内に自然灌漑を行はしむるものとす[21]。

　湖底に堤防を築き、完成後は干拓地とするこの事業において、排水は重要であり、第一期事業の区画が5つに区分されたのも、灌漑排水を考慮してのことであった。

　この排水計画で興味を引くのは、龐山湖灌漑実験場（第5章参照）が実例として参考にされている点である[22]。土地改良班による報告書には、当初「東太湖周辺の農業事情」という一節が設けられていたが、大東亜省の意向により、その節は独立して一つの報告書としてまとめられている。「東太湖周辺の農業事情」は、当地域の農業事情として、1930年代から電力による灌漑排水がおこなわれ、日中戦争後も事業が展開されていた龐山湖灌漑実験場について詳細に考察した内容となっている。同報告書は龐山湖灌漑実験場の事業を「中支に於ける大規模湖沼干拓の嚆矢」と位置づけて[23]、詳細な考察を展開しており、調査団に参加した技師や大東亜省が龐山湖灌漑実験場に強く関心を寄せていたことがうかがえる。

　また、日本の調査団に同行した建設部の蔡復初たちは、調査後の報告書で土地改良班による調査に言及し、「龐山湖の模範灌漑区の給排水状況、管理組織方式の詳細は東太湖浚渫計画の参考となった」と記している[24]。汪政権と日本によって模索された東太湖干拓計画は、龐山湖灌漑実験場の経営方法から着想を得ていたのであった。

　土地改良班による提言は、水理面から事業の困難さをうかがわせた治水班と比較すると、明らかに干拓事業に向けて積極的なものであり、「提言」の域を逸脱して、事業計画そのものを思わせるような内容であった。事実、同班による第一期・第二期との事業区分案（汪政権では東太湖甲区・乙区と表記。巻末（図12）参照。日本は第一期事業区を5つに区分すべきと提言したが、実際には4区分で事業は展開された。巻末（図13）参照）などが採用されており、日

本の意向が反映されたのである。

(2)　「東太湖測量隊」と「尹山湖浚渫計画」

　日本の調査団が活動を続けていた1943年7月22日、建設部は同部水利署の陳徳明を測量隊総隊長として、「東太湖測量隊」（以下、測量隊と略称）を組織し、東太湖の測量を命じている[25]。

　同年8月2日に測量隊は、測量調査の現状について述べた文書を水利署に送付している（文書到着は8月4日）。測量隊は東太湖東南岸の牛腰涇から南庫鎮一帯の測量おこなっているものの、範囲が広大で、「湖周辺に宿を取れる所も少な」く、葦などが植えてあるので「随時上陸することもできない」。凶暴な匪賊が出没し、「思想も異な」り、「組織を持ち、策略があるので、実に対処しがたい」と、測量が「困難な状況」にあると説くものであった。さらに、1942年末の江蘇省政府、1943年の日本の調査団による両調査は軍隊による保護があり、長時間留まることもなく、「危険性は極めて低かった」が本測量隊は終日、湖内かつ小船で作業するため危険が伴う。作業効率を上げ、危険性を減少させるために、浅瀬を航行できる木炭船を用意して欲しいと、測量隊から水利署へ要望が上がっていた[26]。

　では、測量隊からの要望は解決し、作業は進んだのであろうか。その答えは「三ヶ年建設計画」の準備機関であった水利増産委員会の同年11月の文書に、「8月初めに汽船を用意して、救済に当ってくれるよう請求したが、事実上困難で実現しなかった」。しかし、「施工期間が迫っていた」ので、必ず完成させるようにとして、「期限内に甲乙両区の詳細な測量は完成することができた」と記している[27]。結局、要望は叶わない中で作業を進めざるを得なかったのである。

　測量隊は「困難な状況」にありながら、3か月半の期間内で東太湖の測量作業を終えたが、急遽、作業期間延長を命じられている。その理由は新たに蘇州と呉江間にある尹山湖の測量を命じられたためであった。尹山湖の事業が実施されることとなった経緯について、以下のように説明されている。

　　水利増産委員会は来年度の計画事業として、蘇州・呉江間に位置する尹山湖浚渫工程を計画している。この事業は以前に日本大使館経済課が工程計

画大綱を作成したもので、本会は実施すべきと認め、東太湖甲区の事業と同時に実施することを決定した[28]。

　尹山湖の事業が決定されるまでの経緯を説明した史料は管見の限り、確認できていない。そのため、推測とならざるを得ないが、当初の「東太湖浚墾計画」にはもちろん、「三ヶ年建設計画」自体に尹山湖の事業計画は含まれていなかった。1943年の日本の調査団による報告書にも尹山湖については記述されていないが、尹山湖のある周辺も調査地域に含まれていることから、その際に調査がおこなわれ、その上で「日本大使館経済課」から「工程計画大綱」が発案された可能性がある。

　測量期間が延長となった測量隊は、同年11月末には尹山湖の測量も終え、年内に作業を終えている[29]。現在確認できる範囲で尹山湖の事業（巻末（図14）参照）について、詳細に議論された形跡はなく、測量隊による作業完了により、事実上のゴーサインが出たのであった。ちなみに尹山湖での作業は湖中に湖を囲む堤防を作り、湖水を抽水して湖底を乾燥させる作業が計画された。その作業には抽水機だけではなく、抽水機船も使用されている。

　事業開始に向けた実地調査や尹山湖の例をとってみてもわかるように、汪政権にとって「独自」の事業であっても、そこには日本の姿があったのである。筆者がカギ括弧つきで「独自」と記した理由はその点にある。

第2節　事業の展開

　江蘇省政府による実地調査から開始された東太湖での事業は、1943年の年末から事業開始に向けて、本格始動していった。本節では事業を担う専門機関の設置から東太湖・尹山湖で展開された事業の状況までを順次見ていくこととする。

1　東太湖尹山湖浚墾工程局の設置と請負業者の決定

　測量などの実地調査が一段落ついた1943年12月、東太湖・尹山湖事業の専門機関として、東太湖尹山湖浚墾工程局[30]が設置されることとなり、局長に譚

祝百、総工程師に黄載邦の就任が決定している[31]。東太湖尹山湖浚墾工程局（以下、浚墾工程局と略称）は1944年2月1日に、蘇州で正式に成立している。

浚墾工程局にとって最初の仕事は、湖の中に設置する堤防工事を請け負う業者の選定であった。その選定は東太湖・尹山湖（以下、それぞれ東太湖事業、尹山湖事業と記す）ともに入札方式で行なわれている。

東太湖事業の入札は1944年2月26日に浚墾工程局でおこなわれ、公大・政興・中国・聯業の4建築公司と瑞龍・仁和・王栄記・劉裕記の4営造廠、計8つの業者が参加した。東太湖事業は全4区の作業現場から構成されていたため、区ごとに入札が進められたものの、どの業者も浚墾工程局が設定する最低基準価格を上回る金額を提示し、第3区に至っては入札を希望する業者はいなかった[32]。そのため、同年3月9日に再入札（公大・裕興・中国・聯業の4建築公司、葉和記・新月記・仁和・張新記・新永記の5営造廠、計9つの業者が参加）がおこなわれ、第1・2区を葉和記営造廠、第3・4区を新月記営造廠が落札している[33]。

尹山湖事業の入札は同年3月18日に公大・聯業の2建築公司、新永記・仁和・新月記・張新記の4営造廠が参加して、公大建築公司（以下、公大公司と略称）が落札している[34]。

落札した業者は、落札後、浚墾工程局と契約を交わす。次項と関わる部分なので、契約について確認しておきたい。史料の制約上、尹山湖事業の公大公司との契約書を参考にする。

浚墾工程局と公大公司は、「建設部東太湖尹山湖浚墾工程局建築尹山湖堤渠工程合同書」（以下、「合同書」と略称）に1944年3月24日に調印している。「合同書」には、工事する際の詳細な取り決めである「建設部東太湖尹山湖浚墾工程局建築尹山湖堤渠工程施行細目」（以下、「施行細目」と略称）も付されており、業者はこれらの契約書に規定されることになる。

では、どのような契約がなされたのか。「合同書」と「施行細目」それぞれをみておくが、多岐に亘るため、事業の展開に関わる規定・人・資金に関する条文を対象とする。

まずは「合同書」については、以下の6点を挙げておく。ここでは便宜的に浚墾工程局を甲、公大公司を乙と明記する。また、東太湖、尹山湖両事業で作

業にあたる労働者のことは史料に則して、以下、「工夫」と記す。

四、本工程で必要な工具及び一切の設備については、特別に規定され、甲方が供給したもの以外は、乙方が準備する。

九、本工程は合同書に調印した日から5日以内に、乙は工夫、材料、工具を作業現場へ送って着工し、90日以内に期限切れさせずに完成させなければならない。もし期限切れとなった場合は、乙方に一日あたり4万元の罰金を課す。甲方は工費もしくは工程保証金（20万元—筆者注）内から罰金を差し引く。しかし、風雨や予想外の災害に遭い、人力で阻止できずに作業ができない日については、甲の工程管理人が発給する停工証もしくは甲が延期を批准したものがあれば、この限りではない。

十、本工程の工費2087万2182元は以下のように、発給する。第一期は合同書調印後、工費250万元を前払いし、乙はすぐに工事を開始する。甲が全抽水機器が抽水を開始したことを確認した上で、続けて工費250万元を前払いする。第二期分は工程の進捗度が2割以上に達した時に、今期工費の9割を支払い、同時に前貸しした100万元を返済する。（一部省略）

十五、本工程期限内にもし天災に遭い、工程を停止・遅延させなければならない時は正式な報告書で停止の原因を釈明し、送らなければならない。甲方の工程管理人がもし人力で防止することができないと認められれば、所定の完成期限を延長することができる。延長日数については甲方の工程管理人が審査の上、決定する。

十六、工程期間中に作業ができない天候にあった場合、乙方は甲方工程管理人の指示により、工程全部もしくは一部、一時的に工事を停止する。すでに完成した工程は方法を講じて保護して、損壊を免れるようにしなければならない。

十八、あらゆる乙方の職人たちの食事と宿泊などは、みな乙方が処理すること。乙方は工人が常軌から外れた行動で、事故を起こした場合、乙方が責任を負うこと[35]。

続けて、「施工細目」には以下のような規定がある。

第一章　総則
　三、あらゆる一切の材料、工夫の食事、船・車、消耗する工具などは、特別に規定したもの以外は、請負人が供給し、本工程の工費に含まれることとする。
　五、本工程で必要な材料のサンプルは、みな請負人が供給し、施工前の検査で合格したものを採用する。また、作業現場に運んだ材料は監工人の検査を経て、サンプルと一致したものは持ち込むことができる。それ以外の物は現場に置いておくことは出来ない[36]。

　落札した請負業者は、浚墾工程局との契約調印日から5日以内の着工を求められ、90日という工期を守るよう規定された。基本的に事業に必要不可欠な物品や人の徴集については、請負業者に任されていた。工具などはサンプルの提供が求められ、物一つにしても検査を通さなければ、作業現場への持ち込みは出来ないこととされた。第4章でみた淮河工事の場合、工具は労働者が個々で準備することとされたが、労働者の徴集は安徽省政府や鳳陽県政府など、地方政府が担当していた。
　淮河工事では、人手不足により、民工の徴集が何度も説かれたが、東太湖・尹山湖事業ではそのようなことはなかった。それは、工夫の徴集よりも、食糧管理が問題となったためであった。

2　事業の開始
（1）事業の開始と食糧問題の発生
　1944年3月24日に東太湖事業、3月29日に尹山湖事業がそれぞれ着工した。着工に伴い、各事業には工事を監視する監工所が設置された。東太湖事業では各区で大堤の築堤作業と灌漑に用いる水路（灌漑総渠）の建設が、尹山湖では湖に沿って、湖を囲む堤防の建設が始まり、両事業ともに同年6月末までに完了することとされていた[37]。
　事業が始まって10日ほどしか経たない同年4月5日、浚墾工程局局長譚祝百は両事業の工夫の食糧確保が困難になっていると建設部へ報告している[38]。その原因は「糧食統制が厳密な時なので、大量の食糧調達が困難」であったため

第 7 章　三ヶ年建設計画（2）—東太湖・尹山湖干拓事業

である。当時、食糧統制機関の米糧統制委員会（以下、米統会と略称）[39]は米の自由運搬を禁止する措置をとり、両事業の着工まもない 3 月31日より施行されていた。

　前項でみたが、工事に必要な一切のものは請負業者が用意しなければならなく、工夫への食糧も然りであった。そのため、両事業の請負業者から浚墾工程局へ至急米産地から買い入れるか、米統会から調達して欲しいとの要望があり、工夫の食糧が欠乏すると必ず工事に影響し、害になるとして[40]、4 月11日に譚祝百らは上海の米統会に赴き、宜興の倉庫からの発出という条件付きで、1000石の配給を許可してもらっている[41]。

　1000石の配給が決定したところで、工夫の食糧問題が解決されることはなく、影響がじょじょに出始めていた。

　東太湖事業では米の統制の影響が出ており、労働者の食糧確保が困難な状況を伝えている。労働者の数も僅か1200余名のみで、食糧が確保できないと現場を離れていく恐れもあり、まさに「労働者の食糧が本工程のキーポイント」となっていた[42]。

　一方、尹山湖事業では作業が順調に進んでおり、まだ食糧問題は顕在化していなかった。米統会からの配給分として、尹山湖事業には200石が充てられた[43]。しかし、尹山湖だけで4000石が必要とされており、近いうちに食糧確保が困難となり、作業の停止が危惧されるようになっていた[44]。

（2）馬遠明の「視察報告書」

　譚祝百からの報告を受け、事態を重くみた建設部は同部水利署工程処処長馬遠明を現地に派遣している。5 月20日に馬遠明が提出した報告書には、両事業の現状や善後策が述べられている[45]。

　馬遠明は 5 月 7 日に東太湖、翌 8 日に尹山湖を視察している。東太湖では全 4 区の現状を記している。全部で 2 万人が必要とされた労働者数は第 1 区が60余人、第 2 区は約100人、第 3 区は約300人、第 4 区が700余人、合せて約1160人前後であり、譚祝百の報告人数と大差はない。人数も足りないこともあり、工事の進捗も芳しくなく、進められていた作業も「規定と合わ」ず、「手抜きしていること疑いない」場所が多々あるとしている。

工夫の待遇については、飯場が各所に作られていたものの、水中での築堤作業が中心の第3区では、マラリアと思われる病が工夫の間で流行して、すでに死者も出ているとあり、食糧問題のみならず、厳しい労働条件下にあった[46]。前述した東太湖工程の入札時に、当初第3区の入札参加業者が表れなかった理由は、同区の作業環境が苛酷なことを業者が知っていたためと推測される。
　尹山湖では抽水船による抽水作業が進められていたが、予定よりもだいぶ遅れていた。周辺の農田は灌漑上、湖の水を必要としており、抽水と農繁期がぶつかると農作業に影響を及ぼすために、灌漑用水路の建設を先にすべきとしている。
　なぜ今、両事業が困難な状況に陥っているのか。馬遠明は1、充分な準備もせずに、農繁期や水が多くなる時期を見込まずに作業を開始したため。2、請負業者があらかじめ食糧を準備していなかったため。3、工事の進捗が緩慢で規定と合致していないため。4、請負業者の作業処理能力に問題があったためと困難な状況に至った理由をあげている。一点目の理由がすべての原因であるのだが、それをカムフラージュするかのように、一切を請負業者に責任転嫁しようとしている点が気になる。
　そこで工夫の食糧もなく、作業も「緩慢」な状況にあった両事業の善後策として馬遠明が提案したのは、両事業の一時中断であった。6月末から同年10月まで中断し[47]、11月から再開し、明春までに東太湖甲区（第一期）と尹山湖の干拓を完成させるとした。その際、作業には請負業者による「搾取の弊害」を避けるために、できるだけ農民を動員したいとしている。この点より、請負業者への強い忌避がみてとれる。また、責任を負う少人数のみ残して、浚墾工程局の業務を適当な時期に終了させるべきとも提案している。馬遠明の善後策は、あくまでも「善後策」として出された意見であったが、基本的にはこのまま採用される形となっていく。それを後押ししたのは、請負業者との対立であった。

（3）請負業者との対立と作業の中断
　これまで着工早々、作業が停頓していく過程を見てきたが、停頓と同時に事業主の浚墾工程局（＝汪政権）と請負業者の関係は悪化していった。
　1944年5月15日、浚墾工程局は公大公司から全工程の2割の作業が完了した

第7章　三ヶ年建設計画（2）―東太湖・尹山湖干拓事業

として、第二期分の工費発給を要請していると建設部へ報告している[48]。「合同書」での取り決めで、全行程の2割が終了したと浚墾工程局から認可されると、第二期の工費を発給するとされており、尹山湖監工所の認可があったとして公大公司から要請されたのであった。

しかし、建設部はすぐに反応しなかったため、公大公司は「資金を待った期間、中断して発生した大きな損失」への補償を浚墾工程局へ要請している[49]。第二期工費の支給が「いつになるか確定しないので、工程の進行は停頓して」おり、抽水機船の賃借期限が迫ってきているが、「引き留めておくことはでき」ず、「次はいつ継続的に抽水できるのかわからない」と[50]、作業の中断を引き合いに出して、工費の発給を要請したのであった。

公大公司からの度重なる要請に対し、建設部は浚墾工程局に「本部の各方面からの報告を根拠とした詳細な見積もりを経ると、明らかに事実と異なっているので、厳しく却下するよう」命じており[51]、公大公司への回答はこれのみであった。公大公司は5月19日よりすべての作業を中断し、5月30日には抽水機船が尹山湖を離れており[52]、尹山湖での作業は5月の段階で事実上、停止している。

ほぼ同時期に、東太湖事業も似たような状況に陥っていた。5月29日に譚祝百は東太湖工程第1・2区を担当する葉和記営造廠の代表葉漢忠から、以下のような意見が届いていると建設部に報告している。葉漢忠は業者側が食糧の確保することと規定されたものの、「違反はできない」と、急に始まった食糧統制に皮肉を込めた上で、以下のような意見を述べている。

　単に無益な事業は恐らく逆に害をもたらし、この工夫の食糧問題は私一人の力で解決できるものではありません。ただ、貴局には速やかに救援を賜りたく思います。さもないと、一旦食糧が尽きると、現在現場にいる仕事仲間が散らばってしまい、きっと作業は中断してしまい、私は責任を負いかねます。現在の環境から論じますと、食糧が続かないこと、また雨季が迫っていることから、一時作業を中断するのがよろしいかと考えます。すでに完成した事業は保護し、食糧問題は綿密に計画し、秋になるのを待って、再び施工するべきです[53]。

食糧問題にめどが立たず、工夫の離散が危惧されるなかで、作業を継続する意味はなく、一旦中断して態勢を整えるべきとする業者側からの提案であった。前述した馬遠明も報告書のなかで、事業の一時中断を説いていたが、現場からも中断を願う声が上がる状況になっていたのである。

上記の史料が送られた同日、譚祝百は東太湖工程の工夫の状況を伝える文書も建設部に送っている[54]。各区の工夫の数は、第1区で70名、第2区で96名、第3区で130名、第4区は1204名であり、200名以上が5月半ばに夜逃げしたとある。さらに第3区では5月5日より食糧が尽き、「怠業」状態となり、8日に呉江城区警察署長が仕事を再開するように訓話したが、「頑固」な工夫たちは仕事に戻らなかった。そのため、第3区の労働者全員を第4区に移動させて作業させようとしたものの、工夫が姿を消してしまい、同区は停止状態となったと伝えている。

このような状況に浚墾工程局は業者に対し、「両湖の浚墾事業は単に増産建設と関係するだけではなく、大東亜戦争に協力する重要な任務を負っており、国内が注視していて責任はとても重い」と述べ[55]、時間が経っても工事は進捗せず[56]、食糧の確保を「口実」に作業を中断させようとしていると痛烈に批判したのであった。

譚祝百の報告への建設部の回答は、両工程の今後の方針を定めた「対処辦法」（以下、「辦法」と略称）を将来に向けて備えよとのことであった[57]。その命令を受けて、浚墾工程局は6月7日に「辦法」の草案を建設部に提出している。

この「辦法」は、「作業の進展は見込めず、本年の増産は望めない」と計画の失敗を認めた上で、一旦事業を中断し、秋以降に準備を整えて工事再開をめざすとした計画案であった[58]。その善後処置として、完成部分と業者への対応について挙げられており、完成部分はしばらく看守をつけて監視することとされ、尹山湖については、「無知の郷民が勝手に破損するのを厳しく防止する」とも付されている[59]。一方、業者については、そもそも増産が望めなくなった理由は「種々の困難と業者の食糧問題により停頓に陥った」ためとして、これまでと同様に業者の責任を強く問い、業者に対し損害賠償請求を計画しているとまで記している。

「辦法」の最後には、「経常費の緊縮」について記されている。事業の進展も見込まれないなかでの一番の緊縮方法は人員のカットであった。「辦法」の草案が提出されて以降、6月27日を最後に浚墾工程局から発出される文書は途絶えている。この「辦法」の底本となったと思われる馬遠明の「視察報告書」の善後策には、6月末から10月まで事業を中断すべきこと、適当な時期に浚墾工程局の事業を終了すべきとあった。まさに馬遠明の善後策に従って、東太湖・尹山湖事業は「中断」されたのである。

（4）地域住民からの請願

　東太湖・尹山湖事業がおこなわれていた周辺の地域住民たちは、この工事をどのように見ていたのだろうか。両事業について、地域住民が請願書を送っているので、見ておきたい。

　東太湖事業では、呉江県第1区[60]湖西郷郷長沈元吉からの請願書が、同県第1区区長鄧錦慈を通して、東太湖工程監工所主任梅景才のもとに届けられている。内容は、同県湖西郷には太湖のほとりに農民の湖田が多数あり、以前に「東太湖建設工程隊」が各郷関係者を集めて「農民の利益は邪魔しない」と言っていたのに、湖田に竿を立てて囲んでしまっている。また、川から湖へ出入りする河港も囲ってしまおうとしており、もしこれに従っていると、「全郷農民の生命」が絶たれ、農田が集中する河港に一旦囲い（堤防）ができると「将来の灌漑の源」が絶たれてしまうため、別の路線で実施してくれるよう請願している[61]。

　次に尹山湖事業への請願書は、呉県第11区[62]獨墅郷郷長張龍福、尹山郷郷長章錫鈞ほか農民81名の連名で、5月1日に作成され、5月半ばに尹山湖監工所へ届けられている。内容は以下の通り。

　　政府が実施している農業増産の命令により、東太湖・尹山湖浚墾事業が推進されています。現在、すでに尹山湖周囲の湖に注ぐ川には一律に堤防が作られ、水源と隔絶されようとしております。湖周辺の農田は尹山湖の水を用いることができなく、また他の湖の水流が入ることもありません。尹山湖の水に頼っているのは、獨墅郷横漊浜の約900余畝、西涇湾の約700余

畝、坟堂浜の約500余畝、尹山郷北浜村の約400余畝です。横溇浜、西涇湾、北浜村の三か所には村落があり、それぞれに住民がいて、5、60戸くらいあります。農船を用いなければなりませんが、湖に注ぐ川に堤防が作られては出入りができなくなります。現在、耕作期が迫り、もし船を出せず、種蒔きの時期に間に合わなければ、数千の肥沃な土地が石となるだけでなく、200の農戸が餓死してしまいます。民意が焦燥しているため、みんなで方針を協議するようなことはできません。ただ貴局に横溇浜、西涇湾、北浜村の三か所に築かれている護岸に1つの道をあけて湖の水を入れて、数千の農田に灌漑をもたらしていただければ、農船で耕作することができ、開通すれば、息絶え絶えだったものに生きる機会が与えられます。(一部省略)人員を派遣して調査していただけますよう、お願いします[63]。

尹山湖周辺では、政府の「農業増産の命令」によって、堤防が作られようとしており、それにより湖から灌漑用水が引けなくなることへの農民たちの不安が表れた請願書となっている[64]。

東太湖・尹山湖両事業に届けられた請願書への建設部・浚墾工程局の回答は、それぞれ以下のようなものであった。東太湖事業の請願への回答は、「該工事区の請負業者葉和記はすでに作業を進めることができなく、該郷長が要請した路線の変更については、将来工事が再開される時に再度、調査して処理します」[65]。次に、尹山湖工程の請願への回答は、「該湖の抽水作業は5月19日から全部停止しており、今、湖には余った水が多くあります。農田灌漑にはしばらく問題はなく、新しい計画を施行する必要はありません」[66]。

周辺住民の懸念は奇しくも、工事の中断によりひとまず落ち着くこととなる。しかし、この2件の請願は、両事業が周辺住民の総意のもとで実施されていたわけではないことを証明している。民衆からの請願については、第4章の淮河工事でも取り上げたが、淮河と東太湖・尹山湖の例を比較すると、両者とも生活が奪われかねないとして請願している点は共通している。相違点は淮河の場合、民衆から政府に救援を求める内容であったが、東太湖・尹山湖については、政府の行動に民衆が抗議する請願であった。この点からも水利政策が持つ意味合いの違いが見て取れよう。

第7章　三ヶ年建設計画（2）―東太湖・尹山湖干拓事業

第3節　事業の再開と1945年以降の尹山湖

1　事業の再開

　1944年6月末に中断された東太湖・尹山湖両事業は、同年11月に尹山湖事業のみの再開が決定され、1945年元日からの再開をめざして、準備が進められた[67]。これまで、工事に必要な物品は請負業者に一任されていたが、再開にあたっては、建設部が調達にあたった[68]。なかでも食糧と抽水機船の調達に重点が置かれた。

　食糧は再開決定直後に、米統会に工夫6000人の3か月分の食糧として、米8000石の援助を要請している[69]。尹山湖の水を抽水・乾燥させるために不可欠であった抽水機船については、同年12月半ばに水利署の人員が無錫中央農具製造廠へ派遣され[70]、抽水機船40隻を1945年1月1日から30日まで借用する通告を出している[71]。

　食糧、抽水機船、その他の必需品の調達準備は進められていた一方で、担当機関などの機構の整備は大幅に遅れていた。再開後の担当機関は「尹山湖工程施工辦事処」（以下、施工辦事処と略称）であり、1945年1月12日に蘇州に成立している（後述）。また、主要役職以外の人事の決定は2月に入ってからであり[72]、処長は建設部部長の傅式説、副処長は水利署副署長の許公定がそれぞれ兼任している。

　組織の整備が遅れている状況下で、事業は展開できたのであろうか。当初、1945年の元日から作業開始とされていたが、1月3日の史料には「1月中旬に抽水を開始すると決まった」とあり、元日には開始されていない。

　その理由は、今回も食糧問題であったと考える。建設部は工夫の食糧について、「盟邦の軍部との交渉に目鼻がついた」と1月24日の文書に記している。「盟邦の軍部」に支援を要請したのは、工夫6000人の3か月分としての米8000石であり、前年11月に米統会に要請した内容と全く同じであった[73]。おそらく前回同様に、米統会からの支援を得ることができず、1945年1月の段階で食糧は確保できていなかったのであろう。そのために機構や人事の整備が後手に回っていたのではないだろうか。施工辦事処副処長許公定は「軍部」に要請した米8000石（1月分3000石、2・3月分各2500石）中、1月分が2月5日に届けら

れると1月24日の文書に記している。前述の人事が決定したのも2月1日であることから、米の支給決定を待ってからの始動とする、「様子見」の状況が建設部にはあったのではないだろうか。

　実際に建設部の「様子見」を以下の点から確認できる。許公定は物品の購入に関する建設部宛ての文書（1944年12月18日）で、「まだ湖の抽水はしていなく、労働者も集まっていない」ので、「万が一、中止になった時に、手放しやすい」最低限の物品を購入しておくことにすると報告している[74]。

　また、1944年11月半ばに江蘇省政府などを経由して、尹山湖の地域住民から請願書が届いている。この請願書は尹山湖と接する呉県郭巻鎮鎮長方景康、副鎮長陳道生が送ったもので[75]、「尹山湖浚墾工程が停頓して以来、水流が阻まれ、灌漑や衛生に影響をもたらしています」。「水道の交通も阻まれ、鎮市の川の水は青黒くなり、幼虫が繁殖しています。鎮民の飲料はここから汲んでいるため、病が増えてきています」と、尹山湖事業による環境の変化が現地に悪影響を及ぼしており、周辺では湖に灌漑を頼っており、湖水の水位が低下してきている。速やかに尹山湖を「開放」して救済して欲しい、つまり湖に作った堤防などを取り除いて、救済して欲しいとするものであった[76]。

　建設部の回答は「尹山湖工程が続行されるかどうか、近日中に決定されるので、確定後、対応する」（1944年12月19日）としている[77]。許公定の報告と請願書への回答からわかるように、工事開始予定日が迫る12月下旬に、工事が「中止」される可能性があると建設部は認識していたのである。そのため、食糧調達の可否などを「様子見」しながら、事業実施の可否もうかがっていたのではないだろうか。

　史料の制約上、工夫や抽水機船の存在、日本軍からの食糧支援の有無[78]も不明であり、作業の経過状況を知るのは難しいが、水利署の『工作報告』史料に、作成日不明の「三十四年七月份本部招待新聞記者談話資料」という史料がある。件名にあるように、建設部が新聞記者への談話用に作成した資料と思われるが、その中に尹山湖事業に関する記述がある。尹山湖事業は「1月12日、蘇州に施工辦事処を設立して以来、3月末に湖水すべての抽水をおこなうために、堤防工事を進め、5月13日までに完成し、出水河も6月初めに完成した」「地権は政府に属し、湖岸の農民や熱心な農業者を招致して、開墾を行なっ」たと

第7章　三ヶ年建設計画 (2) ―東太湖・尹山湖干拓事業

ある。最後に「現在、該施工辦事処はすでに6月で終了し、「建設部新拓尹山湖農地管理処」を改めて設け」、農民を指導すると記されていることから[79]、3月末以降に作業は実施されていたのである。

　汪政権の解体が迫る1945年7月末、施工辦事処は水利署への文書の中で、尹山湖事業について、「現在、すでに大部分が完成し、(施工辦事処は) 6月末に終了、解消するよう命じられ、新規農地開拓整備の事務を管理する新機構が組織される」と記している[80]。具体的にどのような作業を経て、「大部分が完成」に至ったのか不明であるが、上述の新聞記者用の史料と内容は一致している。

　また、汪政権解体後の1945年10月に国民政府関係者がまとめた報告書には、光復前後の尹山湖の状況について、以下のように記されている。

> 新拓尹山湖農地管理処は偽水利署が管理し、当初の部署名は「浚墾工程処」でした。敵の投降後、地下工作員や軍隊が蘇州に到達し、偽組織を強く問い詰めたところ、該処が以前から持っていた食糧百余石を出してきました。家具は若干運ばれており、偽組織人員らは反抗できなかったようです。(一部省略) ここの耕作可能な面積は約8000畝で、現在晩稲が約2000畝生育されています。抽水機が合計で6機あり、毎日3機稼動しています。みな木材を燃料とし、菜種油を潤滑料としており、事業を継続しています。今年初めて耕作を始めたので、まだ小作米は収められていませんが、以後、自給できるようになるでしょう[81]。

　この報告書は1945年10月に、国民政府水利委員会技正李崇徳が龐山湖灌漑実験場と尹山湖を視察した際にまとめられたものである。1945年7月末の文書にあった新機構は「新拓尹山湖農地管理処」のことを指していることがわかる。また、抽水機を稼働して事業が継続されているとあることから、汪政権による尹山湖事業は1945年8月の政権解体時まで継続されていたといえよう。

2　汪精衛政権解体後の尹山湖

　汪政権解体後、尹山湖周辺の住民たちは尹山湖事業をどのように見ていたのか。改めて、住民たちからの請願書より確認しておくこととする。

1946年６月、江蘇省呉県の郭巷鎮鎮長孫杏生は、獨墅郷郷長呉文炳他３郷長の連名で、国民政府農林部へ尹山湖の原状回復を願う請願書を提出している[82]。
　尹山湖の干拓計画は、日本の提議を受けた「偽組織」が「民国32（1943）年から工事を開始」し、「２年に及んだ工事も半分しか進まず」、人民は「隠れて害を受」け、「敵偽の威力の下にあって、訴える方法はありませんでし」たと振り返っている。では、人民はどのような「害」を受けたのだろうか。

　密かにこの工程を継続しようとしていると聞きました。これは一時しのぎでしかなく、国にとって無益で無駄に我々を苦しめるだけです。政府は賢明にこの命令を出さないようお願いします。尹山湖は郭巷鎮の東にあり、尹山・獨墅・大通・蘆絮の各郷にまたがった広く寂しいところで、川が分岐し、舟の往来に便がよいところであります。湖の周りに堤が築かれてから、河港の流れが断たれ、帆柱を挙げる船は僅かになりました。特に交通が阻害され、もし大雨や日照りに遭うと、水干害となりやすくなり、被害も大きくなります。もし水があふれた時に排水する方法がなく、干害となったら水源が遠く灌漑しがたくなります。（一部省略）いかんせん、（干拓により―筆者注）田となるのはわずか7、8000余畝で、耕作できるのは2、3割に過ぎません。もともとの農田の被害数はその数倍に及び、損失の埋め合わせにはなりません。（一部省略）昔の郭巷鎮は商業がとても盛んでした。交通が阻まれて以来、旅行者は回り道をするようになり、不況で営業はがた落ちです。この他、水産物（エビなど―筆者注）や水草はみな水中で産出されるようになりました。天然資源を生業にしていた湖岸の居民はとても多く、今、その群衆は失業してしまい、生活できなくなっております。加えて、よそからの労働者には遊民が多く、盗難事件も多くなっています。（一部省略）尹山湖では一日たちとも人民の苦痛という堤は開放されず、また一日たりとも解除されなく、民国26（1937）年冬の呉邑（呉縣・呉江のこと）陥落以来、8年間辛酸をなめてきました。どうして戦争の余波、さらに大災害を受けなければならないのでしょうか。（一部省略）貴部は民生の苦しみを思い、速やかに湖から堤を取り除き、原状回復していただけますと、人民、地方は幸甚であります[83]。

第7章 三ヶ年建設計画（2）─東太湖・尹山湖干拓事業

　汪政権の事業が地域に残したのは、食糧の増産などではなく、生活環境の混乱という「害」であった。前述の1944年11月の請願書にもあるように、尹山湖事業後、湖周辺の環境が大きく変化したことがこの請願書にも表れている。湖に作られた堤は湖水の流れを断ち、周辺住民の生業を奪っただけではなく、当地の地域経済などの人の流れも断ってしまったのである。

　この請願書には尹山湖事業の「苦痛」に対するものだけではなく、戦争に伴う生活環境の混乱への憎しみが感じられる。尹山湖周辺の生活環境が混乱したそもそもの理由は、日中戦争の勃発にあり、勃発後、「呉邑」を支配下においた「偽組織」や「敵偽」の「威力の下」で苦しめられることとなった。日本の敗戦と汪政権の解体により、その「威力」からは解放されたものの、国民政府は尹山湖事業の「継続」を模索しており、住民たちは「国にとって無益で無駄に我々を苦しめるだけ」として、中止を要請している。

　以上のことから、憎しみの矛先は日本や汪政権に向けられただけではなく、もともと日本が提議し、汪政権によって進められ、まだ住民たちを苦しめ続けている尹山湖事業を「続行」しようとする国民政府にも向けられていたのではないのか。住民たちからすると、作業の「続行」は戦争が続くことを意味していたのだろう。すでに戦争は終わったとする国民政府と、戦争による傷が癒えない住民たちとの間に温度差があったのである。また、住民たちが希望する尹山湖の「原状回復」には、湖の環境的な回復はもちろん、湖が変化する以前、要するに戦争以前の日常の回復がかけられており、湖中の堤の「開放」は「苦痛」という呪縛からの「解放」を意味するものであった。

　最後に、その後の尹山湖事業について簡単に見ておきたい。前述の住民からの請願書にあったように、国民政府は尹山湖事業の実施を模索していた。しかし、国民政府のなかでも慎重論があり、現地住民からは継続する必要はないとの意見が出されていた[84]。その結果、1946年10月半ばに国民政府水利委員会は江蘇省政府に、工程の一時停止を命じている[85]。それ以降の事業については不明である。

小結

　以上、本章では東太湖・尹山湖干拓事業について考察してきた。汪政権「独自」の構想による東太湖の一部と尹山湖を干拓し、「農産物の増産」をめざすとして開始されたこの事業は、日本の「技術協力」を受けながら進められ、急遽、尹山湖事業が追加となったものの、1944年3月末から東太湖・尹山湖事業は本格始動を迎える。

　しかし、事業開始早々、各現場では工夫たちの食糧の確保が困難となり、工夫たちが「怠業」や逃走し、また、東太湖事業の第3区では工夫の間で病気が発生する事態となっていた。食べるものもなく、苛酷な労働条件下で働かされる工夫にとって、警察署長による訓話や「大東亜戦争への協力」が説かれたところで、何の腹の足しにもならなかったのである。

　さらに輪をかけるようにして、工事請負業者と浚墾工程局（建設部・汪政権）の対立も起こり、工事開始から3か月ほど経った1944年6月に、両事業とも中断に追い込まれたのである。浚墾工程局は食糧の確保や工夫の「怠業」など一切の責任を業者側に押し付けようとしたが、一番の原因は水利署の馬遠明が述べたように、無計画な事業展開にあった。それは地域住民からの請願書からも裏付けられ、地域の総意を取りつけた上での事業展開でもなかったのである。

　中断されていた東太湖・尹山湖事業は、1944年11月に尹山湖事業のみ再開が決定され、翌1945年3月より再開された。同年6月には大方の作業が終了し、「新拓尹山湖農地管理処」が新設され、8月の政権解体まで事業は継続されたのである。

　「戦時体制」を支えるべく、建設部によって計画された「三ヶ年建設計画」も汪政権の解体とともに霧散していった。その計画の中心に据えられた蘇北新運河開闢計画、東太湖・尹山湖事業は費用・人力ともに莫大な力が必要とされる大型プロジェクトであった。もし成功したならば、そこに日本からの「技術協力」があったとしても、まさに汪政権「独自」の構想に基づき実施された事業として、歴史的な評価を得ることは可能であったかもしれない。しかし、第4章でみたように、淮河工事でさえ、思うように民衆を動員できなかった汪政権にこれほどの大事業を推進させる力は到底なかったのである。それを理解せ

第 7 章　三ヶ年建設計画（2）―東太湖・尹山湖干拓事業

ずに実行されたのが、東太湖・尹山湖事業であった。

　東太湖・尹山湖事業は、汪政権の解体により幕を閉じることになるが、工事地域にはさまざまなものが取り残されることとなった。それは汪政権が残した堤防であり、その事業によって破壊された生活や環境であった。例え戦争が終結し、汪政権関係者が漢奸裁判にかけられようが、地域住民たちにとっては、日常の生活を奪った前政権が残した「負の遺産」を引きずらざるを得なかったのである。そこに汪政権への「支持」という言葉はもともと存在しなかったのである。

　汪政権「独自」の構想による東太湖・尹山湖事業、「三ヶ年建設計画」は地域への傷を残しただけで、失敗に終わった。

1）「東太湖干拓基礎調査概要（二）土地改良班」（「大東亜省調査月報」昭和十九年一月 第二巻第一号『復刻版　興亜院・大東亜省調査月報第35巻昭和19年1〜2月』龍溪書舎、1988年）77頁。
2）『朝日新聞 中支版』昭和19（1944）年2月18日（『朝日新聞外地版 中支版』ゆまに書房、2011年）。
3）「東太湖・尹山湖工程視察報告書」（建設部水利署工務処長馬遠明→建設部、『東太、尹山湖浚墾工程局施工』28-05-04-040-02）。
4）「為計劃整頓東太湖擬具調査東太湖辦法大綱呈祈鑒核備査呈請派員指導会同察勘由」（江蘇省建設庁庁長唐恵民→水利委員会、1942年11月26日、『会勘東太湖情形報告』28-05-04-041-05）。
5）関係する原文は以下の通り。「查太湖為江南天然水庫、具有調節水量之功能、顧年来呉縣呉江間之東太湖、為當地莠民、罔顧利害、私圍植草、以致湖面日蹙、蓄量日減。復以下游通入呉江、呉淞江等重要河道之出口、亦漸淤塞；而沿江一帯、因開座廢圮潮沙壅塞、水漲則宣洩阻滞、致成汪洋一片、水落則蘆叢蔓生。対於農田灌漑、運輸交通、妨碍殊鉅。」（同上）。
6）「依照調査東太湖辦法大綱会勘報告」（水利委員会技正王家璋→水利委員会、1943年1月23日、同上）。
7）「據本廳縣建設指導工程師喩秋明呈送調査東太湖報告具文轉呈仰祈鑒核備査由」（江蘇省建設庁庁長唐恵民→建設部、1943年3月15日、同上）。
8）「開闢蘇北新運河及東太湖浚墾両項水利増産事業初歩推進方案」（『東太、尹山湖浚墾工

179

程局工程合同』28-05-04-039-01)。

9)「東太湖浚墾計劃大綱節略」(同上)。
10)『大東亜省調査月報』の「東太湖干拓基礎調査概要(一)治水班」のなかに、「小官等命に依り技術協力の主旨に従ひ現地に就き本計劃を検討し之れが実施に当り萬全を期せんとするものなり。」と「技術協力」に関する記述がある(「東太湖干拓基礎調査概要(一)治水班」『大東亜省調査月報』昭和十八年十二月 第一卷第十二號、125頁。『復刻版 興亜院 大東亜省調査月報第34巻(大東亜省)昭和18年11～12月』龍溪書舎、1988年)。
11)同上、「東太湖干拓基礎調査概要(一)治水班」125～126頁。
12)前掲、「東太湖浚墾計劃大綱節略」(前掲、『東太、尹山湖浚墾工程局工程合同』)。
13)「簽請准予預支□派会同友邦技師赴太湖巨域及蘇滬杭一帯調査水道等情形旅費壹萬陸仟弍百元以資応用由」(建設部水利署簡任技正蔡復初等→建設部水利署、1943年6月29日、前掲、『会勘東太湖情形報告』)。
14)調査開始直前の1943年7月1日に、建設部は「食糧増産は戦時経済建設にとって、切実なことである。友邦がこの問題のために、専門家の安藝皎一、清野保など12人の調査団が太湖流域の水利状況について考察し、東太湖の浅瀬部分の干拓問題について考察する」ので、訪問時の協力を江蘇省建設庁や江蘇・浙江両省政府へ要請している。原文は以下の通り。「査糧食増産為戦時経済建設急切要図。茲友邦方面為此問題、特派遣専家安藝皎一、清野保等十二人組織調査団来華考察太湖下遊水利情形、以期対於東太湖淤浅部份之浚墾問題。」(「為本部派員/本部派員/派該員等陪同友邦所派遣之専家,前往考察太湖水利情形令仰知照由/資請洽照由/令仰遵照由」建設部→江蘇建設庁・蘇浙両省・滬市府・技正蔡復初等、1943年7月1日、同上)。
15)調査に同行した蔡復初らは調査中の治安対策について、「清郷地区以外で治安が不安定なところでは、友軍及び国軍に保護を要請し、必要時には友軍の砲艇に護送されて、安全を図った」(原文は以下の通り。「至在清郷地区以外、治安未靖之処、則請由友軍及国軍派隊保護、必要時并由友軍派砲艇護送、以策安全。」)と報告している(「為呈覆遵令陪同友邦所派遣専家考察太湖水利経過情形仰祈鑒核由」簡任技正蔡復初・水利署技正王家璋・陶齋憲→建設部・水利署1943年8月11日、同上)。
16)同上。
17)前掲、「東太湖干拓基礎調査報告概要(一)(治水班)」125頁。
18)同上、135～137頁。
19)「東太湖干拓基礎調査報告概要(二)(土地改良班)」72～74頁。
20)同上、97～98頁。
21)同上、103～104頁。

第7章　三ヶ年建設計画（2）―東太湖・尹山湖干拓事業

22）日本の調査団は1943年7月9日に龐山湖実験場を訪問し、管理していた東洋拓殖株式会社の担当者から説明を受けている。また、調査団が二手に分かれた7月13日には、土地改良班が再び実地調査している（「東太湖干拓基礎調査報告概要（一）（治水班）」153頁。「友邦東太湖水利調査団行程表」（前掲、『会勘東太湖情形報告』）。

23）「東太湖周邊の農業事情」（『大東亜省調査月報』昭和十九年一月、146頁。前掲、注10）と同）。

24）原文は以下の通り。「墾植区域之張本、尤於龐山湖已成模範灌漑区之水量供洩状況、管理組織方式考査評盡以為東太湖浚墾計劃之参考。」（「為呈覆遵令陪同友邦所派遣専家考察太湖水利経過情形仰祈鑒核由」簡任技正蔡復初・水利署技正王家璋・陶齋憲→建設部・水利署 1943年8月11日、前掲、『会勘東太湖情形報告』）。

25）測量範囲は北は楊湾村から西に4km、南は鴨鵞(おう)港から西へ4kmまでの区域とされ、作業期間は3か月半とされた（「為擬組織「東太湖測量隊」請調派陳德明為「総隊長并暫兼計劃工程師」附呈部稿祈鑒核施行由」建設部水利署→建設部、1943年7月13日、『東太湖測量隊』28-05-04-043-02）。

26）「為處陳工作困難情形請迅賜設置請置機器浅水船両三艘以利工作由」（東太湖測量隊→建設部水利署、1943年8月4日、同上）。

27）関係個所の原文は以下の通り。「八月初據電請設法置備汽船、以資救濟、終以事實困難、無法實現、経筋施工期間迫近、無論如何、務須於規定時限内、努力完成東太湖甲区及與甲区毘連関係最相密切之乙区之詳細測量、現在該湖甲乙両区之詳細測量、已能如限完竣。」（「為東太湖甲乙両区測竣後、擬即将測量隊移測尹山湖、並擬将該測量隊経常費延長一個半月、祈核准轉呈備案由」建設部水利増産設計委員会→建設部、1943年11月6日、『東太湖測量隊』28-05-04-043-03）。

28）原文は以下の通り。「惟査本会明年度擬辦事業、尚有住於蘇州呉江間之尹山湖浚墾工程、該項事業、曽由日本大使館経済課擬就工程計劃大綱、経本会認為可行、決定與東太湖之甲区同時挙辦。」（前掲、「為東太湖甲乙両区測竣後、擬即将測量隊移測尹山湖、並擬将該測量隊経常費延長一個半月、祈核准轉呈備案由」、同上）。

29）前掲、「東太湖尹山湖工程視察報告書」。

30）東太湖尹山湖浚墾工程局には、局長、全工程の指導を担当する総工程師、秘書、科長（総務・工務・拓務各三科）が置かれた。工務科には各区の工程を監督する「分区監工所」が設置された（「建設部東太湖尹山湖浚墾工程局辦事細則」『東太、尹山湖浚墾工程局組織規程』28-05-04-037-01）。

31）同上。

32）「為呈報建築東太湖大堤及灌漑総渠工程開標経過情形祈鑒核示遵由」（代理東太湖尹山湖

浚墾工程局局長譚祝百→建設部、1944年3月2日、『東太、尹山湖浚墾工程局投標』28-05-04-040-01)。

33)「為建築東太湖甲区大堤及灌漑総渠重行招標一案謹将奉派監標経過情形検同標価比較表呈請鑒核由」(林念慈・劉達人→建設部、1944年3月21日、同上)。

34)「為奉派監視尹山湖堤渠建築工程開標謹将結果簽呈鑒核由」(林念慈・劉達人→建設部、1944年3月21日、同上)。

35)「建設部東太湖尹山湖浚墾工程局建築尹山湖堤渠工程合同書」(前掲、『東太、尹山湖浚墾工程局合同』1944年3月24日)。

36) 同上。

37)「東太湖甲区及尹山湖浚墾工程施工程序表」(前掲、『東太、尹山湖浚墾工程局合同』)。

38)「為東太湖及尹山湖浚墾工人食米採辦困難坿上採運工米清単呈請鑒核轉咨米統会速発採辦証以利採運由」(代理建設部東太湖尹山湖浚墾工程局局長譚祝百→建設部、1944年4月5日、『東太、尹山湖浚墾工程局工人食米』28-05-04-038-01)。

39) 汪政権下での食糧統制や米糧統制委員会については、林美莉「日汪政権的米糧統制與糧政機関的変遷」(『中央研究院近代史研究所集刊』第37期、2002年)を参照。

40) 関係個所の原文は以下の通り。「茲復據兩湖包商新月記及葉和記兩營造廠、並公大建築公司、前後呈稱、略以現値兩湖興工伊始工人食米極関重要、就地採辦殊難購得急宜馳往産米地区採運以濟工食、特請咨行米統會填發採辦證以利採運」等語。」(前掲、「為東太湖及尹山湖浚墾工人食米採辦困難坿上採運工米清単呈請鑒核轉咨米統会速発採辦証以利採運由」前掲、『東太、尹山湖浚墾工程局工人食米』)。

41)「為兩湖工人食米已商准全国米糧統制委員会允由宜興倉庫撥給白米一千石謹将経過情形報請鑒核由」(代理建設部東太湖尹山湖浚墾工程局局長譚祝百→建設部、1944年4月17日、同上)。

42)「為縷陳東尹両湖浚墾工程情形祈鑒核示遵由」(代理建設部東太湖尹山湖浚墾工程局局長譚祝百→建設部、1944年5月1日、前掲、『東太、尹山湖浚墾工程局施工』)。

43) 米糧統制委員会からの1000石の米は、東太湖に800石(葉和記・新月記両廠に400石ずつ)、尹山湖に200石配給された(「為米糧統制委員会配給両湖工米一千石業由常川運達工地呈復鑒核備査由」代理建設部東太湖尹山湖浚墾工程局局長譚祝百→建設部、1944年5月17日、前掲、『東太、尹山湖浚墾工程局工人食米』)。

44) 米糧統制委員会からの援助以外に、周辺の農民からの提供も検討していた形跡もあり、農民の米の蓄えは「僅かに自給している程度で、余剰は多くない」と記している(前掲、「為縷陳東尹両湖浚墾工程情形祈鑒核示遵由」注42))。また、譚祝百は日本軍や日本大使館にも援助要請をするよう建設部へ要請している(「為縷陳経過兼陳困難情形懇請轉呈行

第7章　三ヶ年建設計画（2）―東太湖・尹山湖干拓事業

政院電飭米統会曁函請友邦大使館及派遣軍部洽商協助本工程全部食米之供給可否之処祈鑒核令遵由」代理建設部東太湖尹山湖浚墾工程局局長譚祝百→建設部、1944年5月2日、前掲、『東太、尹山湖浚墾工程局工人食米』）。

45) 注3）と同。

46) 同上。

47) 馬遠明は、尹山湖事業については、もし中断せずに継続するのであれば、湖周辺の農田に水を引くための灌漑設備を整備すべきと提案している（同上）。

48) 「為電拠公大建築公司承包尹山湖浚墾工程積極進行請発証明書工欵一案経核大致尚符遵令電請派員勘験続発第二期工欵而利工程由」（代理建設部東太湖尹山湖浚墾工程局局長譚祝百→建設部、1944年5月15日、前掲、『東太、尹山湖浚墾工程局施工』）。

49) 「為拠尹山湖包商公大建築公司呈請撥發二期工欵等情、電請核示祇遵由」（建設部東太湖尹山湖浚墾工程局→建設部、1944年5月18日、同上）。

50) 「為拠包商公大建築公司呈以第二期工欵發放無期如工程遭遇困難恕不負責等情究応如何辦理請核示由」（建設部東太湖尹山湖浚墾工程局→建設部、1944年5月20日、同上）。

51) 公大公司の作業量を調査した尹山湖監工所にも厳重注意が下されている。（「拠轉巧號両代電陳尹山湖包商公大建築公司呈請撥發第二期工欵、又呈以該欵發放無期如工程遭遇困難、恕不負責各等情指令仰角厳加批斥由」建設部→東太湖尹山湖浚墾工程局、1944年5月28日、同上）。

52) 「為拠尹山湖監工所呈報尹山湖戽水工程、忽於十九日全部停工等情理合拠情轉呈仰祈鑒核迅賜示遵由」（代理建設部東太湖尹山湖浚墾工程局局長譚祝百→建設部、1944年5月29日、同上）、「電為拠報尹山湖内抽水機船業已悉数開離工地除厳令申斥負責督飭包商将全部機船追回工地外報請鑒核由」（建設部東太湖尹山湖浚墾工程局→建設部、1944年5月30日、同上）。

53) 原文は以下の通り。「不特無裨工程恐将反蒙其害、是項工食問題實非敝廠獨力所能解決、惟有呈請鈞局迅賜補救、否則一旦断炊即現在工工伙、亦将四散、勢必被迫停工、敝廠實難負責也。竊以目前環境而論、既慮食米之不繼、又逢雨季之将臨似以暫時停工為宜、已成工程妥謀保護、食米問題熟籌補救待夏去水退、再行施工。」（「為拠包商葉和記営造廠呈請暫行停工究応如何辦理之処仰祈鑒核飭遵由」代理建設部東太湖尹山湖浚墾工程局局長譚祝百→建設部、1944年5月29日、同上）。

54) 「為據實呈報東太湖甲区毎段到工人數及第三段被迫停工情形仰祈鑒核迅賜示遵由」（代理建設部東太湖尹山湖浚墾工程局局長譚祝百→建設部、1944年5月29日、同上）。

55) 関係個所の原文は以下の通り。「即経通飭包商葉和記及新月記兩営造廠「以兩湖浚墾工程不持関係増産建設、抑且負有協助大東亜戦争之重要任務中外、注視責任綦重。」」（同上）。

56) 原文は以下の通り。「「案據第三段事務所主任張穀生呈稱『為報告事査第三工段工人自五月五日起、因米糧不済全體怠工、雖経包商設法運來少數食米而工人、倘繼續怠工勸解無效、此種情形業経面陳在案。五月八日隨由主任請呉江城区警察署長到第三工段向工人訓語、囑即復工等語。但工人頑固成性、翌日仍不復工十一日下午營造廠華監工員來横面稱現轉奉上峯面囑集中全力於第四段、俟第四段大壩築成後、再行抽水施工、明晨將第三段全部工人調往第四段作業向第三段工人宣佈云云、十四日晨忽據報工人逃散、隨即追□未獲、除由華監工員報告營造廠外理合具文呈報仰祈鑒核施行』等情。」(同上)。

57)「據呈附送尹山湖沿湖農田灌溉補救計劃書、暨臨時灌溉渠平□面圖等件、指令備將来参考由」(建設部→東太湖尹山湖浚墾工程局、1944年6月13日、同上)。

58) 原文は以下の通り。「査両湖工程過去以工米問題延誤多日、現在縱使加緊趕工、而轉瞬霉季將屆、工程殊難進展、本年増産已属無望、且両湖包商除新月記營造廠於東太湖四段工程尚繼續工作外、其他各処工程已由包商自行停頓。関於包商方面之藉詞貽誤取巧延岩當另案清算外、所有両湖全部工程擬俟霉汛期過秋穀登場、則食米既可迎及而解工程自可潤利進行屆時再行計劃繼続施工辦法、俾収増産之效。」(「為遵令擬具補救辦法是否有當請核示由」留任東太湖尹山湖浚墾工程局局長譚祝百→建設部、1944年6月7日、同上)。

59) 原文は以下の通り。「尹山湖方面已抽水方及已成臨時壩工永久壩工應派員駐守看管並嚴密防止無知鄕民任意損毀」(同上)。

60) 当時の呉江県は全10区から構成されていた(『東太湖農田水利経済調査報告書』28-05-04-042-01)。

61)「為據東太湖監工所呈請変更第二段珠村付近大堤路線等情檢呈圖樣送請鈞部鑒核示遵由」(代理建設部東太湖尹山湖浚墾工程局局長譚祝百→建設部、1944年5月29日、前掲、『東太、尹山湖浚墾工程局施工』)。

62) 当時の呉県は全13区から構成されていた(「呉縣縣概況」、前掲『東太湖農田水利経済調査報告書』)。

63) 原文は以下の通り。「竊因政府實施農業増産命令浚墾東太湖尹山湖工程、正在逐歩推進目前已將尹山湖周圍港汊一律築壩隔絶水源、致湖邊之農田既無尹山湖水可用、又無外湖之水流入、伏査湖邊之田、向恃尹山湖水灌溉者計獨墅鄉属之横漊浜約有九百餘畝、西涇湾約有七百餘畝、坟堂浜約有五百餘畝、又尹山郷属之北浜村約有四百餘畝而横漊浜、西涇湾、北浜村三處各有村落毎村各有居民五六十戸不等、其耕作必須之農船、亦因港汊築壩不能出入。現在耕作期近、設果因無從進水未能及時播種、則不僅數千膏腴悉化石田、竊恐二百農戸、亦將盡成餓孚。職是群情惶急、莫可名狀。公同商酌補救之方針。惟有仰懇鈞局俯准于横漊浜、西涇湾、北浜村三處各添築圩岸一道開放外湖之水流入俾使數千農田、咸獲灌溉、庶幾耕作農船、均後通航是垂絶之生機。(一部省略)呈籲懇伏乞鈞長鑒

第 7 章　三ヶ年建設計画（2）―東太湖・尹山湖干拓事業

　　　核俯賜派員勘明准于照辦不勝嘸感待命之至除呈」（「呈文　呈為水源隔絶農田航道交感切膚、籲懇派員勘明俯准築圩岸水流入以資灌漑而利農船事」呉県第十一区獨墅郷郷長張龍福、尹山郷郷長章錫鈞他農民81名→建設部・東太湖尹山湖浚墾工程局、前掲、『東太、尹山湖浚墾工程局施工』）。

64）地域住民からと同時に、当地の不動産関係者などからも同様の請願書が届いている。

65）前掲、「為據東太湖監工所呈請変更第二段珠村付近大堤路線等情検呈図様送請鈞部鑒核示遵由」（同上）。

66）「為擬具尹山湖沿湖農田灌漑補救計劃具文呈送仰祈鑒核示遵由」（代理建設部東太湖尹山湖浚墾工程局局長譚祝百→建設部、1944年5月27日、同上）。

67）1944年11月の史料には東太湖事業に関する記述はなく、1944年の「工作報告」にも記述がないことから、同工程は完全に中止されたと考えられる「為本部擬續辦尹山湖浚墾工程計需工人食米捌千石呈請鈞院鑒准照賜電飭上海米統会為額設法並□令遵由」（建設部→行政院、1944年11月18日、『續辦尹山湖浚墾工程総巻』28-05-04-040-03）。

68）「為鑒發「尹山湖工程購置主要資材表」一張除分令□仰就近在滬採辦材料具報由」（建設部→本部郵政儲金滙業局々長馮翊、1944年12月28日、同上）。

69）関係個所の原文は以下の通り。「因該湖主要工程、係属於土方。茲擬招足工夫六千人、自明年元旦起、壹百方内包括晴雨一氣呵成、以毎人毎月食米四斗計六千人毎月食米二千四百石。三個月又十天、需食米八千石。」（「為續辦尹山湖浚墾工程派員前往貴會接洽預購工米八千石請査照協助由」建設部→米糧統制委員会、1944年11月15日、同上）。

70）抽水機船については、福田良久「中支の洋龍船に就て」（『満鉄調査月報。昭和十七年八月号）参照。

71）「為令派本部水利署技佐秦枺様前往該廠辦理招雇抽水機船事宜、仰知照予以協助由」（建設部→無錫中央農具製造廠、1944年12月18日、前掲、『續辦尹山湖浚墾工程総巻』）。

72）「令派本部薦任專員謝旡忌等兼任尹山湖工程施工辦事處材料股長各職令仰知照由」（建設部→水利署、1945年2月1日、同上）。

73）「令知接洽撥發工米経過由」（建設部→尹山湖工程施工辦事処、1945年1月25日、同上）。

74）この史料には件名が付されていないが、建設部部長・次長宛てで「職許公定　十二月十八日」とある（同上）。

75）引用した請願書は江蘇省呉県県第十一区郭巻鎮の鎮長方景康、副鎮長陳道生が呉県第十一区区長鄧士才へ送り、鄧が呉県県政府へ、さらに県政府が江蘇省政府に送り、建設部へ届いたものである（「為呉縣第十一区郭巻鎮鎮長呈請將尹山湖圍築土堰准予開放、以利灌漑飲料等情、抄同原呈請査照核辦見復由」江蘇省政府→建設部、1944年11月25日、同上）。

76）もし「開放するのであれば、関係する各郷鎮で責任もって堤防を掘る作業をする」とも

あり、住民たちの訴えの強さを感じる。引用した請願書の原文は以下の通り。「竊査尹山湖浚墾工程、自停頓以來、水流中阻對於灌漑衛生、兩蒙影響人民。受累匪淺、自被圍築土垻已将五月、於茲水道交通被阻、以致職鎮市河水色已呈黝褐、且幼蟲叢生。鎮民飲料完全取汲於斯常此以往疾病頻增。自在意中況該湖周圍廣達三十六華里四周田畝均頼以灌漑現在水位日低、勢将蒙受影響轉瞬冬令即屆況値今秋螟蟲為害、冬耕尤應特別注意、故戽水灌漑至為重要基上数端、尹山湖實有從速開放之必要。理合據情呈報仰祈鑒核賜轉請予層電建設部俯體民意准予開放以利冬耕、至開掘土垻工程、由各関係郷鎮負責征工是否有伏乞指令祇遵等情。」「據此查該鎮長等所陳各節、尚属實情自應予以救済、除指令已據情轉呈仍仰轉飭靜候核示飭遵外、理合據情轉呈仰祈」(「為據本縣第十一区区長呈請開放尹山湖垻基以通水流而利灌漑仰祈鑒核電部核示由」呉縣縣長沈靖華→江蘇省政府、1944年11月14日、同上)。

77)「准馬代電拠呉縣第十一区郭巻鎮鎮長呈請将尹山湖圍築土壩准予開放、以利灌漑飲料等情一案、除将抄件存查外、電復察照由」(建設部→江蘇省政府、1944年12月19日、同上)。
78) 折しも中国で「一号作戦」(大陸打通作戦)を展開中であった日本軍に、食糧を支援できるほどの余裕があったのか不明である。大陸打通作戦については、原剛「一号作戦—実施に至る経緯と実施の成果」(『日中戦争の国際共同研究2 日中戦争の軍事的展開』慶應義塾大学出版会、2006年)を参照。
79) 関係個所の原文は以下の通り。「尹山湖工程、自本年一月十二日在蘇州設立施工辦事處辦理以來。於三月底将湖水全部抽乾、随即進行土方工程、迄五月十三日、堤工完成、六月初出水河亦完成。(一部省略) 地権属於政府招致沿湖農民及熱心農業者墾植之。(一部省略) 現該施工辦事處已於六月底結束、改設「建設部新拓尹山農地管理處」□事保養工程及指導農民工作。」(「三十四年七月份本部招待新聞記者談話資料」『工作報告』28-05-04-021-02)。
80)「為函達部調 貴署各員工送回原職情形請査照由」(尹山湖工程施工辦事処→水利署、1944年7月28日、前掲、『續辦尹山湖浚墾工程総巻』)。
81) 原文は以下の通り。「二、新拓尹山湖農地管理處、為偽水利署主辦、初名濬墾工程處、此次敵人投降後、地下工作人員及軍隊到達蘇州、對偽組織頗有需索情事、致該處以前所存之食米百餘石其提去、傢倶亦被搬走若干、偽組織人員、無法抗拒。(一部省略) 該地可耕面積約八千畝、現有晩稲約二千畝、共有抽水機六部、毎日開駛三部、均用木材為燃料、菜油為潤滑料、正在継續工作、今年地初放墾、未収租糧、以後必可自給。」(「拠報告龐山湖模範灌漑区及新拓尹山湖農地管理処等情形、仰知照由」水利委員会技正李崇徳→水利委員会主任委員薛、1945年10月17日、「接管武錫区及龐山湖場二實験灌漑区」25-23-131-05)。

第 7 章　三ヶ年建設計画 (2)―東太湖・尹山湖干拓事業

82)「呈為敵偽圍築尹山湖貽害民生、環請迅賜開放回復原状、以蘇民困而順興情由」(江蘇呉縣第八区郭巷鎮鎮長孫杏生ほか 4 名→農林部、1946 年 6 月、『接管武錫区龐山湖場二実験灌漑区』(25-23-132-01))。

83) 関係個所の原文は以下の通り。「竊査尹山化湖為田計劃係由日敵興亜院首先創議、而偽組織仰承旨、依照實施。自民國三十二年興工圍築以来、瞬及兩載工程、尚未及半、而人民之隠受其害、已難縷指當時因處於敵偽威力之下、無法伸訴、茲値抗戰勝利國土重光方幸倒懸獲解救之時、民困有昭蘇之望、即経臚陳弊害分向督察專員公署呉縣縣政府呉縣復員委員會請求轉呈嗣監察院第一巡察團蒞蘇復経呉縣復員委員會錢主任委員力向呼籲。側聞是項工程仍將繼續興辦、是何異揚湯止沸無益於國徒苦吾民。政府賢明斷不出此令請申言其害尹山湖位於郭巷鎮之東、跨越尹山、獨墅、大通、蘆絮各郷幅員寥濶港汊紛岐舟楫往來交通稱便自環湖築壩河港斷流帆檣息影微、特图碍交通、如遇雨暘失時易成水旱、偏災受害尤大、蓋水則積潦漫溢無法宣洩旱則水源綿遠難資灌漑。(一部省略) 無如所成之田、僅止七八千餘畝、其能耕者又不過十之二三、而原有農田之受害數、且逾倍蓰、得不償失。(一部省略) 在昔郭巷一鎮商業夙稱繁盛、自交通阻斷行旅繞道市況蕭條營業、亦一落千丈此外魚蝦茭草之属、均為湖中出産、且係天然利源瀕湖居民資以為生者甚衆。今則羣失業幾不聊生加以所招工人率多客籍游民盗業。(一部省略) 尹山湖一日不開墾人民痛苦、亦一日不解除溯自、民国二十六年之冬呉邑淪陷時歷八載、憂患飽経、茲何堪於鋒鏑之餘、更受剥膚之痛。(一部省略) 鈞部俯念民生疾苦迅賜拆壩還湖回復原状人民幸甚、地方幸甚。」(同上)。

84)「尹山湖興墾案」(國民政府水利委員会須愷→揚子江水利委員会、1946 年 10 月 5 日、同上) 他にも現地住民から工事の停止を要請する意見書が届いている (「子良先生政閣日前」錢鼎他 3 名→国民政府水利委員会、1946 年 9 月 29 日、同上)。

85)「為尹山湖工程暫停進行電請査照由」(国民政府水利委員会→江蘇省政府、1946 年 10 月 15 日、同上)。

結論

　本書は汪精衛政権（以下、汪政権と略称）の水利政策の展開を通して、政権下の状況、民衆の動向から、政権の実態について考察してきた。以下、本書の内容について、振り返っておきたい。

　汪政権には「傀儡」、「偽政権」、汪政権参加者には「漢奸」という政治的評価が定着している。そのため、汪政権解体後、しばらくの間、汪精衛や汪政権研究はタブー視され、ほぼ停滞していた。1980年代以降、中国の社会状況の変化に伴い、汪精衛・汪政権関係資料の公開・刊行が進み、研究も進展を見せていったが、この頃の汪政権研究は汪精衛をはじめとする政権関係者の行動や思想、日本との関係から、上述した政治的評価を強調する研究傾向にあった。

　2000年以降になると、それまでの研究傾向とは異なり、汪政権の実証的かつ客観的な評価を試みる研究が日本、中国、台湾で展開されるようになっていく。近年は汪政権の全体像や政策に関する考察など、汪政権の内実・実態に迫る研究が増え、なかでも汪政権の民衆動員に関する研究の登場により、政権下の民衆の考察も可能となりつつある。もはや、上部構造だけではなく、政権下にあった民衆への言及が汪政権研究にも必要となってきたのである。

　そこで、本書ではこれまでの研究動向を踏まえて、汪政権が実施した政策展開に注目し、政権の状況、さらに政権下の民衆の動向を踏まえた政権の実態の考察を試みた。その点から、政策の実施が迫られる政権の状況、その政策を実施する政権とその政策の影響を受ける民衆という構図から、新たな実態を提示できるのではないかと考えたためである。

　第1章では、「汪精衛政権概史」として、汪政権の基本的な流れを抑えておくために、1937年の日中戦争勃発から1945年8月の政権解体までを概括した。

　第2章では、汪政権がどのような政権構想の下、運営されたのか、主に汪政権で中枢的役割を果した周仏海の政権構想について、周が残した『周仏海日記』

結論

にある「対日和平」という観点から考察を試みた。日中戦争勃発直後から対日和平を主張した周仏海は、日本軍の進撃を目の当たりにして、いっそう和平への傾向を強めていき、汪精衛らとともに対日和平を主張し、日本軍占領下に新政府を成立させることとなる。

当初、周が主張していたのは単に日本と重慶政権の戦争終結を企図したものであった。しかし、汪政権成立以後、重慶政権に対日和平の意思がないと判断すると、周仏海は対日和平を説きながら、「国民政府（汪政権）の強化」も主張するようになっていく。この主張と同時に、政権内では内政が本格始動を迎えている。その際に始動したのが水利政策であった。当時汪政権では淮河の増水被害や食糧不足といった政権運営上の不安定要素を抱えており、それらの解消をめざして２つの水利事業が本格始動していた。両事業ともに政権の経済建設を担い、政権下の民衆の生活に関わる事業であった。周が主張する「国民政府強化」とは、経済建設に関わる政権基盤構築を企図したものであり、内政面と連動していたと筆者は考える。そのため、周仏海らが主張した対日和平論とは単に理念や論理として主張されただけではなく、現実の内政面にも影響を及ぼし、政権下の民衆生活の「安定」への反映をめざしたものであったのである。

第３章では、「国民政府強化」と同時期に本格始動した水利政策の全体像を把握するべく、汪政権の水利執行機関と主な水利政策について概観した。「全国の水利行政を担当」した汪政権の水利執行機関は、1940年から43年１月までは水利委員会、1943年以降は建設部所属の水利署が担当した。人事面を見ると、水利委員会委員長はほぼ一年ごとに交代しており、建設部水利署署長は建設部部長・次長クラスの人員が兼任している事例が多くなっている。詳細な任免期間は不明であり、人材難に直面していた可能性がある。

次に水利政策を維新政府期（1939～1940年）、汪政権期の1940年から1942年まで、1943年から1945年までの３つに分けて、政策傾向の特徴を考察した。維新政府期から汪政権期の1942年までは、主に淮河堤防工事などの治水事業を中心としていたが（同時期に灌漑を企図した龐山湖灌漑実験場の「接収交渉」も水利政策の一つとして実施され、また、「蘇北新運河開闢計画」も提案されている）、1943年を境に灌漑事業の開始が目立つようになっていく。その背景には、汪政権の対米英参戦に伴う「戦時体制」への移行があった。

灌漑事業のなかでも、1943年後半から政権解体まで、江蘇省の東太湖と尹山湖で実施された干拓事業に力点が置かれるようになる。「戦時体制」を支えるための事業というだけではなく、国民政府期から継承した事業が大半であったのに対し、東太湖・尹山湖での事業は汪政権「独自」で構想された事業であったためでもあった。

　第4章では治水事業として、1940年から1943年にかけて、安徽省淮河流域で実施された淮河堤防修復工事について考察した。

　1932年に国民政府最大の公共事業として開始された導淮事業は、多くの人民を徴集して展開された。しかし、1937年に日中戦争が勃発すると、淮河流域も日本軍の占領下に置かれ、導淮事業は停止を余儀なくされている。1938年になると、国民政府軍が黄河の堤防を爆破する出来事が発生し、堤防の決壊により黄河の水は淮河にまで達し、そのため淮河流域では増水被害が発生していた。当時、安徽省淮河流域は維新政府の支配下にあり、流域住民から救済を求める請願書が出されていたが、対応はとられなかった。

　汪政権が成立すると、本格的に淮河工事に乗り出していった。その理由は汪政権の水利政策の課題が淮河の堤防修復であったためでもあるが、背景には工事の実施による民心獲得と政権基盤強化も企図していた。

　工事は北岸工事から開始されたが、民工が集まらず、工事に参加したとしても工具は自己調達で、宿舎も設置されないという厳しい状況での作業が強いられたのであった。また、作業中に増水被害や軍事作戦に見舞われ、集まった民工が四散したため、作業の進捗は芳しくなかったものの、1942年1月末に北岸工事は終了している。

　北岸工事後に実施される予定であった南岸工事は、予算の都合上、すぐに開始されず、安徽省政府や流域住民からの要望を受けて、1943年1月から開始されている。堤防の損壊がひどい所を重点的におこなった南岸工事であったが、民工の待遇も改められず、徴集も難しく、工事が進まなくなったため、完了をみることなく、南岸工事は1943年6月に終了している。

　この安徽省淮河堤防修復工事は、1938年以降、手つかずになっていた増水被害に具体的な措置をとったという点では、評価に値する。当時、水利政策の課題とされるまでに深刻化していた淮河の増水被害という政権内に存在していた

不安定要素を解消することで、民衆からの支持を得ようとするためには、重要な施策であったといえる。

しかし、汪政権が増水被害の解消をめざして策定された大枠は、実態とは大きく異なるものであった。それは民工の管理に表れていた。工具は自分持ちとされ、宿舎は工事現場周辺の廟やアンペラ小屋に寝泊まりするような状況に置かれ、南岸工事に至っては宿舎に関する規定もなかったのである。民工が集まらないのも不思議ではなかった。

第5章では、灌漑事業を企図して1940年から1944年にかけて実施された江蘇省呉江県龐山湖実験場（以下、龐山湖実験場と略称）の「接収」計画と「接収」後の実験場について考察した。

政権成立後まもなくして発生した食糧不足への対応策として、1940年より実施された龐山湖実験場の「接収」計画は、水利政策の一環として、水利委員会によって進められた。日中戦争後、日本の管理下にあった龐山湖実験場は元来、国民政府が建設した施設であったこともあり、汪政権は日本に返還を求めたのであった。水利委員会による「接収交渉」は、政権下の食糧事情への対応と国民政府の所有物の「接収」をめざした「交渉」でもあったのである。

日本を相手にして進められた「接収交渉」は、なかなか進展せず、「交渉」相手の興亜院に行きついても、「接収」に応じてもらうことはできなかった。その後も水利委員会は興亜院を意識した龐山湖実験場の調査を進めるなどして、「交渉」を継続する姿勢を見せていき、1943年に汪政権への返還が決定されている。1944年1月末に汪政権の管理下に置かれた龐山湖実験場では、事業計画案のもと、灌漑事業が進められたが、設備の管理状況、自然災害、電力不足などにより、思うような事業展開はできないまま、1945年8月の政権解体を迎えたのであった。

史料の制約上、確認できない時期があるものの、「接収交渉」は1940年から一貫して継続されていた。その点については評価に値する。しかし、この日本の「返還」は汪政権が「交渉」を継続していたという下地があったにせよ、日本の戦局悪化による方針転換（「対華新政策」の実施）という時局の変化がもたらした結果であった。政権下で発生していた食糧事情への対応として実施された龐山湖実験場の「接収」計画は、計画が実った頃にはすでに手遅れとなっ

ていたのである。汪政権解体後、龐山湖実験場周辺の住民は、国民政府への請願書の中で、日本軍占領下かつ汪政権下のことを「残虐な蹂躙の下で8年間苦しみ」と記している。結局、政策の展開により、支持を求めた民衆には「8年間」の「苦しみ」が残されたのであった。

　第6章では、水利政策の中心が治水事業から灌漑事業へ変化していく過程を掘り下げ、その政策転換が反映された「三ヶ年建設計画」とその計画の1つとして実施された「蘇北新運河開闢計画」について考察した。

　汪政権成立当初より治水中心で展開されていた水利政策は、1943年の対米英参戦による「戦時体制」への突入以降、灌漑中心へと転換する。その背景にあったのは、「戦時体制」下での経済政策を定めた「戦時経済政策綱領」による戦時物資の「生産の増加」が企図されたためであった。そのため、建設部は戦時物資につながる灌漑事業を重視した「三ヶ年建設計画」を展開し、水利政策は灌漑事業へと傾注していくのである。

　「三ヶ年建設計画」の1つとされた「蘇北新運河開闢計画」は、綿花の生産拡大を企図して、全長270kmに及ぶ新運河を江蘇省北部に建設する大型プロジェクトであった。この構想は、国民政府期から存在していたが、日中戦争の勃発により未着手となっていた。汪政権も同じく新運河建設を計画して、専門家を交えて実地調査を試みるが、計画予定地の一部分しか調査できなかったため、計画を縮小して、調査済みの地域に建設することとされた。しかし、計画案が提示されて以降、建設の進捗は史料上から確認できなくなる。結局、実施されないまま、新運河計画は消滅したのであった。

　あくまでも計画段階で終わった「新運河開闢計画」が提案された背景には、汪政権の「戦時体制」への移行だけではなく、国民政府期からの新運河建設構想を継承することで、国民政府との連続性を示す狙いがあったのであろう。さらには、新運河建設計画を含む「三ヶ年建設計画」は、自分たちの政権がいかに中国の歴史の一員となれるのか、つまり、一政権としての「正統性」への意識が強く反映された政策であり、汪政権にとって重要な大型プロジェクトであった。

　第7章では、第6章の「蘇北新運河開闢計画」とともに、「三ヶ年建設計画」の中心事業と位置づけられた東太湖・尹山湖干拓事業（以下、東太湖・尹山湖

結論

事業と略称）について考察した。淮河工事や龐山湖実験場、「蘇北新運河開闢計画」のように、国民政府からの継続事業ではなく、汪政権によって初めて着手された「独自」の事業でもあった。

当初、この事業は税収の増加などを企図して、水利委員会と江蘇省政府の間で進められていたが、1943年の「戦時体制」への移行や「三ヶ年建設計画」の事業に位置づけられて以降、「農産物の増産のため」として、「戦時体制」を支える事業として説明されるようになる。以後、日本の水利専門家による緻密な「技術協力」を受けながら準備は進められ、急遽、日本発案の尹山湖干拓計画も組み込みながら、1944年3月末から東太湖・尹山湖事業は本格始動を迎える。

しかし、事業開始早々、各現場では工夫たちの食糧の確保が困難となり、「怠業」や逃走する工夫たちが続出した。東太湖事業の一部では病気も発生し、工夫に死者を出す事態となっていた。汪政権は工夫たちに工事への復帰を求めたものの、苛酷な労働環境下の現場に戻る工夫はいるはずもなかった。また、工費発給をめぐって工事請負業者と浚墾工程局（汪政権）の間で対立も起こり、工事開始から3か月ほど経った1944年6月に、両事業とも中断に追い込まれている。

浚墾工程局は食糧の確保や工夫の「怠業」など一切の責任を業者側に押し付けようとしたが、最大の原因は汪政権による無計画な事業展開にあった。その点は地域住民からの請願書からも裏付けられている。東太湖では当初の説明と異なる作業が展開されていることが報告され、尹山湖では湖水を灌漑用水としている農民からの用水の確保を願う請願書が届いており、地域の総意を取りつけ、周到な準備の下での事業展開ではなかったのである。その後、中断されていた東太湖・尹山湖事業は、尹山湖事業のみ翌1945年3月より事業が再開された。同年6月には大方の作業が終了し、「新拓尹山湖農地管理処」が新設され、8月の政権解体まで事業は継続されたのであった。

汪政権解体後、尹山湖周辺の住民たちは国民政府へ尹山湖の原状回復を願う請願書を送っている。汪政権の事業が地域に残したのは、食糧の増産ではなく、生活環境の混乱という「害」であった。地域住民たちは、日常の生活を奪った前政権が残した「負の遺産」をその後も引きずらざるを得なかったのである。

以上、本書の内容を見てきたが、汪政権による水利政策の展開から明らかになったことは以下の点である。
　一点目としては、汪政権の「戦時体制」に政策が規定されたことである。主に第3章、第6章で説明したが、汪政権の水利政策は1940年から1942年までは治水事業中心であり、対米英参戦を果たし、「戦時体制」へ移行してからは、生産増大を目標とする灌漑事業中心へと変化していった。この変化は水利政策が「戦時体制」に規定されていたことを証明している。
　二点目は、主に4つの水利事業を考察してきたが、いずれも一応の構想を持って政策が実施されたものの、効率的な政策展開は困難であったことである。
　淮河の増水被害を食い止めるために実施された安徽省淮河工事、政権下での食糧不足解決をめざして計画・実施された龐山湖実験場「接収」計画、農産物の増産をめざした「蘇北新運河開闢計画」と東太湖・尹山湖事業と、それぞれ一応の構想の下で実施・計画された。そこには、当時、政権が置かれていた状況を打開するために、政策の実施を通して政権を安定させ、民心獲得や政権基盤の構築、ひいては政権の「正統性」の確保へと繋げようとする背景が存在していた。
　以上の構想の下で、政策実施に向けて計画が立案され、いざ事業が開始されてみると、各事業ともに早い段階で壁にぶつかっている。淮河工事でいえば、工事を担う民工の徴集や管理、龐山湖実験場では日本の管理の強さ、「蘇北新運河開闢計画」では計画の壮大さ、東太湖・尹山湖事業では食糧統制の展開などが挙げられよう。
　そのような事態が発生したのは、計画と実態が大きくかけ離れていたためであった。計画が立案されるまでに、関係者による実地調査や測量が進められていたものの、労働力確保への甘い見通しや事業が実施される地域の状況を把握しきれていなかったのである。つまり汪政権（場合によっては汪政権下の地方政府も）は支配地域を掌握しきれていなかったといえよう。
　実際、淮河工事、蘇北新運河、東太湖・尹山湖事業の調査史料を見ると、治安問題により調査が制限されている事例が報告されている。龐山湖実験場においては、汪政権が「接収」を企図し出した頃には、すでに日本が農業経営を実施していたにも関わらず、汪政権はその情報を把握していなかった。また、前

述したが、尹山湖においては周辺住民が湖水を灌漑に用いていることを把握せずに、事業が展開されていたのであった。いわゆる見切り発車の状態で政策は開始され、それ故に事業が展開された地域には、工事が進まないのに事業だけが一応継続されている「中途半端」な状況が生まれていったのである。推測になるが、この「中途半端」な状況が汪政権解体後、成立する政権の基盤となっていったのかもしれない。

　三点目としては、水利政策の展開に民衆が嫌悪感や反対を示したことである。
　本論では水利政策の展開を通して、政権下の民衆の動向も踏まえた政権の実態解明を試みてきた。淮河工事、龐山湖実験場、東太湖・尹山湖事業において、政権下の民衆の動向を拾い上げることができた。なかでも淮河工事と東太湖・尹山湖事業では、政府関係者の報告書と民衆からの請願書を用いて説明してきたが、いずれも民衆たちの政策への嫌悪感を示すものであった。これまでの汪政権研究で政権下の民衆に関する言及は、民衆動員の過程までしか、描かれてこなかった。その点で本論が提示した事業に動員されている民衆、政策に抗議の声を上げる民衆の姿を提示した意義は大きい。

　淮河工事では、当初、地域住民は堤防工事を歓迎していたが、いざ工事を開始すると集まった人々の数は少なく、さらには早々に工事延期の請願書も出されている。そこで政府関係者は聞いた話として、「農民たちは食事や宿舎もないこの作業を嫌なことと見ている」と報告書に記しており、淮河工事への嫌悪感を示した民衆の声を汪政権は把握していたのであった。

　東太湖・尹山湖事業では、政府関係者により事業への参加者数や状況が提示されている。２万人を要する作業現場に集まった工夫は約1200名前後で、作業の進捗が芳しくないこと、食糧がないため「怠業」や逃走する工夫が多くなっている状況が報告されている。一方、民衆からは請願書が３通（東太湖１通・尹山湖２通）届けられており、いずれも政策に抗議するもので、事業の中止を求めた内容であった。特に尹山湖周辺の民衆からの声は大きく、一度目は灌漑用水の確保を要請し、二度目は湖に建設した堤を撤去してほしい、もし撤去するならば民衆側で人を出すとまで提示している。さらに汪政権解体後にも国民政府へ湖の原状回復を願った請願書が出されており、そこには汪政権の事業による弊害、日本軍による占領期の苦痛がつぶさに記されている。

結局、汪政権下の民衆たちにとって、同政権の水利政策とは何であったのだろうか。少なくとも本論がみてきた事業の大半が、受益を願うはずの政策展開により、何の実益もなく、民衆たちを苦しめる結果となっていたのではないのか。少数ではあったが、事業に参加した人々がいたことも事実である。その意味では、「一応の」協力姿勢を示す民衆もいたのである。しかし、農民たちが語った「嫌なこと」というのは、政策にだけではなく、政策展開する当事者たちに投げかけられた本音だったのではないのだろうか。
　以上の３点を総じていうと、汪政権は政権下で発生していた諸事情、「戦時体制」への移行といった時局の変化を読みながら、政策の大枠を計画立案することは可能であった。また、「戦時体制」への移行以前における政権下の増水被害、食糧事情といった事情を鑑みたうえで政策を遂行した点は、評価するに値し、政策の実施により、汪政権がめざそうとしたことは、一政府が担うこととしては、ごく一般的なことであった。それはこれまでの「傀儡」といった単純な評価のみで、汪政権を評価することはできないことを示しているといえよう。
　しかし、政権が置かれていた状況から判断する力、政策を展開する力は持ち得ていなく、そのような状態で政策が実施されたため、事業が展開された地域、もしくは政策自体に中途半端な状況を生みだしたのであった。中途半端ながら、政権下で発生していた増水被害や食糧不足解消のために政策を実施した点は評価できるものの、その「中途半端」は結果的に、民衆に政権への嫌悪感を抱かせ、地域によっては深刻な被害がもたらされ、汪政権解体後もその被害に悩まされ続けたのであった。このような状況下で、政策展開による政権基盤構築、民心獲得、「正統性」の確保などは期待できるはずもなかったのである。
　この点は、汪政権の実務能力の有無だけに規定されるものではなく、当時の状況的制約が大きく作用していたことも加味しながら考える必要がある。結果的に汪政権の水利政策は政権や民衆にとって実益的な成果を上げることなく、失敗に終わったといえるが、「戦時中」という状況、日本という占領軍の存在があるなかにおいて、政策を展開するには、限界があったのである。
　以上の本書の考察より、汪政権には政策展開することは不可能であり、展開されたとしても民心獲得や政権基盤構築へとつながる強固なものとはなり得な

結論

かったと結論づける。

本書は汪政権の水利政策を通して、汪政権の実態を考察してきたが、課題は多い。最後に今後の課題について述べておきたい。

一点目としては、汪政権で実施された他の政策との横の繋がりについてである。本書は汪政権の水利政策に特化して考察を進めてきたため、他の政策との横の繋がりをうまく描くことができなかった。例えば、清郷工作と水利政策の実施地域が一致する場面があったが、本書ではその点に少ししか言及できていない。汪政権の全体像が描けるようになっている昨今、横の繋がりも合わせることでこれまで以上に相対的に汪政権を見ることが可能となるであろう。

二点目は、日中戦争、日本軍占領地に関する更なる研究の必要性である。序論で言及した『日中戦争の国際共同研究』シリーズをみると、研究はだいぶ進みつつあるものの、本書を執筆する上で、未だ不明な点が多々存在し、さらなる研究の必要性を感じざるを得なかった。特に第5・7章にかけて登場する興亜院や大東亜省の存在については、概観の検討がされているだけで、まだ解明は進んでいない。いまだ定着しているとは思えない汪政権研究＝日中戦争研究という認識を持ち、自戒を込めて、双方の研究を深めていく必要がある。

三点目は、二点目とも繋がるが「満州国」や日本の植民地下にあった台湾、朝鮮、また日本軍政下にあった東南アジアを含めた、いわゆる「大東亜共栄圏」のなかに置かれた諸地域との関係を考察することである。汪政権で食糧不足が発生した際に、応急措置として搬入されたのがベトナムからの米であった。また近年では汪政権と華僑との関係性について研究も進みつつある。日中戦争、アジア・太平洋戦争下にあったとはいえ、汪政権のみが日本軍占領地に成立していたわけではなく、他の地域との繋がりもあって存在していたのである。いっそうの視野の拡大が求められよう。

まだ汪政権のなかだけでも不明な点があり、解明が待たれる部分は多々あるが、以上の3点を今後の課題とし、占領下にあった政権、地域、そこに住む人々がどのような社会状況にあったのか今後も検討を進めていかなければならない。

巻末図版

図4　龐山湖灌漑実験場全体図

灌漑実験場は「田」の字型に建設され、十字に灌漑・排水に用いる川が流れていた。全四区から構成され、「田」の字の左上が第一区、左下が第二区、右下が第三区、右上が第四区（計画のみ）とされた。

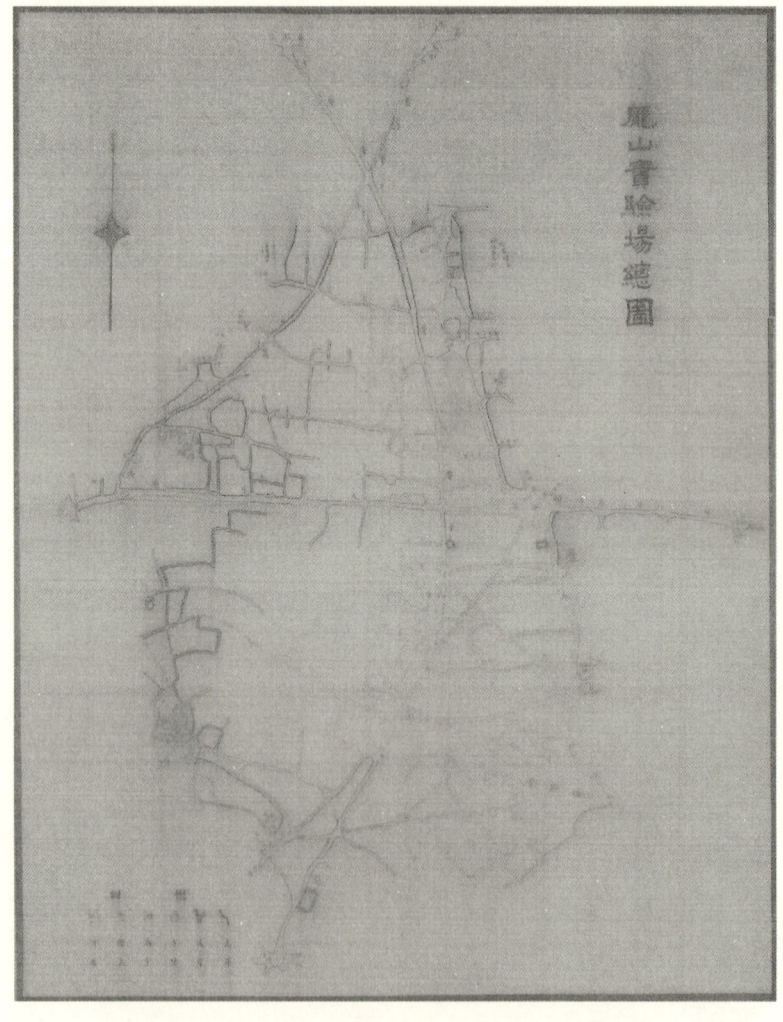

典拠：中央研究院近代史研究所档案館蔵『接収呉江縣龐山湖模範實驗場』（経済部門／汪政府経済部門／水利署／総務／28-05-01-018-04）より転載。

巻末図版

図5 龐山湖灌漑実験場第一区全体図
区内には灌漑や排水に用いる小さな河川や水路が流れていた。第一区の下の「総場基」を中心に東西に分けられ、田畑は区画整理されている。

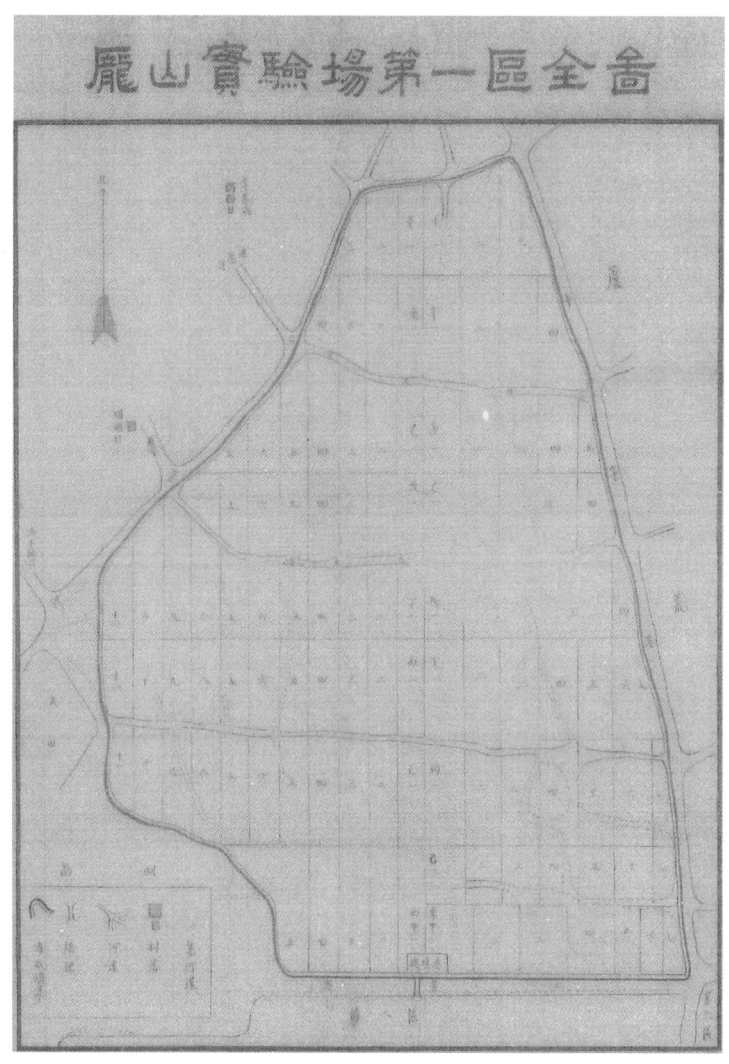

典拠：中央研究院近代史研究所档案館蔵『接収呉江縣龐山湖模範實驗場』（経済部門／汪政府経済部門／水利署／総務／28-05-01-018-04）より転載。

図6　龎山湖灌漑実験場第二区全体図

第一区と同様に区内には水路が張り巡らされ、第二区の上部中央に第一区との間に流れる川より電力を用いて水を汲み上げるための拠点（図中には「P」とマーク）があった。この拠点を境に田畑の区画が東西に分けられていた。また、東西の区画はさらにそれぞれ分けられており（例：東甲、西甲など）、各区画にはその区画の中心を指す「場基」が設置されていた。

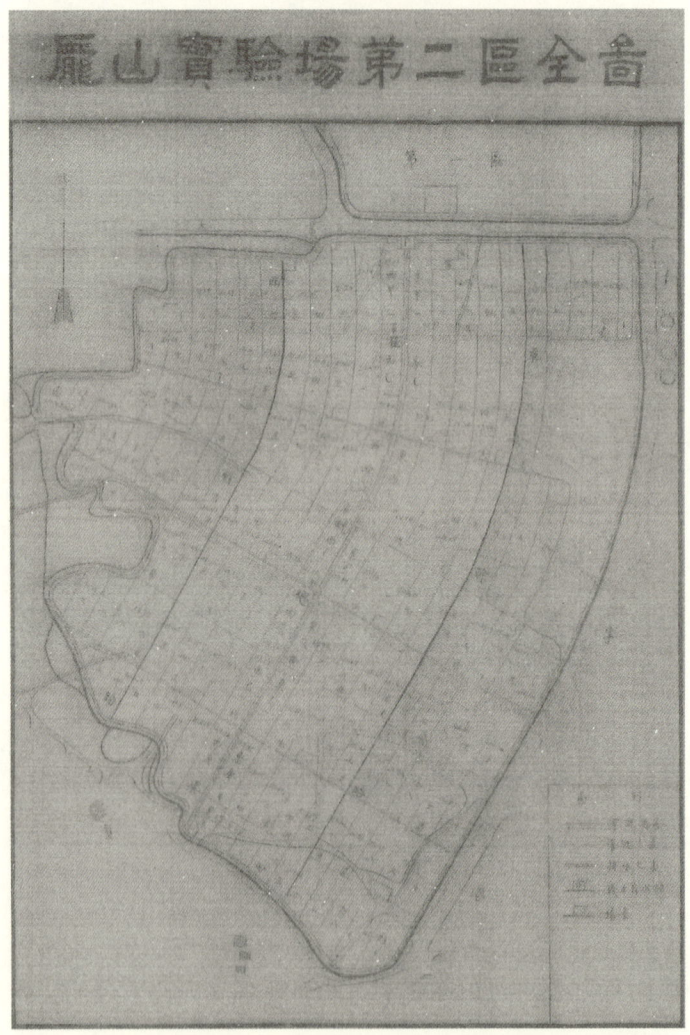

典拠：中央研究院近代史研究所档案館蔵『接収呉江縣龎山湖模範實驗場』（経済部門／汪政府経済部門／水利署／総務／28-05-01-018-04）より転載。

巻末図版

図7　龐山湖灌漑実験場第三区全体図
他の区と同様に区内には水路があり、第三区上部左部分に電力による水の汲み上げ拠点(図中「P」)が置かれ、その横に同区を取り仕切る「総場基」が設置された。同区では縦に東西を分ける子午線がひかれ、各区画に整理されており、各区画すべてではないが、「場基」(例：同区中央の東丁四・五の下部に跨っている囲み部分)が設置されている。

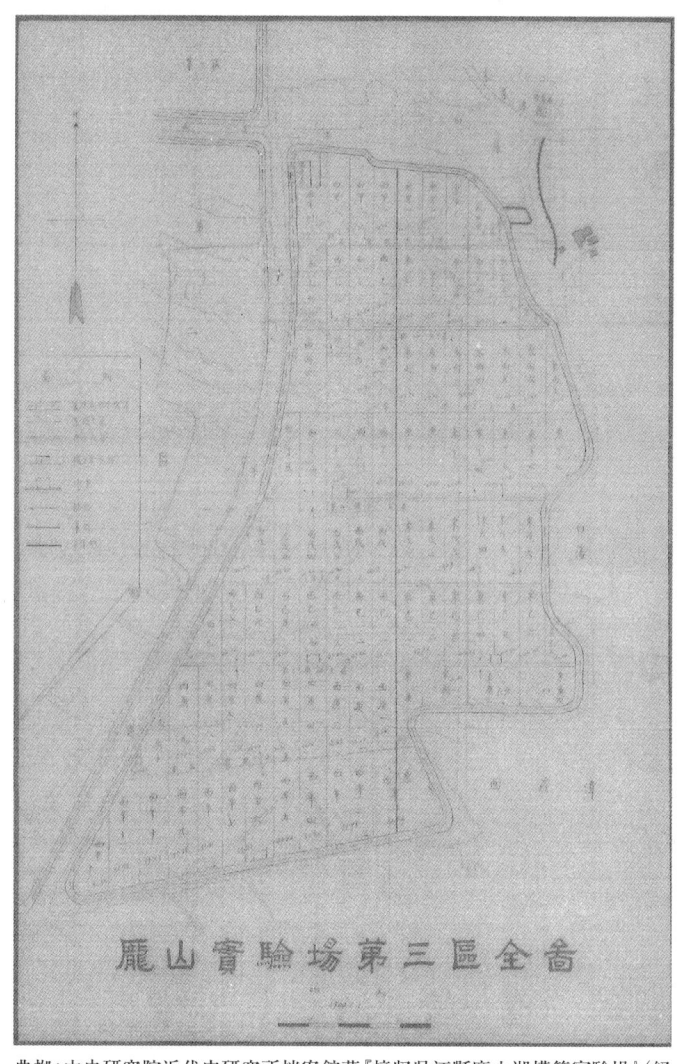

典拠：中央研究院近代史研究所檔案館蔵『接収呉江縣龐山湖模範實驗場』(経済部門／汪政府経済部門／水利署／総務／28-05-01-018-04) より転載。

201

図8　蘇北新運河開闢計画図

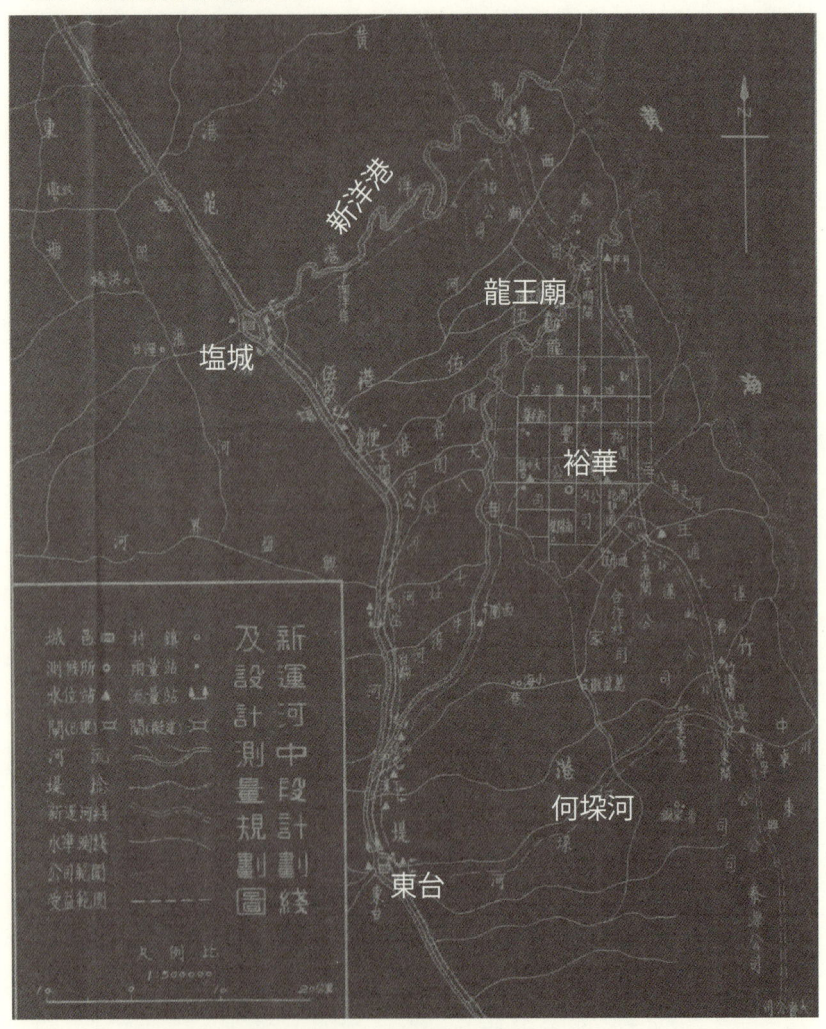

典拠：中央研究院近代史研究所档案館蔵『開闢蘇北新運河計画』（経済部門／汪政府経済部門／水利署／業務／28-05-04-072-04）より転載。

図9　蘇北新運河開闢計画大勢図

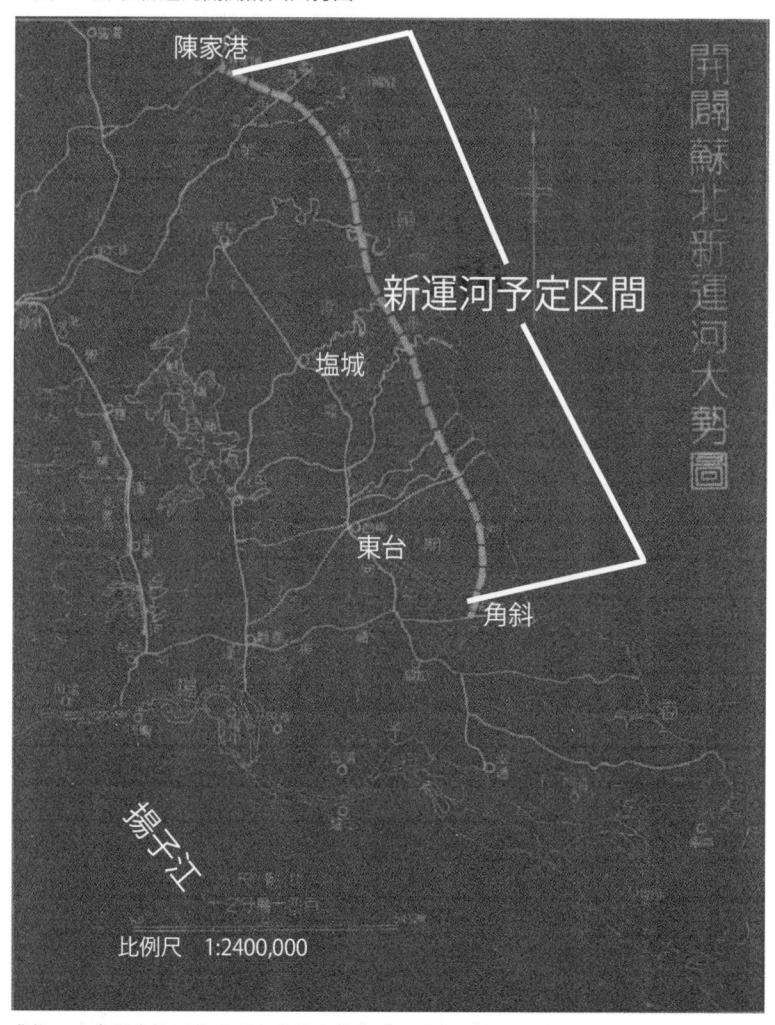

典拠：中央研究院近代史研究所档案館蔵『開闢蘇北新運河計画』（経済部門／汪政府経済部門／水利署／業務／28-05-04-072-04）より転載。

図11：尹山湖周辺図

典拠：中央研究院近代史研究所档案館蔵『東太湖測量隊』（経済部門／汪政府経済部門／水利署／業務／28-05-04-043-03）より転載。

巻末図版

図12 汪精衛政権作成 東太湖干拓事業平面図

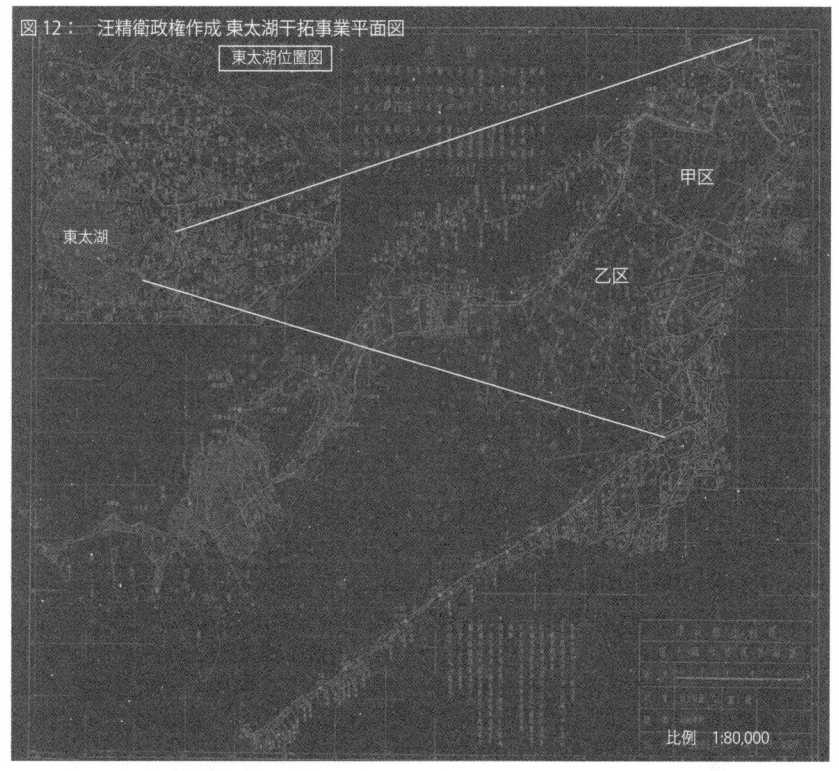

典拠：中央研究院近代史研究所档案館蔵『東太湖測量隊』（経済部門／汪政府経済部門／水利署／業務／28-05-04-043-03）より転載。

図13： 大東亜省作成 東太湖干拓事業平面図

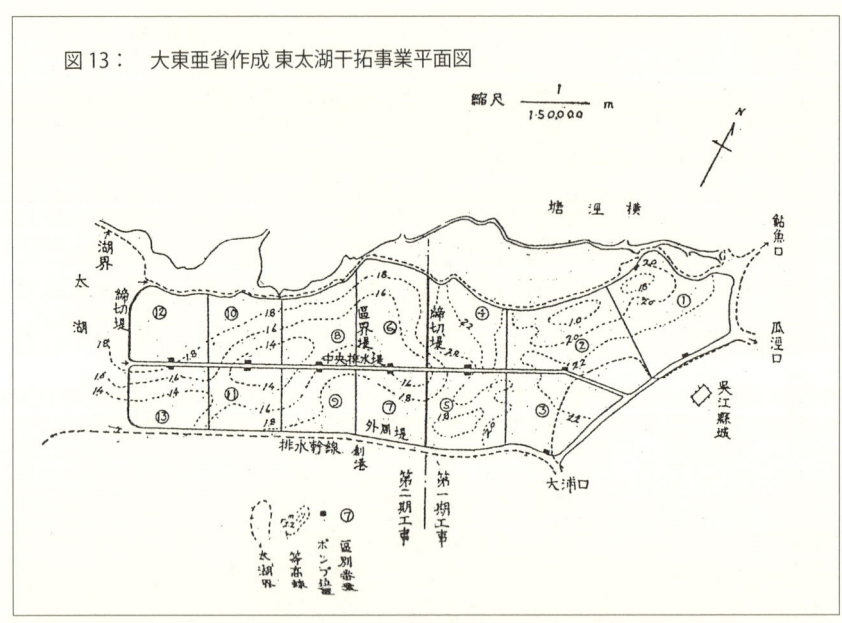

典拠：「東太湖干拓基礎調査概要（二）土地改良班」（「大東亜省調査月報　昭和十九年一月　第二巻第一号」『復刻版　興亜院 大東亜省調査月報　第35巻 昭和十九年一～二月』（龍渓書舎、1988年）102頁。）より転載。

巻末図版

図14　尹山湖事業平面図

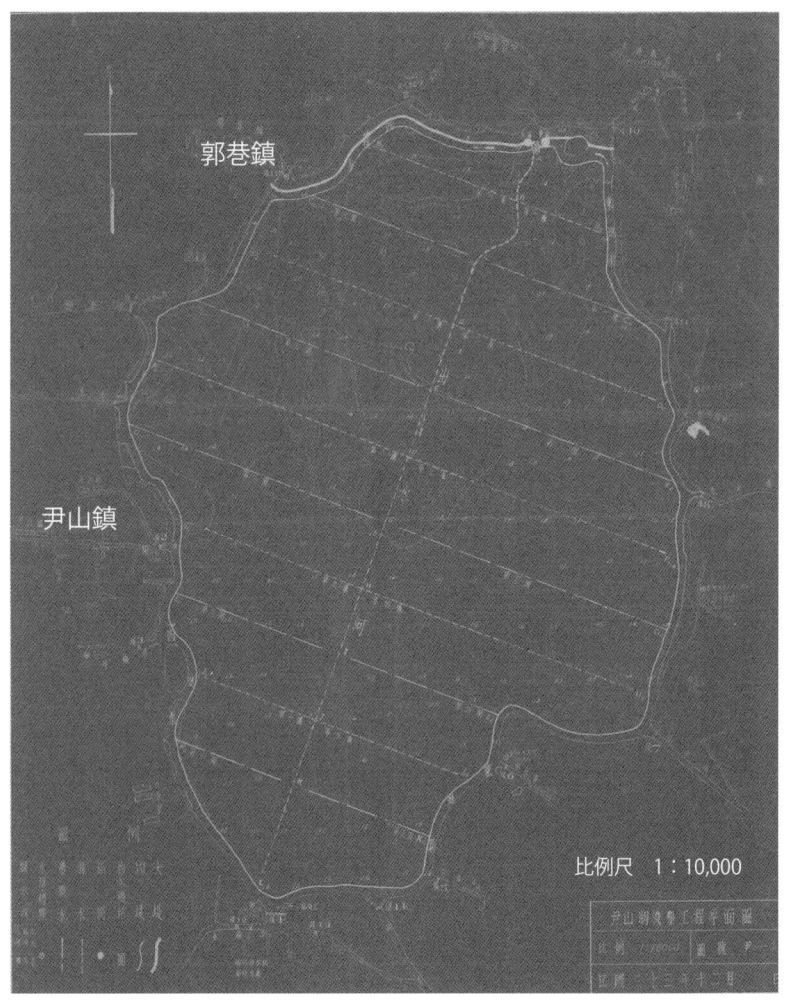

典拠:『尹山湖浚墾工程平面図・設計図』（経済部門／汪政府経済部門／水利署／業務／28-05-04-040-04）より転載。

参考文献

○史料

中国第二歴史档案館蔵

『本会調査安徽省蚌埠一帯災振報告和上海一般災民，状況及振務情況報告〔1940・5～6〕』（汪偽賑務委員会史料 全宗号：2076 案巻号：572）

台湾・中央研究院近代史研究所档案館蔵

『龐山湖区灌漑事業発展計画』（経済部門／水利部／長江水利工程総局／工程業務／19-52-113-01）

『京滬特派員辦公処接収龐山湖農場』（経済部門／農林部／農業復員委員会／京滬区／20-16-173-05）

『接管武錫区及龐山湖場等二実験灌漑区』（経済部門／行政院水利委員会／揚子江水利委員会／工程業務／25-23-131-05）

『接管武錫区及龐山湖場等二実験灌漑区』（経済部門／行政院水利委員会／揚子江水利委員会／工程業務／25-23-132-01）

『龐山湖実験農場』（経済部門／汪政府経済部門／実業部／農業／28-03-03-042-03）

『龐山湖実験農場』（経済部門／汪政府経済部門／実業部／農業／28-03-03-042-04）

『龐山湖実験農場』（経済部門／汪政府経済部門／実業部／農業／28-03-03-043-01）

『龐山湖実験農場』（経済部門／汪政府経済部門／実業部／農業／28-03-03-043-03）

『龐山湖実験農場』（経済部門／汪政府経済部門／実業部／農業／28-03-03-043-04）

『龐山湖実験農場』（経済部門／汪政府経済部門／実業部／農業／28-03-03-045-02）

『龐山湖実験農場』（経済部門／汪政府経済部門／実業部／農業／28-03-03-045-04）

『水利署各機関組織法』（経済部門／汪政府経済部門／水利署／総務／28-05-01-002-04）

『接収呉江縣龐山湖模範實験場』（経済部門／汪政府経済部門／水利署／総務／28-05-01-018-04）

『擬収回清涼山水工試験所』（経済部門／汪政府経済部門／水利署／総務／28-05-01-018-05）

『水利事業3年計画及概算』（経済部門／汪政府経済部門／水利署／会計／28-05-03-006-04）

『工作報告』（経済部門／汪政府経済部門／水利署／業務／28-05-04-020-01）

参考文献

『工作報告』（経済部門／汪政府経済部門／水利署／業務／28-05-04-020-02）

『工作報告』（経済部門／汪政府経済部門／水利署／業務／28-05-04-020-03）

『工作報告』（経済部門／汪政府経済部門／水利署／業務／28-05-04-021-01）

『工作報告』（経済部門／汪政府経済部門／水利署／業務／28-05-04-021-02）

『東太、尹山湖浚墾工程局組織規程』（経済部門／汪政府経済部門／水利署／業務／28-05-04-037-01）

『東太、尹山湖浚墾工程局工人食米』（経済部門／汪政府経済部門／水利署／業務／28-05-04-038-01）

『東太湖・尹山湖竣工工程局合同』（経済部門／汪政府経済部門／水利署／業務／28-05-04-039-01）

『東太、尹山湖浚墾工程局投標』（経済部門／汪政府経済部門／水利署／業務／28-05-04-040-01）

『東太、尹山湖浚墾工程局施工』（経済部門／汪政府経済部門／水利署／業務／28-05-04-040-02）

『續辦尹山湖浚墾工程総巻』（経済部門／汪政府経済部門／水利署／業務／28-05-04-040-03）

『尹山湖浚墾工程平面図・設計図』（経済部門／汪政府経済部門／水利署／業務／28-05-04-040-04）

『会勘東太湖情形報告』（経済部門／汪政府経済部門／水利署／業務／28-05-04-041-05）

『東太湖農田水利経済調査報告書』（経済部門／汪政府経済部門／水利署／業務／28-05-04-042-01）

『東太湖測量隊』（経済部門／汪政府経済部門／水利署／業務／28-05-04-043-02）

『東太湖測量隊』（経済部門／汪政府経済部門／水利署／業務／28-05-04-043-03）

『開闢蘇北新運河計画』（経済部門／汪政府経済部門／水利署／業務／28-05-04-072-04）

『安徽省懐遠縣代表賈翰城等請修淮堤』（経済部門／汪政府経済部門／水利署／業務／28-05-04-116-02）

『修復淮堤工程督察処雑類』（経済部門／汪政府経済部門／水利署／業務／28-05-04-099-04）

『修復安徽省淮堤工程総巻』（経済部門／汪政府経済部門／水利署／業務／28-05-04-103-01）

209

『修復安徽省淮堤工程總巻』（経済部門／汪政府経済部門／水利署／業務／28-05-04-103-02)

『修復安徽省淮堤工程総巻』（経済部門／汪政府経済部門／水利署／業務／28-05-04-103-03)

『興修淮河南岸埝総巻』（経済部門／汪政府経済部門／水利署／業務／28-05-04-127-01)

『督察淮河南堤工程辦事処』（経済部門／汪政府経済部門／水利署／業務／28-05-04-128-01)

『徴工淮河南堤臨琉段工程処』（経済部門／汪政府経済部門／水利署／業務／28-05-04-128-02)

『徴工修復淮河南堤晏観段暨特設閘板工程処』（経済部門／汪政府経済部門／水利署／業務／28-05-04-128-04)

アジア歴史資料センター所蔵資料

「24時局収拾ノ具体弁法」JACAR（アジア歴史資料センター）Ref.B02031755500、支那事変ニ際シ新支那中央政府成立一件／梅機関ト汪精衛側トノ折衝中ノ各段階ニ於ケル条文関係（A,6,1,076）（外務省外交史料館）

「各種事業関係資料（直営企業関係）」
JACAR（アジア歴史資料センター）Ref.B06050146900（第25画像目）、本邦会社関係雑件／東洋拓殖株式会社／東京拓殖株式会社法改正法案参考資料（外務省外交史料館）

「9.特殊事業／(67)裕華公司農場状況ニ関スル件」（JACAR（アジア歴史資料センター）Ref.B06050343100（第2画像目から第5画像目まで）、本邦会社関係雑件／東洋拓殖株式会社／雑件公文書（外務省外交史料館）

「黄河決潰口偵察報告送付の件」JACAR（アジア歴史資料センター）Ref.C04120748100 昭和14年2月11日「陸軍省―陸支密大日記―S14－7・96」（防衛省防衛研究所）

「黄河に関する件」JACAR（アジア歴史資料センター）Ref.C04120764800 昭和13年6月17日「陸軍省―陸支密大日記―S14－12・101」（防衛省防衛研究所）

「中支那米の受授に関する件」JACAR（アジア歴史資料センター）Ref.C04121697200、昭和14年「陸支受大日記 第76号」（防衛省防衛研究所）

○資料（五十音順）

『朝日新聞 中支版』昭和19（1944）年2月18日（『朝日新聞外地版 中支版』ゆまに書房、2011年）

維新政府概史編纂委員会『中華民国維新政府概史』（維新政府概史編纂委員会、1940年）

井田三郎「鳳陽縣楊家崗村農業事情」（『満鉄調査月報』昭和15年4月號 第20巻第4號）

伊藤隆・照沼康孝編『続・現代史資料（4）陸軍 畑俊六日誌』（みすず書房、1983年）

「中支那に於ける米の流動経路」（『大東亜省調査月報』昭和十八年九月 第一巻第九号、1943年）

袁愈佺「日汪勾結掠奪中国資源概述」（黄美真編『偽廷幽影録―対汪偽政権的回憶』東方出版社、2010年）

「太田宇之助日記」8（『横浜開港資料館紀要』第27号、2009年）

外務省編『日本外交年表竝主要文書（下）』（原書房、1965年）

外務省編纂『日本外交文書 太平洋戦争 第二冊』（外務省、2010年）

郭卿友主編『中華民國時期 軍政職官誌・下』（甘粛人民出版社、1990年）

華東軍政委員会土地改革委員会編『江蘇省農村調査』（華東軍政委員会土地改革委員会、1952年）

興亜院政務部『情報』（第18号、1940年）三好章解説『情報 第2冊』興亜院政務部刊、第14号〜第25号、不二出版、2010年）。

黄美真編『偽廷幽影録―対汪偽政権的回憶』（東方出版社、2010年）

黄美真・張雲編『汪精衛国民政府成立』（上海人民出版社、1984年）

「國民政府強化の諸條件とその施策」（『東亜』昭和17年9月號）

蔡徳金編注『周仏海日記 下』（中国社会科学出版社、1986年）

蔡徳金編注『周仏海日記 全編 上編 下編』（中国文聯出版社、2003年）

蔡徳金・王升編『汪精衛生平紀事』（中国文史出版社、1993年）

蔡徳金・李恵賢『汪精衛偽国民政府紀事』（中国社会科学出版社、1982年）

蔡徳金編・村田忠禧・楊晶・廖隆幹・劉傑共訳『周仏海日記』（みすず書房、1992年）

参謀本部編『杉山メモ・上』（原書房、1967年）

参謀本部編『杉山メモ・下』（原書房、1967年）

中央档案館・中国第二歴史档案館・吉林省社会科学院合編『日汪的清郷』（中華書局、1995年）

中共江蘇省委党史工作委員会・江蘇省档案館編『蘇北抗日根拠地』（中共党史資料出版社、1989年）

中国国民党中央委員会党史委員会編『革命文献　第八十一輯　抗戦前国家建設史料―水利建設（一）』（中央文物供応社、1979年）

中国国民党中央委員会党史委員会編『革命文献 第八十一輯　抗戦前国家建設史料 水利建設（二）』（中央文物供応社、1980年）

中国第二歴史档案館編『汪偽国民政府公報』江蘇古籍出版社、1991年）

中国第二歴史档案館編『汪偽政府行政院会議録 第24冊』（档案出版社、1992年）

中国第二歴史档案館編『汪偽中央政治委員会暨最高国防会議会議録（十七）』（広西師範大学出版社、2002年）

中国第二歴史档案館編『汪偽中央政治委員会暨最高国防会議会議録（二十）』（広西師範大学出版社、2002年）

中国第二歴史档案館編『汪偽中央政治委員会暨最高国防会議会議録（二十五）』（広西師範大学出版社、2002年）

陳鵬仁著『汪精衛降日秘档』聯経出版事業公司、1999年

「中支那に於ける米の流動経路」（『大東亜省調査月報』昭和十八年九月　第一巻第九号、1943年）

『南京新報』（南京新報社）

日中韓3国共同歴史編纂委員会編『新しい東アジアの近現代史（下）　テーマで読む人と交流　未来をひらく歴史』（日本評論社、2012年）

「東太湖周邊の農業事情」（『大東亜省調査月報　昭和十九年一月　第二巻第一号』『復刻版　興亜院 大東亜省調査月報 第35巻 昭和一九年一〜二月』（龍渓書舎、1988年）

「東太湖干拓基礎調査概要（二）土地改良班」（「大東亜省調査月報」昭和十九年一月　第二巻第一号　同上）77頁

「東太湖干拓基礎調査概要（一）治水班」（『大東亜省調査月報』昭和十八年十二月　第一巻第十二號、『復刻版興亜院 大東亜省調査月報第34巻（大東亜省）昭和18年11〜12月』龍渓書舎、1988年）

藤原彰・新井利男編『侵略の証言 中国における日本人戦犯自筆供述書』（岩波書店、1999年）

『民国新報』（民国新報社）

村田忠禧・楊晶・廖隆幹・劉傑共訳・蔡徳金編『周仏海日記1937-1945』（みすず書房、1992年）

山田辰雄編『近代中国人名事典』（霞山会、1995年）

〇論文（五十音順）

家近亮子「一九三七年一二月の蒋介石―「蒋介石日記」から読み解く南京情勢―」（『近代中国研究彙報』30号、2008年）

池田誠編『抗日戦争と中国民衆』（法律文化社、1987年）

石島紀之『中国抗日戦争史』（青木書店、1984年）

猪又正一『私の東拓回顧録』（龍渓書舎、1978年）

今井就稔「戦時上海における敵産処理の変遷過程と日中綿業資本」（高綱博文編『戦時上海―1937～45年』研文出版、2005年）

王克文『汪精衛・国民党・南京政権』（国史館、2001年）

汪漢忠「試論南京国民政府的"導淮"」（『民国研究』2005年第8輯）

大江志乃夫他編『岩波講座 近代日本と植民地6 抵抗と屈従』（岩波書店、1993年）

大河内一雄『国策会社東洋拓殖の終焉』（績文堂、1991年）

小笠原強「汪精衛政権行政院からみた政権の実態について―機構・人事面から―」（『専修史学』第38号、2005年）

小笠原強「汪精衛政権の水利政策―安徽省淮河堤修復工事を事例として」（『中国研究月報』第61巻10号、2007年10月）

小笠原強「『周仏海日記』にみる対日和平論の変遷」（『専修史学』第48号、2010年3月）

郭貴儒・張同楽・封漢章『華北偽政権史稿 従"臨時政府"到"華北政務委員会"』（社会科学文献出版社、2007年）

笠原十九司『南京事件』（岩波新書、1997年）

笠原十九司『日中全面戦争と海軍 パナイ号事件の真相』（青木書店、1997年）

笠原十九司『体験者二七人が語る南京事件 虐殺の「その時」とその後の人生』（高文研、2006年）

久保亨「興亜院とその中国調査」（姫田光義・山田辰雄編『日中戦争の国際共同研究1 中国の地域政権と日本の統治』慶應義塾大学出版会、2006年）

倉沢愛子他編『岩波講座アジア・太平洋戦争7 支配と暴力』（岩波書店、2006年）

黒瀬郁二『東洋拓殖会社　日本帝国主義とアジア太平洋』（日本経済評論社、2003年）
経盛鴻『南京淪陥八年史（上・下冊）』（社会科学文献出版社、2005年）
黄麗生『淮河流域的水利事業（1912-1937）―従公共工程看民初社会変遷之個案研究』（国立台湾師範大学歴史研究所、1986年）
小林英夫・林道生『日中戦争史論　汪精衛政権と中国占領地』（御茶の水書房、2005年）
蔡徳金『歴史的怪胎　汪精衛国民政府』（広西師範大学出版社、1993年）
蔡徳金『朝秦暮楚周仏海』（団結出版社、2009年）
水利部治淮委員会《淮河水利簡史》編写組『淮河水利簡史』（水利電力出版社、1990年）
関智英「袁殊と興亜建国運動―汪精衛政権成立前後の対日和平陣営の動き」（『東洋学報』第94巻第1号、2012年6月、89〜119頁）
関智英「興亜建国運動とその主張―日中戦争期中国における和平論」（『中国研究月報』第66巻7号、2012年7月、1〜13頁）
曽志農「汪政権による「淪陥区」社会秩序の再建過程に関する研究―『汪偽政府行政院会議録』の分析を中心として―」（東京大学大学院人文社会系研究科アジア文化研究専攻博士論文、2000年、未刊行）
戴維・艾倫・佩茲著・姜智芹訳『工程国家　民国時期（1927-1937）的淮河治理及国家建設』（江蘇人民出版社、2011年）
高綱博文編『戦時上海―1937〜45年』（研文出版、2005年）
高橋久志「汪兆銘南京政権参戦問題をめぐる日中関係」（『国際政治』91号、1989年）
中央大学人文科学研究所編『日中戦争　日本・中国・アメリカ』（中央大学出版部、1993年）
中華文化復興運動推行委員会・「中国之科学與文明」編譯委員會編・沈百先・章光彩等編著『中華水利史』（台湾商務印書館、1979年）
張生『日偽関係研究―以華東地区為中心』（南京出版社、2003年）
張生「一九三七年の選択―性格と運命[周仏海日記解読]―」（『中国21』31号、2009年）
陳紅民・陳書梅「汪偽政権立法院の初歩的分析」（『中国21』Vol.31、2009年）
土田哲夫「盧溝橋事件と国民政府の対応―『王世杰日記』を中心に」（『中央大学経済学部創立一〇〇周年記念論文集』中央大学経済学部、2005年）
土屋光芳『汪精衛と蒋汪合作政権』（人間の科学新社、2004年）
土屋光芳『「汪兆銘政権」論―比較コラボレーションによる考察』（人間の科学新社、

2011年)

鄧肇経『中国水利史』(上海書店、1984年〔1939年版の復刻版〕)

中村政則・高村直助・小林英夫『戦時華中の物資動員と軍票』(多賀出版、1994年)

西義顕『悲劇の証人―日華和平工作秘史―』(文献社、1962年)

波多野澄雄『太平洋戦争とアジア外交』(東京大学出版会、1996年) 波多野澄雄・戸部良一編『日中戦争の国際共同研究2 日中戦争の軍事的展開』(慶應義塾大学出版会、2006年)

原剛「一号作戦―実施に至る経緯と実施の成果」(波多野澄雄・戸部良一編『日中戦争の国際共同研究2 日中戦争の軍事的展開』慶應義塾大学出版会、2006年)

G. E. Bunker, *The Peace Conspiracy*, Cambridge: Harvard University Press, 1972.

潘敏『江蘇日偽基層政権研究(1937‐1945)』(上海人民出版社、2006年)

姫田光義・山田辰雄編『日中戦争の国際共同研究1 中国の地域政権と日本の統治』(慶應義塾大学出版会、2006年)

姫田光義「総論 日中戦争期、中国の地域政権と日本の統治」(姫田光義・山田辰雄編『日中戦争の国際共同研究1 中国の地域政権と日本の統治』慶應義塾大学出版会、2006年)

福田良久「中支の洋龍船に就て」(『満鉄調査月報』昭和十七(1942)年八月号)

復旦大学歴史系中国現代史研究室編『汪精衛漢奸政権的興亡―汪偽政権史研究論集』(復旦大学出版社、1987年)

藤原彰他編『日本近代史の虚像と実像③満州事変〜敗戦』(大月書店、1989年)

T. Brook, *Collaboration; Japanese Agents and Local Elites in Wartime China*, Harvard University Press, 2005.

古厩忠夫「日本軍占領地域の「清郷」工作と抗戦」(池田誠編『抗日戦争と中国民衆』法律文化社、1987年)

古厩忠夫「汪精衛政権はカイライではなかったのか」(藤原彰他編『日本近代史の虚像と実像③満州事変〜敗戦』大月書店、1989年)

古厩忠夫「「漢奸」の諸相―汪精衛政権をめぐって―」(大江志乃夫他編『岩波講座 近代日本と植民地6 抵抗と屈従』岩波書店、1993年)

古厩忠夫「日中戦争と占領地経済―華中における通貨と物資の支配―」(中央大学人文科学研究所編『日中戦争 日本・中国・アメリカ』中央大学出版部、1993年)

古厩忠夫「対華新政策と汪精衛政権―軍配組合から商統総会へ―」(中村政則・高村直助・小林英夫『戦時華中の物資動員と軍票』多賀出版、1994年)

古厩忠夫「戦後地域社会の再編と対日協力者」(古厩忠夫『日中戦争と上海、そして私 古厩忠夫中国近現代史論集』(研文出版、2004年)

本庄比佐子・内山雅生・久保亨編『興亜院と戦時中国調査 付 刊行物所在目録』(岩波書店、2002年)

弁納才一「なぜ食べる物がないのか―汪精衛政権下中国における食糧事情―」(弁納才一・鶴園裕編『東アジア共生の歴史的基礎 日本・中国・南北コリアの対話』御茶の水書房、2008年)

弁納才一「日本軍占領下中国における食糧管理体制の構築とその崩壊」(『北陸史学』第57号、2010年)

弁納才一・鶴園裕編『東アジア共生の歴史的基礎 日本・中国・南北コリアの対話』(御茶の水書房、2008年)

武漢水利電力学院・水利水電科学研究院《中国水位史稿》編写組『中国水利史稿 上冊』(水利電力出版社、1979年)

J. H. Boyle, *China and Japan at War 1937-1945*, Stanford University Press, 1972.

防衛庁防衛研修所戦史室編『戦史叢書 中国方面海軍作戦〈1〉―昭和十三年三月まで―』(朝雲新聞社、1974年)

防衛庁防衛研修所戦史室編『戦史叢書 支那事変陸軍作戦〈1〉昭和十三年一月まで』(朝雲新聞社、1975年)

堀井弘一郎「中華民国維新政府の成立過程(上)」(『中国研究月報』49巻4号、1995年)

堀井弘一郎「中華民国維新政府の成立過程(下)」(『中国研究月報』49巻5号、1995年)、

堀井弘一郎「日本軍占領下、中華民国維新政府の治政」(『中国研究月報』54巻3号、2000年)

堀井弘一郎『汪兆銘政権と新国民運動―動員される民衆―』(創土社、2011年)

本庄比佐子・内山雅生・久保亨編『興亜院と戦時中国調査 付 刊行物所在目録』(岩波書店、2002年)

益井康一『漢奸裁判史 1946-1948』(みすず書房、1977年)

三好章「清郷工作と『清郷日報』」(三好章編著『『清郷日報』記事目録』中国書店、2005年)

参考文献

三好章「汪兆銘の〝清郷〟視察――一九四一年九月―」(『中国21』Vol31、2009年)

森田明『清代水利史研究』(亜紀書房、1974年)

余子道・曹振威・石源華・張雲『汪偽政権全史 下巻』(上海人民出版社、2006年)

劉熙明・林美莉「《周仏海日記》的利用経験」(『近代中国』161期、2005年)

劉傑『日中戦争下の外交』(吉川弘文館、1995年)

劉傑『漢奸裁判 対日協力者を襲った運命』(中公新書、2000年)

劉傑「汪兆銘政権論」(倉沢愛子他編『岩波講座アジア・太平洋戦争7 支配と暴力』岩波書店、2006年)

劉傑・三谷博・楊大慶編『国境を越える歴史認識 日中対話の試み』(東京大学出版会、2006年)

劉傑「汪兆銘と「南京国民政府」」(劉傑・三谷博・楊大慶編『国境を越える歴史認識 日中対話の試み』東京大学出版会、2006年)

林美莉「日汪政権的米糧統制與糧政機関的變遷」(『中央研究院近代史研究所集刊』第37期、2002年)

あとがき

　本書は 2012 年度に専修大学へ提出した博士論文をまとめたものである。博士論文は、いくつかの論文を併せて、一つのものとするのが一般的であるが、筆者の場合、ほとんどが書き下ろしの新稿であった。本書のもとになった拙稿の初出は以下の通りである。旧稿は博士論文、本書とするにあたり、誤記・誤植の修正、加筆をおこなった。

　序論　新稿
　第1章「汪精衛政権概史」　新稿
　第2章「汪精衛政権の政権構想―周仏海の政権構想から―」（「『周仏海日記』にみる対日和平論の変遷」『専修史学』第48号、2010年）
　第3章「汪精衛政権の水利政策の概要」　新稿
　第4章「安徽省淮河堤防修復工事」（「汪精衛政権の水利政策―安徽省淮河堤修復工事を事例として」『中国研究月報』第61巻10号、2007年）
　第5章「江蘇省呉江県龐山湖灌漑実験場「接収」計画」　新稿
　第6章「三ヶ年建設計画（1）―「蘇北新運河開闢計画」　新稿
　第7章「三ヶ年建設計画（2）―東太湖・尹山湖干拓事業　新稿
　結論　新稿

　筆者が汪政権研究を志すようになったのは、卒業論文の作成に取り掛かろうとしていた大学 3 年の終わり頃であった。もともと日中戦争に興味はあったものの、何をテーマとして卒論を書き上げるべきか悩んでいた時に、目にとまったのが、日中戦争期に日中間で実施された「和平工作」という文字であった。
　卒論のテーマにするべく、和平工作についていくつも文献にあたったものの、どうしても腑に落ちない点があることに気づかされたのである。それは和平工作の1つ、「汪兆銘工作」によって成立した汪政権の研究が進んでいないという研究状況にであった。評価が難しい政権だけにこの政権だけには手を出すまい、と当時は思っていたのだが、いつのまにか和平工作ではなく、汪政権そのものを研究テーマとするようになり、卒業論文、専修大学大学院での修士論文、

219

博士論文まで、1つのテーマで書き上げることとなった。
　実際、「手を出すまい」という懸念は間違いではなかった。先述の通り、評価が難しいだけではなく、史料的制約がつきまとい、史料を揃えることに大変苦慮することとなった。卒業論文の際には、当時の指導教授であった海老澤哲雄先生に「本当に書けるのか」とよく心配されたものである。本書で取り上げた汪政権の水利政策を考察対象とした理由の一つは、水利政策の史料が利用しやすい環境にあったことが大きく、これまでの経験を踏まえての判断でもあった。
　その汪政権の水利政策について、筆者が考察を始めたのは大学院博士後期課程に入ってからである。当初は単純に政権下の状況を考察できる政策の1つとしか考えていなく、考察自体、また、研究生活もただ漠然とこなしている感覚でしかなかった。しかし、図らずも2011年のある出来事を境にして、筆者にとって、この水利政策は現実味を帯びた考察対象となっていった。そのある出来事とは、2011年3月11日の東日本大震災の発生であった。
　東日本大震災は広範囲に亘って被害をもたらし、発災より3年が経過しようとする現在もなお進行中である。私の地元・釜石も津波による甚大な被害を受けた町の1つであり、震災発生から約2週間後に見た地元の光景、独特の臭いは一生忘れることはないであろう。破壊された防波堤や河川の堤防、海水がひかずに水に浸かったままの田圃、そして自分が帰れる場所の喪失、と「非現実」と思えるものを現実として捉えるには、時間と労力が必要であった。
　この震災で筆者は多くのものを失い、現在もその喪失感に時々、苛まれることがある。しかし、誤解を恐れずに言うと、この震災を経験したからこそ、博士論文や本書を書き上げることができたと自覚している。読者には伝わらなかったかもしれないが、本書中に登場する河川の増水被害、破壊された堤防など、皮肉ではあるが、今回の震災の経験により、現実的な感覚をもって描くことができたのであった。
　我が身に降りかかったこの震災は自分の無力さを自覚させ、学問をしている自分には何ができるのかを突き付けられた思いで今もいっぱいである。いまだにこの問いかけへの明確な答えは持ち得ていない。まだ月並みなことしか言えないが、歴史から学んだことを今に還元し、少しでも一人一人の今後の生活をよりよいものへとしていく手伝いが自分に課せられたことなのではと考えてい

あとがき

る。非常に根本的なことではあるが、それを実現し、明確な答えを出すためにも、今後も学問を続けていかなければと切に思っている。

　本書を出版することができたのは、これまでの研究生活において、さまざまな方々にお世話になってきたからである。帝京大学での指導教授であった海老澤哲雄先生、専修大学大学院での指導教授であった田中正敬先生、この両先生は愚鈍な私に対し、根気強く丁寧にアドバイスをしていただき、学問への道の礎を築いていただいた。海老澤ゼミ、田中ゼミに所属できて本当によかったと思うと同時に、感謝しきれない気持ちでいっぱいである。
　博士論文の副査を務めていただき、修士から現在に至るまでゼミにおいて御指導いただいている笠原十九司先生には、日中戦争期の社会構造や史料の読み方を教えていただき、さらに書庫整理や3国歴史副教材の作成に関わらせていただくなど、貴重な経験をさせていただいた。同じく博士論文の副査であり、あと数年、私の論文提出が早ければ主査であった可能性がある飯尾秀幸先生には、他大学から進学してきた私に対して、さまざまな面において、大変気をつかっていただいた。中国史の先生が少ない専修大学の中で、飯尾先生の存在は心強いものがあった。博士論文や本書では中国語史料を使用し、自分で翻訳した文章をいくつか掲載してきた。その翻訳文の確認は帝京大学の蔡易達先生にしていただいた。蔡先生には翻訳だけではなく、台湾での史料調査の際にも便宜を図っていただいた。
　また、私は近現代史専攻であるが、大学院在学中に古代史の研究プロジェクトにも関わらせていただいた。私にとって未知の分野であった古代史の研究方法に触れ、史料は丁寧に何度も読むことが大切であることを改めて学ばせていただいた。その機会を提供していただいた荒木敏夫先生、矢野建一先生、土生田純之先生にも感謝申し上げたい。
　直接的な関わりは、博士論文提出以降であったが、宇都榮子先生には社会福祉史関係の仕事に関わらせていただき、学位取得のお祝いまでしていただいた。とてもありがたい気持ちでいっぱいである。
　次に汪政権研究を行なっている、いわゆる「同業者」である柴田哲雄先生、堀井弘一郎先生、三好章先生、関智英先生、広中一成先生には、研究会等でお

世話になっていると同時に、第一線で御活躍されている先生方だけに毎回よい刺激を受けている。まだ始まったばかりの感がある汪政権研究を盛り上げていくために、今後も切磋琢磨できるよう、各先生方には御協力をお願いしたい。

私の研究生活を支えてきたのは、先述の先生方による指導のみならず、友人らの存在も大きい。田中ゼミに参加していた小薗崇明氏、宮川英一氏、ホン・セア氏、ノ・ジュウン氏、稲垣裕章氏、鈴木孝昌氏にはゼミでの研究報告の際に、的確かつ有益なアドバイスをいただいた。とりわけ小薗氏には震災直後、かなり参っていた私のことを大変気遣っていただき、宮川氏には事あるごとにフォローを入れてもらい、大いに支えてもらった。専修大学の仕事で知り合いになった江連崇氏には、これまで知らなかった社会福祉史の一面を教えていただいた。さらに古代史の研究プロジェクトで一緒に仕事をした小林孝秀氏、窪田藍氏、福島大我氏を初めとする専修大学大学院歴史学専攻の院生や修了生の皆さんには、震災後、多大な支援をしていただいた。あれから何も御礼ができていなく、慙愧に堪えないが、いつか何かしらの御返しができればと思っている。

また、研究仲間だけではなく、偏屈な私と遊んでくれる、「遊び仲間」の皆さんにも支えられている。本当に人に恵まれて、今に至っていることを実感している。ここに挙げた皆様には、本当に感謝していると同時に、今後も宜しくお願いしたい。

そして、これまで研究を続けられたのも、何よりも偏に両親のおかげである。「あの日」以降、自分たちの生活を立て直すことで精一杯の中にありながら、何をしても中途半端な私を応援し続けてくれた、父・勝正、母・喜久子に最大限の感謝を申し上げたい。ありがとうございます。

最後に、本書作成にあたり、専修大学出版局の方々には出版期日迫る中、ギリギリまで調整していただき、大変お世話になりました。また、史資料の転載を許可していただいた台湾・中央研究院近代史研究所档案館、日本評論社、創土社の方々にも感謝申し上げます。

2014年1月28日
小笠原　強

※本書は2013年度専修大学課程博士論文刊行助成制度の助成を得て、刊行した成果である。

人名・事項索引

〔あ〕

安藝皎一……152, 156, 180
『朝日新聞』中支版……147
アジア・太平洋戦争……3, 19, 20, 21, 108, 119, 127, 129, 197, 213, 217
阿部信行……27
新井利男……119, 212
晏観彤……82, 83, 84, 85, 93, 210
安徽建設庁……75, 80, 90
安徽省……1, 5, 45, 47, 59, 61, 62, 64, 65, 66, 67, 68, 71, 73, 81, 86, 89, 96, 133, 190, 194, 208, 209, 210, 213
安徽省政府……54, 73, 74, 81, 87, 89, 90, 92, 94, 166, 190
安徽省政府建設庁……75
安徽省淮河修復工程督察処……77
安徽省淮河堤防工事……61
晏公廟……82, 85

〔い〕

家近亮子……51, 213
池田誠……7, 27, 213, 215
以工代賑……74, 89, 90
石島紀之……8, 9, 213
維新政府……11, 13, 14, 25, 26, 54, 57, 59, 60, 61, 63, 65, 74, 82, 189, 190
維新政府概史編纂委員会……54, 119, 211
維新政府内政部……56, 57
井田三郎……71, 89, 211
一号作戦……186, 215
囲堤……151, 160
犬養健……13
猪又正一……122, 213
今井武夫……12
今井就稔……119, 213
尹山……147, 171, 176, 185, 186, 187
尹山湖……6, 63, 64, 133, 134, 145, 146, 147, 148, 151, 162, 163, 164, 166, 167, 168, 172, 173, 174, 175, 176, 177, 178, 179, 180, 181, 182, 184, 185, 186, 187, 190, 193, 195, 207, 209
尹山湖監工所……169, 171, 183
尹山湖工程……172, 174, 179, 181, 185, 186, 187
尹山湖工程施工辦事処……173, 185, 186

〔う〕

ヴィシー政権……21, 22, 28
臼井茂樹……44
内山雅生……118, 120, 216
雲南……12

〔え〕

衛生署……18
袁殊……8, 214
艶電……12, 91
袁愈佺……96, 97, 118, 211
袁履登……22

〔お〕

及川義夫……105, 121
王殷林……122
翁介水……113, 115, 124
王家俊……58, 67, 133, 147
王家璋……148, 149, 152, 155, 179, 180, 181
汪漢忠……68, 70, 88, 89, 213
汪克正……77, 78
王克敏……11, 13
王克文……2, 7, 213
汪国民党……14
王升……7, 211
汪精衛（汪兆銘）……1, 2, 6, 7, 8, 11, 16, 21, 25, 30, 32, 33, 41, 46, 49, 66, 67, 103, 109, 120, 128, 141, 188, 189, 211, 212, 213, 214, 216, 217
汪精衛政権（汪兆銘政権）……1, 2, 5, 6, 7, 10, 15, 21, 25, 30, 33, 43, 49, 56, 60, 66, 74, 80, 96, 108, 118, 127, 148, 175, 188, 205, 213, 214, 215, 216, 217
王世杰日記……50, 214

223

汪政権……1, 2, 3, 4, 5, 6, 7, 8, 10, 16, 18, 21, 26, 30, 32, 33, 43, 48, 49, 56, 59, 64, 66, 68, 69, 74, 80, 86, 87, 88, 90, 95, 96, 102, 108, 117, 118, 127, 134, 140, 141, 147, 148, 163, 175, 177, 178, 179, 182, 188, 189, 190, 191, 192, 193, 194, 195, 196, 197, 214, 217
汪曾武……103
汪兆銘……2, 6, 7, 8, 49, 50, 54, 55, 67, 123, 214, 216, 217
汪兆銘工作……6, 10, 11, 25, 50
汪偽政府行政院会議録……8, 56, 66, 118, 124, 143, 212, 214
汪文嬰……25
汪文惺……25
王連卿……102, 120, 122
大河内一雄……122, 213
太田宇之助……45, 125, 211
大西適……102
国民政府軍……190
奥村哲……8, 9
温文緯……8, 9, 77, 78

〔か〕

懐遠……74, 75, 77, 78, 80, 81, 89, 90, 209
回憶与前瞻……33, 36, 40, 42, 51, 52, 53
海塩……61
海軍部……18
外交部……22, 108, 109, 110, 122, 123
海寧……59, 61, 67
懐寧県……63
外務省……13, 24, 25, 67, 109, 122, 123, 142, 144, 210, 211
傀儡……1, 2, 8, 188, 196
傀儡政権……1
花園口……47
何延楨……58
郭樂書……102
郭貴儒……25, 213
郭卿友……17, 27, 211
角斜鎮……134
郭心崧……34
革命史観……1
影佐禎昭……11, 12, 13, 128
嘉興……152, 153, 154

華興商業銀行券……19
笠原十九司……24, 50, 52, 213
華竹筠……107
河南省……47, 59, 69, 70
何文杰……25
華北政務委員会……14, 25, 213
神尾茂……54
河上肇……32
灌漑……60, 65, 66, 82, 95, 99, 100, 102, 103, 109, 117, 120, 127, 131, 132, 133, 134, 140, 143, 148, 149, 166, 174, 180, 189, 192, 193, 195, 198, 208
灌漑事業……5, 62, 63, 64, 65, 67, 88, 99, 118, 119, 125, 127, 140, 189, 190, 191, 192, 194, 208
漢奸……1, 2, 7, 14, 24, 25, 31, 33, 40, 141, 188, 215
漢奸裁判……8, 23, 24, 25, 26, 29, 179, 216, 217
姜佐宣……58
監察院……16, 187
干拓……6, 63, 64, 65, 99, 133, 139, 141, 146, 147, 148, 152, 156, 157, 158, 159, 161, 168, 176, 178, 179, 180, 181, 190, 192, 193, 205, 206, 212
還都……15, 16, 30, 45, 53, 147

〔き〕

貴池……62, 63, 67
季聖一……103
北支那方面軍……11
九江……61
許育銘……7
共産党……8, 32, 37, 38, 40, 42, 50, 51, 52, 116
行政院……16, 17, 24, 33, 56, 57, 66, 74, 76, 79, 81, 89, 95, 102, 103, 104, 107, 110, 111, 112, 118, 134, 135, 143, 208, 212, 213, 214
行政機構改組……16, 17, 58, 63, 110, 122
協力……2, 3, 8, 20, 21, 23, 25, 28, 49, 63, 82, 92, 102, 103, 105, 106, 110, 128, 129, 130, 141, 152, 170, 178, 180, 193, 196, 216, 217
許公定……137, 173, 174, 185
清野保……152, 156, 180
許和之……60
桐工作……18, 19
金城銀行……44
金芳雄……102, 120

人名・事項索引

〔く〕

久保田一男……152, 156
久保亭……118, 120, 213, 216
黒瀬郁二……108, 122, 123, 214
軍事委員会……10, 16, 18, 24, 33, 36
軍事委員会委員長侍従室……32
軍事訓練部……18
軍政部……18
軍用手票……19

〔け〕

計画大綱……148, 150, 151, 162, 163
経盛鴻……8, 214
建国軍……80
建設部……18, 58, 65, 67, 83, 111, 124, 131, 133, 139, 140, 147, 148, 149, 150, 152, 153, 161, 162, 164, 173, 178, 179, 180, 189, 192
建設部水利署（水利署）……56, 58, 59, 63, 65, 67, 83, 85, 86, 90, 93, 94, 111, 112, 133, 135, 136, 137, 138, 143, 152, 162, 167, 173, 175, 177, 178, 179, 198, 199, 200, 201, 203, 204, 205, 207, 208, 209, 210
建設部水利署水利事業三年建設計画（三ヶ年建設計画）……6, 65, 67, 127, 131, 132, 133, 140, 141, 146, 147, 149, 162, 163, 178, 179, 192, 193
建設部水利署組織法……58, 66

〔こ〕

興亜院……47, 54, 66, 93, 104, 105, 106, 107, 108, 109, 110, 118, 119, 121, 122, 123, 143, 156, 179, 180, 187, 191, 197, 206, 211, 212, 213, 216
興亜院華中連絡部……104, 105, 106, 120, 122
興亜建国運動……8, 214
黄河……5, 47, 59, 60, 61, 65, 68, 69, 70, 71, 72, 73, 77, 86, 89, 132, 133, 190, 210
工作報告……59, 140, 174, 185, 186, 208, 209
考試院……16, 18
杭州……22, 34, 50, 154
工商部……16, 97, 102, 108, 118
江西省……61
高宗武……11, 12, 13, 14, 26

江蘇省……1, 2, 5, 6, 20, 47, 59, 60, 61, 62, 63, 64, 65, 66, 67, 69, 89, 95, 96, 99, 102, 108, 115, 133, 134, 140, 144, 146, 149, 152, 153, 155, 176, 179, 190, 191, 192, 211, 212
江蘇省政府……32, 103, 104, 115, 125, 138, 148, 149, 162, 163, 174, 177, 185, 186, 187, 193
江蘇省糧食局……112, 124
公大建築公司（公大公司）……164, 168, 169, 182, 183
洪澤湖……60, 69, 132
交通部……16, 57, 58
江都……59, 61
抗日……4, 7, 9, 20, 27, 30, 34, 144, 212, 213, 215
黄美真……6, 7, 26, 52, 118, 120, 211
工夫……164, 165, 166, 167, 168, 169, 170, 173, 174, 178, 185, 193, 195
江北塩墾区公司……136
高郵……61, 66
黄麗生……68, 88, 214
五河……74, 75, 80, 81, 90
顧学範……136
国際防共協定……20
国民政府……1, 6, 10, 16, 23, 24, 26, 30, 33, 34, 36, 37, 38, 45, 46, 47, 50, 54, 64, 65, 66, 68, 69, 86, 95, 101, 102, 103, 116, 117, 118, 120, 121, 128, 129, 130, 134, 135, 139, 141, 142, 147, 148, 150, 159, 160, 175, 177, 178, 190, 191, 192, 193, 195, 211, 212, 214
国民政府（汪政権）……6, 21 45, 189
国民政府外交部亜洲司……11
国民政府解散宣言……24
国民政府強化……46, 47, 48, 49, 53, 55, 189
国民政府軍……25, 47, 59, 68, 70, 86
国民政府建設委員会……99, 100, 102
国民政府水利委員会……115, 175, 177, 187
国民政府遷都宣言……10, 34, 36
国民政府太湖流域水利委員会……99
国民政府農林部……176
国民党……1, 7, 11, 13, 14, 25, 26, 30, 32, 33, 49, 67, 88, 99, 115, 119, 212, 213
呉県……20, 62, 146, 148, 149, 152, 160, 171, 174, 176, 184, 185
呉江……5, 47, 62, 65, 95, 99, 100, 102, 103, 112, 116, 120, 146, 147, 148, 149, 152, 153, 155, 159, 162, 170,

171, 176, 179, 181, 184, 191, 198, 199, 200, 201, 208
呉江県公署……102, 103
顧世楫……135, 136, 137, 138, 139, 140, 143, 144
御前会議……12, 21, 22, 23, 39, 40, 52, 106, 109, 130
后大椿……112
呉稚久……75, 76
国共内戦……115
胡適……34
粉麦統制委員会……22
湖南省……32, 35, 49
近衛声明……11, 12, 13, 38, 39, 40, 41, 42, 46, 52
近衛文麿……10, 13
小林英夫……6, 7, 8, 25, 214, 215, 216
呉文炳……176
コラボレーター……3
胡良恕……107, 122
昆山……20, 62
昆明……12

〔さ〕

最高国防会議……21, 22, 24, 28, 29, 130, 142, 212
財政部……19, 33, 45, 98, 103, 111, 123
齋藤藤三久……156
齋藤英夫……156
蔡徳金……7, 25, 26, 27, 49, 51, 54, 66, 119, 121, 123, 141, 211, 213, 214
蔡復初……152, 155, 161, 180, 181
坂本尚……104, 105, 121
笹川裕史……8, 9
参謀武官公署……18
参謀本部……11, 18, 27, 28, 142, 211
三民主義……13, 30

〔し〕

実業部……16
重光堂……12
重光葵……46, 109
四川……12
実業部……18, 108, 113, 114, 115, 118, 123, 125, 208
実業部農林署……113, 114, 124, 125
支那事変処理要綱……106
支那派遣軍……96, 97, 128

柴田哲雄……2, 3, 8, 30, 49, 54
司法院……16
四方田芳市……156
社会運動指導委員会……16
社会福利部……18
謝旡忌……185
上海……6, 10, 12, 13, 22, 24, 32, 34, 36, 43, 44, 61, 62, 88, 103, 104, 105, 106, 119, 121, 135, 136, 137, 146, 153, 154, 155, 156, 167, 208, 211, 213, 214, 215, 216, 217
上海市大道政府……11
上海特別市……59, 65, 66
重慶……10, 11, 12, 16, 23, 25, 36, 37, 40, 42, 43, 44, 45, 51, 53, 129, 142
重慶国民政府（重慶政権）……4, 6, 8, 16, 19, 30, 32, 33, 42, 43, 44, 46, 189
周顕文……103, 104, 105, 120, 121
周作民……44, 53
重層化……3, 20
周仏海……5, 11, 19, 21, 22, 24, 25, 26, 27, 28, 30, 31, 32, 34, 40, 43, 48, 49, 50, 97, 98, 103, 127, 128, 129, 130, 141, 142, 188, 189, 214
周仏海日記……26, 27, 28, 31, 48, 49, 51, 98, 119, 120, 121, 128, 141, 142, 188, 211, 213, 214, 217
周隆庠……13
修理淮河乾柳両閘工程事務所……83
淑慧……35, 50
宿松……61, 63
浚墾……107, 147, 148
蒋介石……11, 12, 25, 31, 32, 33, 34, 37, 38, 41, 42, 43, 44, 45, 51, 52, 53, 88, 213
蒋介石日記……51, 213
章錫鈞……171, 185
常熟……20, 59, 62, 63, 67, 154
徐玉輝……136
食糧不足……4, 5, 47, 48, 96, 101, 189, 191, 194, 196, 197
諸青来……57
新月記営造廠……164, 184
新国民運動……3, 8, 15, 19, 20, 26, 27, 67, 216
新四軍……20, 135, 138
心叔……98, 118, 119

人名・事項索引

秦松亭……73
新拓尹山湖農地管理処……125, 175, 178, 186, 193
新中央政府……11, 12, 13
振務委員会……67, 73, 89

〔す〕

水利委員会……5, 56, 57, 58, 60, 61, 63, 65, 66, 67, 74, 75, 76, 77, 78, 79, 81, 82, 84, 85, 90, 91, 92, 93, 94, 102, 103, 105, 106, 107, 110, 117, 118, 120, 121, 122, 123, 131, 134, 135, 143, 148, 149, 179, 189, 191, 193, 208
水利委員会組織法……57
水利工程臨時会議……77, 79, 91
水利政策……4, 5, 6, 47, 48, 49, 54, 56, 59, 60, 61, 62, 63, 64, 65, 66, 67, 68, 74, 87, 95, 117, 127, 132, 140, 172, 188, 189, 190, 191, 192, 194, 195, 196, 197, 213
水利総局……56, 57, 59, 60, 66, 74, 89, 90
水利増産設計委員会……67, 139, 181
水利部長江水利工程総局太湖流域工程処……115
水利部治淮委員会《淮河水利簡史》編写組……68, 71, 88, 214
須愷……187

〔せ〕

請願書……5, 74, 84, 86, 114, 116, 117, 171, 172, 174, 175, 176, 177, 178, 185, 186, 190, 192, 193, 195
清郷委員会……20
清郷工作……2, 8, 19, 20, 27, 54, 62, 135, 152, 197, 216
『清郷日報』……2, 8, 27, 216
政権基盤……4, 19, 20, 48, 54, 64, 68, 75, 87, 88, 101, 189, 190, 194, 196, 197
政権構想……5, 30, 31, 32, 48, 54, 188
政策……3, 4, 19, 39, 47, 52, 56, 57, 59, 61, 63, 64, 75, 95, 104, 118, 141, 188, 189, 192, 194, 195, 196, 197
政策展開……1, 3, 4, 188, 194, 196
政治訓練部……18
青天白日旗……25
正統性……4, 64, 65, 101, 103, 141, 192, 194, 196
清涼山水工試験所……67, 208
石源華……2, 7, 28, 217
関智英……8, 214
浙江省……1, 54, 59, 61, 63, 65, 67, 89, 96, 152

接収……5, 22, 62, 63, 64, 65, 67, 95, 96, 101, 102, 103, 104, 105, 106, 108, 110, 111, 112, 113, 114, 115, 117, 118, 119, 120, 121, 122, 123, 124, 126, 129, 191, 194, 198, 199, 200, 201, 208
全国経済委員会……54, 107, 136
全国商業統制会……21, 22
戦時経済政策綱領……130, 133, 140, 149, 192
戦時体制……3, 6, 18, 21, 63, 64, 65, 110, 127, 130, 132, 134, 140, 141, 149, 178, 189, 190, 192, 193, 194, 196
全面和平……23, 43, 46, 53, 54, 105, 121
占領……1, 3, 6, 7, 11, 24, 25, 26, 30, 31, 32, 37, 49, 54, 61, 68, 70, 86, 100, 104, 107, 108, 116, 118, 120, 135, 189, 190, 192, 195, 196, 197, 214, 215, 216

〔そ〕

曹振威……2, 7, 28, 217
増水……4, 5, 47, 59, 61, 68, 70, 71, 72, 80, 86, 87, 91, 157, 189, 190, 191, 194, 196
租界接収委員会……22
曽志農……8, 56, 66, 95, 118, 143, 214
蘇州……2, 6, 20, 22, 99, 103, 104, 105, 112, 115, 124, 125, 147, 153, 154, 155, 162, 163, 164, 173, 175, 181, 186, 187
蘇州特務機関……100, 101, 102, 103, 104, 105, 108, 122
曽仲鳴……13, 25
蘇北新運河開闢計画（新運河計画）……6, 62, 64, 65, 67, 127, 134, 135, 137, 139, 140, 141, 143, 144, 146, 148, 149, 178, 189, 192, 193, 194, 202, 203, 209
ソ連……38, 45
孫静盦……136, 137
孫文……41

〔た〕

大アジア主義……41
第一次改組……16, 17, 18, 27
第一次上海事変……99
対華新政策……3, 7, 21, 63, 109, 110, 111, 123, 130, 191, 216
戴祁……115, 125
太湖……6, 67, 98, 105, 121, 122, 146, 148, 150, 157, 158, 160, 161, 179, 180

227

大公報……14
第三次改組……16, 18, 27
太倉……20, 59, 61, 62
大東亜会議……22, 23, 24, 28
大東亜共栄圏……23, 197
大東亜省……54, 95, 97, 99, 101, 109, 118, 152, 156, 161, 179, 180, 181, 197, 206, 211, 212
大東亜略指導大綱……22, 23
大東亜宣言……23
大東亜戦争……23, 109, 129, 130, 170, 178, 184
大東亜戦争完遂ノ為ノ対支処理根本方針……21, 23, 110, 130
第二次改組……16, 17, 18, 27
第二次上海事変……10, 34
対日協力……3, 20, 25, 26, 130, 216, 217
対日抗戦論……37, 38, 40
対日和平……1, 8, 12, 13, 31, 32, 33, 34, 37, 44, 48, 189, 214
対日和平論……31, 32, 33, 36, 38, 40, 41, 42, 43, 44, 46, 48, 53, 54, 189, 213
対米英参戦……15, 18, 20, 21, 63, 65, 123, 128, 129, 130, 132, 140, 149, 189, 192, 194
大本営政府連絡会議……21, 23
大陸打通作戦……186
高綱博文……119, 213, 214
高橋久志……123, 214
高橋平四郎……156
高村直助……7, 215, 216
卓慶来……136
多元化……3, 20
譚祝百……163, 166, 167, 169, 170, 182, 183, 184, 185

〔ち〕

治外法権撤廃委員会……22
治水……4, 65, 102, 127, 132, 140, 158, 192
治水事業……5, 59, 61, 62, 63, 65, 68, 127, 189, 190, 192, 194
治水班……152, 153, 155, 156, 157, 158, 161, 180, 181, 212
中央政治委員会……14, 16, 21, 24, 28, 29, 130, 142, 212

中央政治会議……13, 14, 56
中央儲備銀行……19, 33
中華人民共和国……69, 70, 115
中華日報……37
中華民国維新政府……10, 11, 25, 54, 57, 74, 86, 118, 119, 211, 216
中華民国臨時政府（臨時政府）……11, 13, 14, 25, 60, 65, 213
中華民国臨時政府建設総署……59
中国共産党……20, 31, 32, 37, 49, 115, 125, 138
中国国民政府……1
中国国民党……1, 25, 32, 88, 89, 212
中国国民党党史委員会……119
中国国家社会党……16, 57
中国青年党……16
中国第二歴史档案館……26, 27, 28, 29, 66, 89, 124, 142, 143, 208, 211, 212
中国陸軍総司令部接収計画委員会……115
中日満共同宣言……19
中牟県……47, 59, 70
張雲……2, 6, 7, 26, 28, 52, 120, 211, 217
張乙酉……111, 112, 113, 123
張景恵……23
張謇……143, 144
長江……26, 30, 59, 63, 64, 67, 69, 81, 115, 137, 208
徴工修復淮河南堤工程処……83
張士俊……60
張生……2, 7, 31, 49, 214
張同楽……25, 213
張龍福……171, 185
張霊玉……73
褚民誼……22, 24, 109
陳家港……134
陳果夫……43
陳群……29
陳君慧……57, 58
沈元吉……171
沈洪喜……126
陳公博……11, 24, 30, 44, 49, 98, 128
陳紅民……26, 214
陳春圃……58
陳肖賜……43, 53

人名・事項索引

陳書梅……26, 214
沈靖華……186
青島……14
青島会談……14
陳天培……136
陳道生……174, 185
陳徳明……111, 162, 181
沈百先……88, 134, 214
陳布雷……35, 36
陳璧君……11, 24, 25
陳鵬仁……54, 212
沈黙……3, 8, 49, 54
陳有道……126
陳立夫……43

〔つ〕

土田哲夫……34, 50, 214
土屋光芳……1, 6, 8, 25, 27, 30, 49, 50, 53, 54, 214
鶴園裕……8, 118, 216

〔て〕

抵抗……3, 7, 8, 37, 49, 54, 213, 215
敵産……100, 105, 106, 108, 120, 122, 213
敵産委員会（敵産管理委員会）……103, 104, 105, 120, 121 124
敵産管理委員会……104, 120, 124
傳式説……24, 58, 173
天津……10, 22, 33, 34

〔と〕

東亜聯盟運動……3, 30
档案……2
陶希聖……11, 14, 26, 34, 35
鄧錦慈……171
鄧肇経……88, 215
唐慶芝……125
唐恵民……179
東郷重徳……27, 142
陶齋憲……81, 83, 84, 87, 92, 93, 94, 152, 180
鄧贊卿……79, 80
鄧士才……185
唐寿民……22

東條英機……142
董増儒……60
東台……134, 136, 137, 143
党統……14, 30
董道寧……11
東洋拓殖株式会社（東拓）……108, 114, 122, 144, 181, 210, 213
闘龍港……136, 137, 139
導淮委員会……69, 70, 88
督察淮河南堤工程辦事処（南岸督察処）……83, 85, 86, 93, 94, 210
土地改良班……152, 153, 154, 155, 156, 158, 159, 161, 179, 180, 181, 206, 212

〔な〕

内政部……16, 29, 56, 57, 59, 66, 74
南岸工程処……83
南京……1, 7, 8, 10, 11, 14, 15, 24, 30, 32, 34, 35, 36, 37, 45, 49, 50, 51, 53, 56, 67, 74, 79, 96, 97, 98, 103, 128, 136, 137
南京国民政府……6, 7, 31, 32, 47, 70, 88, 89, 102, 103, 213, 217
南昌……34, 50

〔に〕

西義顕……49, 54, 215
偽政権……1, 2, 7, 25, 27, 28, 118, 188, 211, 213, 214, 215, 217
日用品統制委員会……22
日華基本条約……18, 19, 23
日華協議記録……12, 25
日華協議記録諒解事項……12, 25
日華共同宣言……21, 23, 28, 63, 110, 130
日華同盟条約……22, 23
日華秘密協議記録……12
日支新関係調整に関する協議書類……14, 19, 26
日支新関係調整方針……12
日中戦争……1, 10, 11, 19, 25, 31, 32, 33, 38, 44, 46, 47, 53, 54, 62, 67, 68, 69, 70, 74, 86, 95, 99, 100, 101, 102, 108, 117, 119, 134, 135, 140, 149, 161, 177, 188, 189, 190, 191, 192, 197, 213, 214, 215, 216, 217

229

日本……1, 2, 5, 10, 11, 13, 16, 18, 19, 20, 21, 22, 23, 24, 25, 26, 31, 32, 33, 37, 38, 39, 40, 41, 42, 43, 44, 45, 47, 50, 52, 55, 62, 63, 67, 95, 96, 97, 98, 99, 104, 107, 109, 110, 111, 112, 113, 115, 127, 128, 129, 130, 148, 150, 152, 153, 154, 155, 161, 162, 163, 176, 177, 178, 181, 188, 189, 191, 193, 194, 196, 197, 211, 212, 213, 214, 215, 216

日本軍……1, 3, 4, 10, 11, 12, 13, 14, 19, 20, 21, 22, 23, 32, 34, 36, 37, 41, 47, 49, 50, 54, 59, 61, 62, 67, 68, 70, 86, 89, 96, 97, 98, 100, 101, 103, 109, 120, 129, 130, 135, 138, 152, 186, 189, 190, 192, 196, 197, 215, 216

日本軍呉江県憲兵分隊……112
日本人顧問……12, 14, 125
日本政府……10, 13, 20, 21, 41, 53, 109, 129, 130
日本大使館……108, 109, 110, 111, 112, 123, 124, 183
日本大使館経済課……162, 163, 181

〔の〕

農鉱部……16, 104, 105, 107, 108, 122

〔は〕

バー・モウ……23
梅景才……171
梅思平……11, 12, 24, 34, 35, 98
馬遠明……167, 168, 170, 171, 178, 179, 183
馬驥材……80, 81, 85, 93
麦恵……136
畑俊六……128, 129, 141, 142, 211
波多野澄雄……28, 123, 215
ハノイ……12, 13, 36, 37
馬場伊助……156
林道生……6, 8, 25, 214
速水頌一郎……156
原剛……186, 215
晴気慶胤……19
反共……11, 14, 25, 41, 42, 53
反蔣勢力……37, 38, 40, 42
蚌埠……71, 73, 77, 79, 81, 82, 89, 91, 94, 208

〔ひ〕

東太湖……6, 63, 64, 65, 67, 101, 132, 133, 134, 139, 140, 145, 146, 147, 148, 149, 150, 151, 152, 153, 154, 155, 156, 157, 158, 159, 160, 161, 162, 163, 164, 165, 166, 167, 168, 169, 170, 171, 172, 173, 178, 179, 180, 181, 182, 183, 184, 185, 190, 193, 195, 205, 206, 209, 212

東太湖・尹山湖干拓事業（東太湖・尹山湖事業）
……6, 64, 65, 141, 146, 147, 148, 163, 166, 171, 178, 179, 192, 193, 194, 195

東太湖尹山湖浚墾工程局（浚墾工程局）……151, 163, 164, 166, 167, 168, 169, 170, 171, 172, 178, 179, 180, 181, 182, 183, 184, 185, 193, 209

東太湖工程……168, 169, 170,
東太湖工程監工所……171
「東太湖周邊の農業事情」……54, 95, 108, 114, 118, 119, 120, 122, 125, 181, 212
東太湖浚墾……132, 133, 134, 139, 144, 148, 149, 150, 151, 161, 163, 180, 181
東太湖浚墾計画大綱（計画大綱）……148, 150, 151, 162 163
東太湖浚墾計画大綱節略……150, 151
東太湖測量隊……162, 181, 204, 205, 209
姫田光義……1, 7, 120, 213, 215
平沼騏一郎……13

〔ふ〕

封漢章……25, 213
馮燮……143
武漢……9, 10, 36, 216
蕪湖……67, 96, 97, 98
藤原彰……119, 212, 215
武進……63, 67
復興……41, 53, 88, 116, 125, 134, 214
芙蓉圩……63, 67, 133
ブリュッセル会議……38
古厩忠夫……7, 27, 215, 216
聞蘭亭……22

〔へ〕

米糧統制委員会（米統会）……22, 167, 173, 182, 183, 185
弁納才一……8, 96, 118, 119, 216

〔ほ〕

人名・事項索引

茆開安……126
方景康……174, 185
望江県……63
龐山……99, 100, 124, 125, 155, 160, 161
宝山区……59, 61, 62, 66
龐山湖模範灌漑実験場（龐山湖模範実験場・龐山湖実験場・龐山湖農場）……5, 47, 54, 62, 63, 64, 65, 67, 95, 96, 98, 99, 100, 101, 102, 108, 117, 118, 119, 120, 161, 181, 189, 191, 192, 193, 194, 195, 198, 199, 200, 201, 208
法幣……19
鳳陽……71, 73, 74, 75, 76, 77, 78, 80, 81, 83, 84, 85, 89, 90, 93, 166, 211
鳳陽県政府……83, 84, 93, 166
北平……10, 11, 13, 33
保甲制度……20, 84, 93
保甲長……76, 83, 84, 93
浦東北区……59, 61, 66
堀井弘一郎……2, 3, 8, 15, 20, 25, 26, 27, 67, 216
本庄比佐子……118, 120, 216

〔ま〕

益井康一……24, 29, 216
松井信雄……156
満州国……12, 19, 20, 23, 26, 128, 197

〔み〕

三谷博……6, 217
三好章……2, 8, 27, 66, 143, 211, 216, 217
南満州鉄道上海事務所調査室……71
民工……75, 76, 77, 78, 79, 80, 82, 83, 84, 85, 86, 87, 88, 90, 93, 94, 166, 186, 190, 191, 194
民衆……3, 4, 5, 7, 8, 20, 26, 27, 28, 30, 46, 48, 61, 66, 67, 69, 72, 75, 87, 88, 95, 96, 98, 100, 118, 173, 179, 188, 189, 191, 192, 195, 196, 213, 215, 216
民衆動員……3, 20, 68, 188, 195

〔む〕

無錫……63, 67, 173, 185
村田忠禧……49, 211, 213

〔め〕

棉業統制委員会……22

〔も〕

蒙古自治政府……14
森左馬太……156
森田明……9, 217

〔や〕

矢野征記……13
山内一郎……152, 156
山田辰雄……7, 49, 120, 213, 215
山本祝……104

〔ゆ〕

裕華……136, 137, 144
裕華墾植公司（裕華公司）……136, 137, 138, 143, 144, 210
喩秋明……149, 152, 153, 155, 179
油糧統制委員会……22

〔よ〕

楊介南……125
葉漢忠……169
楊公達……34
楊寿楣……56, 57, 60, 61, 74, 131, 132
楊晶……49, 211, 213
姚人之……102, 107
揚子江……60, 99, 115, 116, 125, 126, 132, 148, 157, 187, 208
揚子江水利委員会……115, 116, 126, 148, 187, 208
楊大慶……6, 217
葉和記営造廠……164, 169, 183
余子道……2, 7, 28, 217

〔ら〕

ラウレル……23
羅君強……22, 34
藍衣社……13
籃筠如……73

〔り〕

陸軍編練総監公署……18

李恵賢……7, 25, 66, 123, 141, 211
李士群……19
李升伯……136, 144
李崇德……125, 175, 186
立法院……16, 26, 27, 30, 214
劉威甫……103, 104, 105, 120, 121
龍王廟……136, 137, 144
劉熙明……31, 49, 217
劉傑……6, 7, 8, 25, 49, 50, 55, 211, 213, 217
劉達人……182
廖家楠……58
梁鴻志……11, 13, 24
糧食管理委員会……17, 97, 102, 110, 118
糧食部……18, 110, 111, 112, 113, 123, 124
廖隆幹……49, 211, 213
林念慈……182
林柏生……24
林美莉……31, 49, 54, 182, 217
臨琉段……82, 83, 84, 85, 87, 92, 93, 94, 210
臨淮関……73, 81, 82, 92, 94

〔れ〕

霊璧……74, 75

〔ろ〕

老観集……81, 82
呂栄寰……128
盧溝橋事件……10, 33, 50, 214

〔わ〕

淮河……5, 47, 48, 59, 60, 61, 63, 64, 65, 66, 68, 69, 74, 80, 86, 87, 88, 132, 166, 172, 178, 189, 190, 193, 194, 195, 210, 213, 214
淮河修復工程処……77, 91
淮河堤修復計画概要……75
淮堤修復工程委員会……78, 91
和平……1, 4, 7, 8, 11, 12, 13, 30, 31, 32, 34, 38, 39, 41, 44, 45, 46, 48, 50, 52, 53, 54, 129, 142, 189, 213, 214, 215
和平運動……8, 12, 22, 28, 37, 40, 42
和平工作……10, 18, 30, 33, 42, 43, 54, 215
和平派……11, 12, 25

ワンワイタイヤコーン……23

〔D〕

David Allen Pietz……68

〔G〕

G. E. Bunker……215

〔J〕

J. H. Boyle……216

〔T〕

T. Brook……215

小笠原　強（おがさわら　つよし）

1979年、岩手県釜石市出身。2002年、帝京大学文学部史学科卒業。2004年専修大学大学院文学研究科歴史学専攻修士課程修了。2010年、専修大学大学院文学研究科歴史学専攻博士後期課程単位取得退学。2013年、博士（歴史学）取得。
共著：田中正敬・専修大学関東大震災史研究会編『地域に学ぶ関東大震災　千葉県における朝鮮人虐殺その解明・追悼はいかになされたか』（日本経済評論社、2012年、冒頭文・第一部第一章担当）

論文・資料：「汪精衛政権行政院からみた政権の実態について―機構・人事面から―」（『専修史学』第38号、2005年）、「汪精衛政権の水利政策―安徽省淮河堤修復工事を事例として」（『中国研究月報』第61巻10号、2007年10月）、「千葉県における関東大震災と現代―共同研究の概要と目的」（『専修史学』第45号、2008年）、「『周仏海日記』にみる対日和平論の変遷」（『専修史学』第48号、2010年3月）、「調査者とともにたどる関東大震災朝鮮人虐殺事件の地域(3)　船橋市営馬込霊園・船橋無線塔記念碑をあるく」（『専修史学』第49号、2010年）。

日中戦争期における汪精衛政権の政策展開と実態
―水利政策の展開を中心に―

2014年2月28日　第1版第1刷

著　者	小笠原　強
発行者	渡辺　政春
発行所	専修大学出版局
	〒101-0051　東京都千代田区神田神保町3-8
	㈱専大センチュリー内
	電話　03-3263-4230㈹
印　刷 製　本	電算印刷株式会社

©Tsuyoshi Ogasawara 2014 Printed in Japan
ISBN 978-4-88125-284-0